Matthias Glaubrecht

Eskapaden der Evolution

Matthias Glaubrecht

Eskapaden der Evolution

Von Menschen, Schimpansen und anderen Kapriolen der Natur

HIRZEL

Bibliografische Information Der Deutschen Bibliothek
Die Deutsche Nationalbibliothek verzeichnet diese Publikation in der Deutschen Nationalbibliografie; detaillierte bibliografische Daten sind im Internet über https://portal.dnb.de abrufbar.

ISBN 978-3-7776-2909-4 (Print)
ISBN 978-3-7776-3004-5 (E-Book, epub)

Birkenwaldstraße 44, 70191 Stuttgart
Printed in Poland

Satz: abavo GmbH, Buchloe
Einbandgestaltung: semper smile, München
Druck und Bindung: Drukarnia Dimograf, Bielsko-Biała

MIX
Papier aus verantwortungsvollen Quellen
FSC
www.fsc.org
FSC® C018236

www.hirzel.de

Inhalt

Zur Neubearbeitung – Von den *Seitensprüngen* zu den *Eskapaden der Evolution*

Mit den *Eskapaden der Evolution* liegt nun eine aktualisierte und erweiterte Neuauflage der *Seitensprünge der Evolution* vor. Als dieses Buch im Jahr 2005 erschien, mit dem Untertitel: *Machos und andere Mysterien der Biologie*, war die Welt und ihre Artenvielfalt ebenfalls alles andere als in Ordnung. Bereits damals zeichneten sich jedoch viele der Probleme durch unseren rücksichtslosen Umgang mit der Natur mehr als deutlich ab. Aber vielen von uns – auch uns Artenbeschreibern oder Biosystematikern, die wir regelmäßig Neuzugänge der Biodiversität registrieren – war die wahre Dimension und Dynamik des drohenden Artenschwundes und globalen Artensterbens noch keineswegs so klar wie anderthalb Dekaden später.

Um die Jahrtausendwende und in den Jahren danach waren wir, meine Kollegen und ich beispielsweise am Berliner Museum für Naturkunde, vollauf vor allem mit der Beschreibung neuer Tierarten, mit der Erforschung der Verwandtschaft und Verbreitung bereits bekannter Arten und nicht zuletzt den evolutiven Mechanismen ihrer Entstehung beschäftigt; wovon einige der hier vorliegenden Kapitel des ersten Streifzugs durch die Naturkunde berichten. Gerade begann ein neues Zeitalter der Entdeckung der Biodiversität – dank vor allem molekulargenetischer Methoden, die einen neuen Instrumentenkoffer eröffneten und viele neue Einsichten versprachen. Auch in der Verhaltensforschung gab es dank dieser neuen Methoden von immer wieder verblüffenden und spannenden Details zur evolutiven Anpassung zahlloser Organismen zu berichten. Ihnen insbesondere gehe ich in der vorliegenden Essaysammlung nach – oft am Beispiel auch ausgefallener und exotischer Arten. Da geht es neben der Frage, warum Löwinnen auf Männchen mit schwarzer Mähne stehen, etwa darum, wozu Geweihfliegen ihren Kopfschmuck tragen. Warum komponieren Buckelwale jedes Jahr einen neuen Song? Und wie treiben es Riesenkalmare im Dunkeln der Tiefsee?

Gerade über das Liebesleben der Tiere lässt sich mitunter Bizarres berichten. Dass die Mechanismen der sexuellen Selektion auch vor dem menschlichen Sexualverhalten keinen Halt machen, wird dann vor allem in den Kapiteln des zweiten Streifzugs deutlich, der einigen Aspekten unseres Verhaltens und dem unserer Vorfahren gewidmet ist. Zudem geht es da um die Frage, woher wir kommen und wie wir uns ausgebreitet haben, warum nur wir die Milch anderer Tiere trinken und warum Frauen mit gutem Grund wählerisch sind. Uns eingeschlossen ist die große Klammer um all diese wie auch die Themen im dritten Streifzug immer die Evolution als Ursache und Erklärung zugleich.

Entstanden ist so eine Sammlung von Essays, die eine bunte Palette vielfältiger, auch die Experten immer wieder überraschender Phänomene in leicht lesbarer Form ausbreitet. Von den Lesern wie den Rezensenten vielfach gelobt, wurden die *Seitensprünge* im Jahr 2006 mit dem *Bscher-Medienpreis* der Humboldt-Universitätsgesellschaft in Berlin ausgezeichnet. Zwei Jahre später erschienen sie in einer koreanischen Übersetzung (bei Dulnyouk Publishing), da es in Südkorea einen – für Asien durchaus nicht selbstverständlich – interessierten Sachbuchmarkt gibt. Nachdem das Buch dann hierzulande vergriffen war, hat Rüdiger Müller vom Hirzel-Verlag nun eine Neuausgabe angeregt, die hier unter Variation des ursprünglichen Titels vorgelegt wird.

Natürlich sind in der Zwischenzeit viele neue Entdeckungen und Erkenntnisse zu beinahe allen hier angeschnittenen Themen hinzugekommen. Und keine Frage: Unsere Welt hat sich seitdem verändert, sie hat uns verändert – und damit die Naturkunde und unseren Blick auf die Natur. Die Faszination für deren Kapriolen und die Vielfalt ihrer Facetten aber ist geblieben; von ihr vor allem erzählen die hier vorliegenden 36 Essays über Tierisches und Allzutierisches aus dem Füllhorn der Evolution, aufgefächert in drei Streifzügen zu Schnecken, Schnabeltieren und Schimpansen, zu Käfern, Kometen und anderen Kuriositäten der Natur.

Weil es gerade diese Fülle und Vielfalt der Phänomene ist, die uns nach wie vor fasziniert und verblüfft, sollte der ursprüngliche Charakter der hier versammelten Essays in der Neuauflage weitgehend erhalten bleiben. Die einzelnen Kapitel wurden daher durchgesehen und nur leicht adaptiert. Ich habe sie aber ergänzt, wenn es jüngst zum jeweiligen Thema wichtige neuere Studien und Forschungen gibt, auf die dann auch im ergänzenden Literaturverzeichnis verwiesen wird. Allerdings habe ich bei dieser Neubearbeitung keine Vollständigkeit in der Darstellung jüngerer Forschungen angestrebt; das käme eher einer völligen Neufassung gleich, hätte dadurch indes den Leseeindruck der einzelnen Stücke mitunter stark verändert.

Seit diese Essays entstanden sind, haben wir nicht nur ein besseres Verständnis wenigstens der Größenordnung der Artenvielfalt unserer Erde entwickelt; zugleich beobachten wir neuerdings vermehrt den allgemeinen Verlust dieser Vielfalt. Bei aller Faszination für die uns umgebende Natur, für die ich mit diesem revidierten Essayband in erster Linie werben möchte, hat der Schutz der Artenvielfalt und der biologischen Reichtümer dieses Planeten eine buchstäblich brennende Aktualität gewonnen. Meine Sorge um den Erhalt der Biodiversität habe ich in dem über Jahre entwickelten und Ende 2019 erschienenen Buch *Das Ende der Evolution. Der Mensch und die Vernichtung der Arten* ausführlich dargelegt. Sicherlich auch wegen der Brisanz und der gesellschaftlichen Relevanz des Themas wurde das Buch, gemeinsam mit zwei weiteren, für die Shortlist des NDR Kultur Sachbuchpreises und für die Shortlist des besten Wissenschaftsbuchs des österreichischen Forschungs- und Bildungsministeriums nominiert sowie mit dem *Salus-Medienpreis 2020* ausgezeichnet.

Tatsächlich verändert der Mensch längst in rasanter Weise die Bedingungen der Evolution. Und während, wie hier nun gleich eingangs beschrieben wird, viele Arten noch gar nicht entdeckt sind, nehmen der Schwund und das Sterben der Arten immer dramatischere Ausmaße an. Inzwischen stehen wir am Beginn, wenn nicht schon inmitten eines der größten Artensterben der Erdgeschichte. Diesem aktuellen Anlass geschuldet war mir wichtig, am Ende der hiermit nochmals vorgelegten *Eskapaden der Evolution* einen neuen Essay hinzuzufügen, der diese nun abschließt. Darin umreiße ich jene Gefahr vom *Ende der Evolution*, um die es mir in meinem jüngsten Buch gleichen Titels geht – und die abzuwenden, davon bin ich überzeugt, eine der zentralen Herausforderungen des 21. Jahrhunderts ist und die mithin eine der Schicksalsfragen für uns wird.

Hamburg, im Januar 2021

Vorwort – Der Schöpfer war ein Käfernarr
Oder: Die drei Mysterien der Biologie

Es ist sicher nicht die Schuld der Käfer! Zwar kennen wir ziemlich präzise die Zahl der Sterne in einer Spiralgalaxie wie der Milchstraße, die Zahl der Gene in einem Virus, und wir wissen auch, welche Masse ein Elektron hat. Ebenso präzise können wir die Zahl sämtlicher Bücher in der berühmten Kongress-Bibliothek in Washington angeben. Doch niemand hat die derzeit lebenden Tier- und Pflanzenarten auf unserem Planeten genau gezählt – oder kennt gar die Arten in einer einzelnen Insektengruppe wie den Käfern.

Dabei leben wir gewissermaßen im Zeitalter der Käfer; ja, diesen Sechsbeinern gehört im Grunde die Welt. Schätzungsweise eine Million Arten gibt es allein von ihnen. Kaum einen Ort auf der Erde haben die anpassungsfähigen Krabbler unbesiedelt gelassen; wie keine andere Tiergruppe demonstrieren sie biologische Vielfalt mit all ihren vielgestaltigen und farbenfrohen Facetten. Unter Biosystematikern – die sich von Berufs wegen mit der Erfassung und Ordnung dieser Lebensvielfalt beschäftigen – kursiert daher das Bonmot, der Schöpfer müsse wohl bis zum Exzess ausgerechnet in Käfer vernarrt gewesen sein.

Nicht wenige Biologen haben über das Käfersammeln zu ihrer Profession gefunden; einige namhafte Naturforscher entwickelten sogar am Beispiel einzelner Käfer wichtige Theorien und lieferten grundlegende Beiträge. Kein Geringerer als der britische Naturforscher Charles Darwin (1809–1882) war während seiner Studienzeit leidenschaftlicher

Käfersammler. Letztlich war es diese Passion für die Gepanzerten, die ihn 1831 auf das Vermessungs- und Forschungsschiff *Beagle* brachte und zu einer fünfjährigen Weltreise führte – und so verhinderte, dass er Landpfarrer wurde, wie es ihm sein Vater nach einem abgebrochenen Medizinstudium geraten hatte. Stattdessen bescherte Darwin der Welt nach seiner Rückkehr eines der fundamentalsten naturwissenschaftlichen Gedankengebäude – jene Theorie der Evolution durch natürliche Selektion, die uns heute auf entscheidende Weise dabei hilft, die belebte Natur um uns herum besser zu verstehen.

Mit diesem Verständnis ist es indes nicht so weit her wie meist angenommen. Unsere Ignoranz gegenüber der belebten Natur erweist sich in höchstem Maße besorgniserregend, denn sie ist ebenso grenzenlos wie die Zahl der Arten auf der Erde. Tatsächlich krankt unser Naturverständnis in vielen Bereichen noch immer daran, dass gleich drei grundsätzliche Fragen der Biologie einer Beantwortung harren, die ich als die *drei großen Mysterien der Biodiversitätsforschung* beschrieben habe. Wer über Biodiversität – und damit über die Entstehung, die Erforschung sowie den Schutz der Vielfalt biologischer Arten – redet (und das tun inzwischen nicht nur Biologen, sondern Politiker weltweit), der muss *erstens* wissen, wie viele dieser Arten es auf der Erde gibt, *zweitens*, was Arten eigentlich sind, und *drittens*, wie Arten entstehen. Doch alle drei Fragen entziehen sich bis heute, am Beginn unserer zum Jahrhundert der Biologie deklarierten Zeit, hartnäckig und ungeachtet vieler Ansätze einer befriedigenden Antwort. Das erstaunt, denn bereits Charles Darwin bezeichnete das Artproblem als »defining the undefinable« und die Suche nach den Mechanismen der Artenbildung als »mystery of the mysteries«.

Das Mysterium der Artenzahl: Beginnen wir mit der Frage nach der Artenzahl. Für den schwedischen Mediziner und Naturforscher Carl von Linné (1707–1778) war die Sache Mitte des 18. Jahrhunderts noch recht überschaubar; dabei muss er geahnt haben, dass es nicht leicht wird. In der ersten Auflage seiner *Systema naturae*, einem Verzeichnis aller damals bekannten Pflanzen und Tiere, benannte Linné 1735 gerade einmal 549 Tierarten. Er bediente sich dabei der so genannten binären Nomenklatur. Diese Art der biologischen Benennung hat er zwar nicht erfunden, aber – ihren didaktischen und praktischen Nutzen erkennend – konsequent angewendet und damit etabliert. In der 1758 erschienenen zehnten Auflage seines Werkes, das den Beginn der zoologischen Systematik markiert, waren es immerhin schon 4387 Tierarten.

In der Zwischenzeit wurden die Schätzungen der Artenzahlen – und mehr sind es trotz aller Anstrengungen von Biologen nicht – drastisch nach oben korrigiert. Als sich der amerikanische Insektenforscher Terry Erwin 1982 daran machte, von den Zahlen einzelner Insektengruppen, die auf einem einzigen Baum im Regenwald Panamas leben, auf die Artenzahl der gesamten Erde hochzurechnen, kam er auf spektakuläre 30 Millionen. Inzwischen sind die Fachleute vorsichtiger geworden. Nachdem sie ihre Schätzungen zwischenzeitlich auf 10–15 Millionen lebende Tierarten korrigiert haben, gehen die meisten Biosystematiker derzeit mit überschlägig acht oder neun Millionen Arten immer noch von einer durchaus stattlichen Anzahl aus.

Gerade einmal ein Viertel davon dürfte erfasst und der Wissenschaft namentlich bekannt sein. Die biosystematische Forschung steht damit erst am Anfang, die Schwierigkeiten der Artenerfassung indes sind enorm. Nur eines von vielen Problemen dabei ist, dass ein zentrales Artenarchiv noch immer fehlt, in dem sämtliche bekannten Formen registriert sind. Ein anderes Problem ist, dass klassische Biosystematiker etwa in der Zoologie (also solche, die mehr können als nur Molekulargenetik) inzwischen zu einer aussterbenden Zunft gehören, nachdem eine verfehlte Wissenschaftspolitik auch hierzulande Universitäten und insbesondere Naturkundemuseen als Hort der Vielfalt und Ort systematischer Biodiversitätsforschung über Jahrzehnte systematisch ausgehungert hat. Dass dies derzeit anders ist, verkünden Wissenschaftsministerinnen nur in ihren Sonntagsreden; der Alltag erzählt bei Lichte betrachtet leider auch heute noch überwiegend eine andere Geschichte.

Das Mysterium des Artbegriffs: Natürlich hängt die Feststellung der Zahl der Arten auf der Erde auch maßgeblich davon ab, was wir als Art bezeichnen. Damit sind wir beim Artkonzept und dem zweiten Mysterium der Biodiversitätsforschung. Kaum ein Begriff in der Biologie ist über derart lange Zeit – seit Ende des 18. Jahrhunderts, spätestens aber seit dem Beginn des 19. Jahrhunderts – derart vielfältigen Versuchen einer Definition ausgesetzt gewesen wie der der Art. Kaum ein anderer Terminus ist zugleich trotz aller Versuche, ihn klar und eindeutig zu definieren, bis heute eigenartig vage geblieben. Was Einigen nur mehr ein Streit um Worte oder längst gelöst zu sein scheint, ist für andere das zentrale Problem der systematischen Biologie.

Wie so häufig verbirgt sich auch hinter dem vordergründigen Disput um eine Definition der Art tatsächlich ein biologisches Problem. Da die Frage nach dem Artkonzept unmittelbar mit dem Mechanismus der Artenbildung verbunden ist, hat die Diskussion um ein allgemein gültiges Artkonzept begreiflicherweise profunde Auswirkungen auf die Evolutionstheorie und die biologische Systematik im Allgemeinen. Allein schon deshalb hat das Artproblem in der Tat eine zentrale Bedeutung für die Biologie und ist keinesfalls nur ein unbedeutender Flügelkampf, wie vielfach irrigerweise angenommen wird.

Überdies: Jede Biospezies ist ein Unikat, das es zu erforschen und zu bewahren gilt. Was aber ist eigentlich eine Art? Noch lange nach Darwin galt dessen Bonmot, dass eine Art das sei, was der Spezialist dafür halte. Doch hier irrte Darwin. Tatsächlich müssen in den biologischen Arten die einzigen natürlichen Einheiten der Natur gesehen werden, gleichsam die Atome für Artenforscher. Biospezies sind damit zugleich auch als die fundamentalen Einheiten der Evolution zu verstehen – ganz im Gegensatz zu den lediglich von Menschen gemachten Kategorien wie etwa der Gattung oder Familie, mit denen Taxonomen versuchen, Ordnung zu halten.

Das Mysterium der Artenentstehung: Was uns zur dritten Frage bringt, dem eigentlichen »Mysterium der Mysterien«, wie es Charles Darwin einst nannte: der Frage nach Ursprung und Entstehen von Arten. Entgegen einer weit verbreiteten und durch den Titel seines Werkes von 1859, *Über den Ursprung der Arten*, suggerierten Ansicht war es nicht Darwin, der als Erster eine Idee vorstellte, wie Arten entstehen. Nicht nur, dass er darin zahlreiche Vorgänger hatte (die teilweise viel weiter reichende Vorstellungen entwickelten); auch konnte Darwin das Problem der Entstehung der Arten – ein Vorgang, den wir Speziation nennen – noch nicht lösen. Zwar legte er eine Theorie zum Artenwandel vor, also der Evolution an sich, nicht aber zur Artenentstehung selbst, also zur Frage, wie aus einer Art eigentlich eine oder mehrere neue Arten werden.

Tatsächlich wird bis heute – auf der Grundlage der Evolutionstheorie durch natürliche Selektion – um die Beantwortung dieser Frage nach der Artenbildung gerungen. Inzwischen wissen wir: Nur wenn wir sagen können, was Arten eigentlich sind und dass sie wirklich eine objektive Realität in der Natur haben (also nicht nur eine Ordnungskategorie und bloßes Konstrukt des Menschen sind), nur dann ist die Entstehung der Arten selbst und auch deren Erforschung ein sinnvolles Unterfangen. Nur unter dieser Voraussetzung, dass nämlich Arten tatsächlich existieren, kann es sich bei der Artenbildung um einen realen Prozess handeln; und nur dann haben wir es bei der Speziation mit einem wissenschaftlichen Problem zu tun, das unserer Aufmerksamkeit und Forschungsanstrengung wert ist.

Wer also fragt, warum Biologen immer noch nicht wissen, was Arten eigentlich sind und sollen oder wie sie entstehen, der könnte auch Physiker fragen, warum sie noch immer keine Weltformel gefunden haben. Die Fragen nach Artenzahl, Artkonzept und Artenentstehung gehören mithin nach wie vor zu den spannendsten Rätseln evolutionsbiologischer Forschung. Immer wieder wird es daher auch im hier vorliegenden Band an ausgewählten Beispielen um Arten und ihre Geschichte, ihre Entstehung, ihr Leben und ihr Verschwinden gehen; immer wieder werden unsere Streifzüge zu Schnecken, Schnabeltieren und Sauriern Fragen aufwerfen und Antworten aufzeigen, die – da bin ich sicher – Darwin brennend interessiert hätten, eben weil sie die Kernfrage der Biologie berühren.

Dass wir so wenig über das Arten-Inventar der Natur und die Natur der Arten wissen, ist wie gesagt weder die Schuld der Käfer noch der Käferforscher. Mit ihren Kollegen, die andere Gruppen von Wirbellosen erforschen, werden sie von der eigenen Zunft der Zoologen wie auch von der Politik gleichsam im »Arten-Regen« stehen gelassen. Dabei sind es gerade nicht die zusammengenommen über 30 000 recht gut bekannten Arten von an Land lebenden Wirbeltieren – darunter die Vögel mit mehr als 10 000 Arten, die Säugetiere mit 5600 Arten, die Reptilien mit 11 000 Arten und die Amphibien mit mehr als 5000 Arten –, die in den Ökosystemen der Erde die fundamentalen und wichtigen Rollen spielen. Vielmehr sind es die Heerscharen der Millionen weitgehend unbekannter und unentdeckter, meist kleiner Wirbelloser – insbesondere Schnecken (130 000 Arten), Krebse (950 000 Arten) und Käfer (eine Million Arten), aber auch die Millionen anderer Insektenarten und Würmer –, die die Biodiversität stellen und das Leben in den Ökosystemen bestimmen. Viele von ihnen werden deshalb, neben den bekannteren Säugetieren und Vögeln, im vorliegenden Buch eine Rolle spielen. Die Auswahl ist notwendigerweise zufällig, aber jede Art hat ihre Geschichte zu erzählen.

Heute weisen immer mehr Experten auf jene wahrhaft unglückliche Unkenntnis hin, in der Biologen noch immer leben müssen, wenn es um das Ausmaß von Artenvielfalt und Artensterben geht. Zweifellos, so sind viele überzeugt, ist unsere Ignoranz dieser biologischen Vielfalt gegenüber die größte, nicht wieder gut zu machende Dummheit der Menschheit. Dabei vernichten wir einen Großteil dieser biologischen Vielfalt in erschreckendem Maße. Biologische Systematik und Verwandtschaftsforschung, das machen Berichte aus dem Alltag biologischer Forschung deutlich, gewinnen neben der reinen Grundlagenarbeit zur Erforschung der Biodiversität auch immer mehr praktische Bedeutung.

Indes: Mit den mageren Sach- und Personalmitteln, die die Politik auch weiterhin bereit ist in die Erfassung und Erforschung der biologischen Vielfalt zu investieren, werden wir wohl in hunderten von Jahren noch nicht wissen, was um uns herum lebt, was zu unserem eigenen Überleben vielleicht einmal wichtig sein könnte und was wir dennoch rücksichtslos und in typisch menschlicher Kurzsicht weltweit im großen Stil vernichten. Hochrechnungen zur Artenvielfalt sind auch deshalb so problematisch, weil Biologen bislang kaum verstehen, wie Ökosysteme wirklich funktionieren und warum einige Arten sich wunderbar behaupten, während andere aussterben. Einige der Rätsel und die vorläufigen Antworten werden in verschiedenen Beispielen des Bandes beleuchtet.

Eines zumindest ist angesichts aller Unklarheiten sicher: Im Unterschied zum millionenfachen Artensterben in der Geschichte des Lebens auf unserem Planeten, das phasenweise die Mehrzahl aller Arten ausmerzte, steht der Verantwortliche bei diesem letzten gigantischen und rasanten Massenexitus zweifelsfrei fest – der Mensch. Wobei das Artensterben dort am größten ist, wo das Bruttosozialprodukt am niedrigsten ist und die Menschen am ärmsten sind. Die Zukunft der Artenvielfalt entscheidet sich dort, wo wir selbst nicht wohnen, meinen deshalb viele Experten. Bedauerlicherweise hat der Mensch keinen evolutionären Beweggrund, derart weit vorausschauend Zukunftssicherung zu betreiben, noch dazu am wenigsten jene Menschen, die unmittelbar Hunger und Not leiden.

So einfach es wäre, in den allgemeinen Kanon einzustimmen und die – auch in diesem Zusammenhang – nur wieder auf die nächste Wahl schielenden Politiker zu beschimpfen: Wir sind es selbst, jeder Einzelne, die überall auf der Erde drastische Einschnitte zugunsten zukünftiger Generationen nicht mitzutragen bereit sind. Schon deshalb muss man sich die Frage stellen, warum und ob wir denn überhaupt versuchen sollten, jede Tier- und Pflanzenart zu retten. Von den vielen guten Gründen, die sich anführen lassen, die biologische Vielfalt auf der Erde nachhaltig zu sichern, gibt es einen wirklich wichtigen: Wie beim Auseinandernehmen und Wiederzusammensetzen einer technischen Apparatur, bei der jedes Teil eine Funktion hat, muss man schlicht sämtliche Teile eines Ökosystems, also tunlichst alle Arten, behalten. Vor allem dann, wenn man, wie wir in unserer biologischen Ignoranz, gar nicht weiß, welche ökologische Funktion diese oder jene Käfer-, Wanzen- oder Schneckenart hat.

Vor diesem Hintergrund sind die vorliegenden Geschichten der drei »Streifzüge« entstanden. Einzelne Beispiele sind dabei der tagesaktuellen Berichterstattung aus dem Wissenschaftsbetrieb der vergangenen Jahre geschuldet und ursprünglich für die Wissenschaftsseiten von

Tageszeitungen und Wissenschaftsmagazinen entstanden. Damit sind die hier zusammengestellten Geschichten jeweils zentraler Gegenstand laufender Forschungsarbeiten, die einen exemplarischen Blick in die Werkstatt nicht nur der Evolution erlauben, sondern zugleich der Evolutionsforschung um Arten und ihre Entstehung sowie die vielfältigen Facetten ihres Über-Lebens.

Ich bin den Wissenschaftsredakteuren – allen voran denen des Berliner *Tagesspiegels*, das waren damals Hartmut Wewetzer und Thomas de Padova, sowie Karl-Heinz Karisch von der *Frankfurter Rundschau* – zu Dank verpflichtet für zahlreiche Anregungen und Hinweise im Zusammenhang mit einzelnen Themen und Stoffen der hier vorliegenden Berichte, die sich über Jahre entwickelt haben. Martin Meister (Gruner + Jahr) danke ich für die freundliche Genehmigung, die im März 1999 zuerst im Magazin *Geo* erschienene Geschichte »Der Schönste kriegt die Fliege« hier (in leicht veränderter Form) abdrucken zu dürfen. Ich danke auch meiner damaligen (und inzwischen verstorbenen) Mitarbeiterin Ingeborg Kilias am Berliner Museum für Naturkunde für ihre mühevollen und zeitraubenden Recherchen in den verschiedenen Bibliotheken und Staatsarchiven; ihre Arbeit zeigt mir tagtäglich aufs Neue, wie wenig solche Zentren des gesammelten Wissens auch zukünftig im Zeitalter des Internets wirklich entbehrlich sind. Angela Meder schließlich möchte ich für die Realisierung der vorliegenden Auswahl von Geschichten um Käfer, Kannibalen und Kometen danken, von der ich wieder hoffe, dass auch sie eine breite Palette an Einblicken in die Wissenschaft bieten – so bunt und vielgestaltig wie die Natur und ihre Arten selbst, um die es darin geht.

Erster Streifzug

Von Schnecken, Schnabeltieren und Schimpansen

Eine »verlorene Welt« in Ostafrika

Die kuriosen Schnecken des Tanganjika-Sees

»Schnecken-Schlaraffenland!«, schießt es mir durch den Kopf, kaum bin ich wenige Meter hinabgetaucht in diesen tropischen See mit seinem kristallklaren Wasser. Unter mir breiten sich massive Felsbrocken entlang eines flachen Abhangs aus. Sie sind sämtlich bedeckt von einem dünnen Überzug aus Algen und anderem Aufwuchs. Im feinen Sedimentfilm darüber hinterlassen daumengroße Schnecken ihre Spur, als sie grasend darüber kriechen. Überall entdecke ich plötzlich Schnecken; es wimmelt geradezu von diesen Weichtieren mit der harten Schale, sobald das Auge gelernt hat, sie im lichtdurchfluteten Blau auszumachen. Wahrlich, dieser See muss das Paradies für Süßwasserschnecken sein.

Mir fallen vor allem die großen und stark skulptierten Schalen der *Lavigeria* auf, die meist an und auf den Steinen sitzt, ebenso die kleinere, aber häufige *Spekia*; sie kriecht gern bis hinauf in die schmale Strandzone und ist bereits knapp unterhalb des Wasserspiegels zu finden. Etwas weiter unterhalb, im weichen Schlamm zwischen tiefergelegenen Felsbrocken, entdecke ich dann *Paramelania grassilabris*. Doch auch viele kleine Schnecken mit abgerundetem Gehäuse, wie *Reymondia* oder *Bridouxia*, finden sich zuhauf.

Innerhalb kürzester Zeit begegne ich auf meinem Tauchgang im Tanganjika-See Ostafrikas mehr Schneckenarten, als heute in ganz Mitteleuropa in sämtlichen Seen zusammen zu finden sind, von einem einzelnen See etwa in der Holsteinischen oder Märkischen Schweiz ganz zu schweigen. Mehr noch: Diese Weichtiere, die dort unter mir durch das schlammige Sediment des Tanganjika kriechen oder sich an Felsen hochziehen, haben Schalen, mit denen sie eher an Meeresschnecken erinnern als an Formen, die wir ansonsten aus Süßwasserseen kennen. Und schließlich: Nirgendwo anders auf der Erde gibt es diese eigenartigen Schneckenarten; sie leben, wie wir inzwischen wissen, ausschließlich hier im Tanganjika-See. Das Paradies gibt es nur einmal.

Dass jede dieser Tanganjika-Schnecken tatsächlich eine eigene Art ist und daher eine ganz eigene Evolution durchlaufen hat, ist eines der Rätsel, das mich vor einem Jahrzehnt erstmals an diesen ostafrikanischen See brachte. Damals wie heute beschäftigt mich die Frage: Warum gibt es derart viele Arten – etwa von Süßwasserschnecken? Und warum leben viele von ihnen ausgerechnet in diesem See? Tatsächlich, so wissen wir inzwischen, ist der Tanganjika-See in vielerlei Hinsicht eine ganz eigene, eine buchstäblich von der Zeit »vergessene Welt«. Doch so einmalig seine Lebewelt ist, gerade dieser See kann uns vieles über die Natur im Allgemeinen erzählen.

Große und alte Seen sind – ebenso wie ozeanische Inseln und isolierte Bergplateaus – evolutionäre Mikrokosmen, in denen sich die Arbeitsweise der Evolution, also die Entwicklung und Veränderung der Lebewesen, gleichsam gebündelt wie unter einem Brennglas beobachten lässt. Insuläre Lebensräume sind so etwas wie natürliche Laboratorien, in der Biologen heute zu Augenzeugen der Evolution werden. Denn die komplexen Phänomene der Natur, wie etwa die Entstehung von Arten und ihre Anpassungen, lassen sich am besten exemplarisch, mithilfe ausgewählter Modellorganismen, studieren. Oft hat sich in diesen Werkstätten der Natur eine ganz eigene Tier- und Pflanzenwelt entwickelt, denn große und tiefe Seen wie der Tanganjika-See bieten beides: die nötige Abgeschiedenheit und eine vielfältige Umwelt, die eine eigenständige Entwicklung erlaubt.

Neben den Buntbarschen aus der Fisch-Familie der Cichliden stellen die eigenartigen Schnecken des Tanganjika-Sees tatsächlich eine ideale Modellgruppe dar, um vor Ort Evolution in Aktion zu untersuchen. Unsere Studienobjekte sind dabei eine den Kronenschnecken nahestehende Gruppe dieser Süßwasser-Gastropoden (Schnecken, eigentlich »Bauchfüßer«). Zum verwandtschaftlichen Umfeld der Thiaridae gestellt, sind diese Schnecken weltweit in den Tropen in allen limnischen Gewässern verbreitet – vom Brackwasser der Flüsse über breite Tieflandströme bis hinauf in die Quellregionen kleiner Urwaldbäche; sie kommen sogar auf abgelegenen Inseln im Südpazifik wie auf dem Bismarck-Archipel und auf Fidschi vor. Ihre Besonderheit: In einigen Tropenseen der Erde – so etwa hier in Ostafrika oder auf der indonesischen Insel Sulawesi – haben sie Artenschwärme mit mehreren Dutzend nur dort lebender Arten hervorgebracht.

Sie sind damit ideale Studienobjekte, um Phänomene so genannter »adaptiver Radiationen« detailliert zu untersuchen. Darunter verstehen Evolutionsbiologen die schnelle, anpassungsbedingte Auffächerung von eng miteinander verwandten Arten, die sämtlich im selben Lebensraum vorkommen, den sie sich fein aufgeteilt haben. Dank vieler Studien vor Ort an den jeweiligen Seen, aber auch in unserem Forschungslabor – zuerst am Museum für Naturkunde in Berlin, mittlerweile am Centrum für Naturkunde in Hamburg – haben uns diese Schnecken inzwischen wichtige Einblicke in die Vorgänge bei der Entstehung neuer Arten und in die dafür verantwortlichen Mechanismen vermittelt. Wir wissen inzwischen, dass neben einer räumlichen Trennung (die nötig ist, um entstehende Arten voneinander zu isolieren) vor allem ökologische Faktoren eine wichtige, vielleicht sogar die wichtigste Rolle spielen. Denn um erfolgreich in einer von der Konkurrenz und von Feinden gleichsam umstellten Umwelt zu überleben, müssen sich die Schnecken immer wieder neu anpassen und ökologisch feiner einnischen als ihre Vorfahren.

Bevor wir unsere Forschungen an den Kronenschnecken begannen, war man stets davon ausgegangen, dass sämtliche Schnecken im Tanganjika-See selbst entstanden waren. Ob das tatsächlich so ist, versuchen wir mit verschiedenen Methoden zu ergründen. Heute sind sich viele Evolutionsbiologen darüber einig, dass die Artenfülle – die Biodiversität etwa von Schnecken oder von Buntbarschen und anderen Lebewesen in diesem See – das Ergebnis einer parallel verlaufenden adaptiven

Radiation und Artenbildung ist. Diese Artenbildung (auch Speziation genannt) findet unter örtlich wechselnden ökologischen Bedingungen statt und wird von raschen Anpassungsprozessen begleitet. Durch diese Prozesse haben sowohl unsere See-Schnecken als auch die Buntbarsche im zuvor unbesetzten Lebensraum nach und nach alle möglichen ökologischen Nischen verwirklicht (streng genommen sollten auch Biologen nicht davon sprechen, dass ökologische Nischen »besetzt« werden; denn eine so genannte ökologische Nische besteht keinesfalls als räumliche Einheit, sondern entsteht erst durch das Zusammenwirken von Umweltfaktoren mit jenen Eigenschaften, die das Tier selbst mitbringt). Das Resultat solch einer Einnischung beim Prozess der adaptiven Radiation ist eine auf vergleichsweise begrenztem Raum und noch dazu in geologisch kurzer Zeit entstehende Formenvielfalt. Die Tiere, die sich dabei entwickeln, können derart unterschiedlich aussehen oder ökologische Aufgaben wahrnehmen wie in anderen Lebensräumen sonst nur viele verschiedene, in systematischer Hinsicht nicht nahe miteinander verwandte Familien oder gar Ordnungen.

Die eigenartigen Schnecken bilden im Tanganjika-See einen der wohl spektakulärsten Artenschwärme unter Tieren überhaupt. Sie haben zahlreiche Besonderheiten hervorgebracht, von denen sicherlich am anschaulichsten die vielen verschiedenen Gebisstypen sind, die wir bei Studien an den Zungen unserer Schnecken festgestellt haben. Dazu muss man wissen: Schnecken besitzen als Besonderheit eine Art Reibezunge im Mund, die Radula, auf der mikroskopisch kleine Zähnchen sitzen. Seit langem nutzen Weichtierkundler diese Radulazähne als systematisches Merkmal, um die Verwandtschaftsverhältnisse einzelner Schneckengruppen zu klären. Auch einzelne Formen von Süßwasserschnecken grenzen sich deutlich durch die Details ihrer Radula ab. Durch Aufnahmen mit dem Rasterelektronenmikroskop gelang es uns beispielsweise, Arten der eigentlichen Familie Thiaridae von solchen etwa der im Mittelmeerraum verbreiteten Familie Melanopsidae oder jener der afrikanisch-asiatischen Paludomidae zu unterscheiden. Auch zwei andere Familien verwandter Süßwasserschnecken – die nordamerikanischen Pleuroceriden und die auf den Südkontinenten verbreiteten

Pachychiliden – haben jeweils charakteristische Radulae. Sobald wir ein rasterelektronenmikroskopisches Bild der Radula einer dieser Schnecken haben, ist eine Verwechslung kaum mehr möglich.

Allein, die Schnecken des Tanganjika-Sees spielen da nicht so recht mit. Zwar haben sie genug charakteristische Merkmale in ihren Radulazähnen (wie übrigens auch in ihrer übrigen Anatomie), die sie eindeutig als Verwandte von *Paludomus* ausweisen, doch bei den rund 36 Arten aus dem See, die ich bislang genauer untersuchen konnte, fand ich ein verblüffend breites Spektrum unterschiedlicher Radulaformen mit stets anders gestalteten Zähnchen. Mittlerweile kann ich, ähnlich wie andere Forscher dies anhand der Schale tun, allein anhand des Gebisses der Schnecken einzelne Gattungen, ja sogar bestimmte Arten eindeutig identifizieren. Dies gelingt sogar, wenn wir die Schale oder andere Merkmale zuvor gar nicht gesehen haben.

Im Lauf unserer Studien wurde dabei ein Muster erkennbar, so dass wir heute in der Lage sind, aufgrund der Radula (aber auch vieler weiterer Merkmale und ihrer Erbsubstanz) bestimmte Arten und Gattungen von Tanganjika-Schnecken gemeinsam zu gruppieren. Umgekehrt haben einige andere Schnecken des Sees derart bizarre Radulaformen ausgebildet, dass diese sie sofort als etwas Eigenes ausweisen; sie müssen als ganz einmalige Entwicklungen gelten.

Obgleich viele ökologische Detailstudien dazu vor Ort am See noch ausstehen, vermuten wir, dass bei einzelnen Schnecken die besonderen Anpassungen in der Radulaform und der Gestalt der Zähnchen mit einer Spezialisierung auf jeweils einen anderen Bereich im Nahrungsangebot des Sees zusammenhängen. So ernähren sich etwa die Tanganjika-Schnecken *Spekia* und *Stormsia*, die im oberen Uferbereich auf felsigem Untergrund zu finden sind, mit Vorliebe von Algen. Sie haben zu regelrechten Schabern umgestaltete Radulazähne. Dagegen kehren *Paramelania* und auch *Tiphobia*, die beide auf Weichsubstrat in tieferen Wasserschichten leben, ihre Nahrung auf Schlammgrund mit feinen, weit ausladenden Radulazähnchen zusammen.

Ebenso wie die Fischfauna der Seen im Ostafrikanischen Graben zeichnet sich die Weichtier-Fauna mit rund 70 Prozent durch einen hohen Grad an Endemismen aus (das heißt,. sie sind nur dort verbreitet). Von den 24 aus Afrika bekannten Gattungen im näheren verwandtschaftlichen Umfeld unserer Seeschnecken kommt die überwiegende Mehrzahl ausschließlich im Tanganjika-See vor. Insgesamt sind 17 Gattungen aus dem See selbst beschrieben, viele davon mit nur einer einzigen Art. Solche Gattungen werden daher von Biosystematikern gern als *monotypisch* bezeichnet; ihre große Zahl kann als weiterer Beleg für die extreme Spezialisierung dieser Seefauna gelten.

Einer der wichtigsten Befunde unserer Studien ist, dass alle untersuchten Schnecken des Tanganjika-Sees eng miteinander verwandt sind und tatsächlich von nur einem einzigen Vorfahren abstammen. Vor allem die aufwändigen molekulargenetischen Studien haben uns nach jahrelanger Arbeit gezeigt, dass der Artenschwarm *monophyletisch* ist, dass also sämtliche Mitglieder auf eine einzige, nur ihnen gemeinsame Wurzel zurückgehen. Diese Vorfahren sind eng verwandt mit Schnecken, von denen einige heute noch im benachbarten Kongo-Flusssystem vorkommen, und deren Vorfahren wiederum vermutlich einst statt in den Seen (die es noch gar nicht gab) in den Flüssen Afrikas lebten.

Wie für die übrigen Faunenelemente im See auch, haben viele Forscher lange angenommen, dass unsere Schnecken einst ihren Ursprung im Tanganjika-See selbst hatten. Vor allem meine amerikanische Kollegin Ellinor Michel hat dies über ein Jahrzehnt ihrer Forschungen immer wieder betont. Sie vermutete wie alle anderen Forscher, dass es erst im See zur Radiation des Artenschwarms gekommen ist, nachdem ihn ein Urahn aller dieser Schnecken besiedelt hatte.

Doch unsere jüngsten molekulargenetischen Analysen stützen jetzt eine andere Schlussfolgerung. Statt davon auszugehen, dass diese eigenartigen Schnecken erst im See selbst entstanden, nachdem er ein einziges Mal besiedelt wurde, sind wir inzwischen der Ansicht, dass viele der Schnecken, die heute dort leben, bereits in den Flüssen oder anderen, früheren Seen in Afrika vorkamen – und zwar lange bevor der Tanganjika-See in Ostafrika entstand.

Eine spektakuläre Überraschung erlebten wir bei der Auswertung dieser molekulargenetischen Studien, nachdem wir endlich die genetische Information auf einzelnen Fragmenten der Erbsubstanz der Tanganjika-Schnecken untereinander vergleichen konnten. Durch einen Abgleich der Sequenzen von zwei verschiedenen Gen-Abschnitten gelang es, einen Stammbaum zu erstellen und dessen Zweige mittels einer so genannten molekularen Uhr zu datieren. Das Ergebnis hätte kaum überraschender sein können, als wenn plötzlich gemeldet worden wäre, dass irgendwo auf der Welt doch noch die seit 66 Millionen Jahren als ausgestorben geltenden Dinosaurier entdeckt worden sind! Ähnlich alt könnten die Evolutionslinien wenigstens einiger unserer afrikanischen Schnecken sein. Den bisherigen Berechnungen nach sind sie offenbar bereits sehr früh in den limnischen Lebensräumen Afrikas entstanden, vielleicht sogar schon zur Zeit der Dinosaurier. Auch wenn unsere bisherigen Verfahren zur Rekonstruktion noch zu unsicher sind, um sie wirklich einwandfrei als Zeitgenossen der Dinos zu belegen, so lässt sich doch glaubhaft machen, dass unsere Schnecken älter sind als der Tanganjika-See, in dem sie heute leben. Denn vermutlich haben ihre Vorfahren sehr früh, offenbar bereits in den Flüssen und Bächen des zentralafrikanischen Regenwaldes und in Anpassung an die dort herrschenden unterschiedlichen ökologischen Bedingungen, sehr verschiedene Schalen- und auch Radulaformen herausgebildet. Zumindest ihr genetisches Erbe weist sie als sehr alte Bewohner Afrikas aus.

Diese uralten Schneckenlinien wären normalerweise vermutlich irgendwann auch wieder ausgestorben, so wie etwa die Dinosaurier und die meisten anderen einstmals lebenden Tiere. Auch unsere Schneckenahnen wären ohne fossile Zeugnisse geblieben oder ohne andere Spuren zu hinterlassen, wenn sich vor mehr als etwa zwölf Millionen Jahren nicht in Ostafrika ein glücklicher Zufall ereignet hätte. Damals entstand im sich einfaltenden ostafrikanischen Grabenbruchsystem der Tanganjika-See. Dort, so unsere neue Hypothese, fanden die Schnecken eine Art evolutionäres Refugium, in dem sie bis zum heutigen Tag überdauern konnten, während sich die Welt um sie herum grundlegend änderte. Deshalb sehen wir in diesem See buchstäblich eine *verlorene Welt* wie im Roman von Sir Arthur Conan Doyle – und in unseren Süßwasserschnecken überlebende Zeugen aus einer fernen Vorzeit. Damit hätte sich zwar nicht jene ursprünglich bereits vor einem Jahrhundert vorgetragene Idee eines Relikt-Sees bewahrheitet, nach der der Tanganjika-See das Überbleibsel eines jurassischen Meeres sein sollte. Aber eine Art Arche Noah stellt dieser riesige Süßwassersee sehr wahrscheinlich dennoch dar, wenngleich auch eben für sehr alte afrikanische Schnecken, die sich dank seiner langen Existenz bis in unsere Zeit retten konnten.

Somit lassen unsere jüngsten Forschungen die Annahme zu, dass es sich bei diesen besonderen Schnecken um so etwas wie die Dinosaurier unter den limnischen Weichtieren handelt. Statt nur als Brutstätte einer besonderen Artengemeinschaft könnte der Tanganjika-See vielmehr als Reservoir gedient haben; statt zum biologischen »Hot Spot« der Artenentstehung könnte er zur Heimstatt anderswo längst ausgestorbener Schneckenformen geworden sein.

Evolutionsbiologen interessiert im Zusammenhang mit der Radiation des Artenschwarms bei Schnecken im Tanganjika-See vor allem die Frage, wie denn nun eigentlich die einzelnen Arten entstanden sind. Lange Zeit hatte man angenommen, dass dafür eine Besonderheit in der Fortpflanzungsbiologie gerade jener Schnecken verantwortlich ist: Diese sollten angeblich vivipar sein, also lebende Junge gebären, statt Eier zu legen.

In der Tat ist das Lebendgebären eine Besonderheit der eigentlichen Kronenschnecken aus der Familie der Thiaridae. Diese lassen sich gewissermaßen als die Beuteltiere unter den Schnecken auffassen. Denn anders als die meisten Gastropoden, ob im Süßwasser oder im Meer, legen Thiariden ihre Eier nicht auf Pflanzen oder Steinen ab, sondern brüten ihre Jungen in einem speziellen Brutbeutel aus, der – erstaunlich genug – meist im Nackenbereich der Tiere auf deren Rücken liegt. Die Weibchen der Kronenschnecken bringen kleine kriechende Miniaturschnecken zur Welt. Es ist dies eine allgemein kaum beachtete, aber umso faszinierendere Besonderheit der eigentlichen Thiaridae, die mich seit meiner Doktorarbeit an diesen Schnecken besonders fasziniert hat.

Weil viele Forscher nun irrtümlicherweise die Tanganjika-Schnecken bislang stets den eigentlichen Thiariden zuordneten, glaubte man auch, dass die Viviparie – jenes Lebendgebären – ein wesentlicher Faktor für die spektakuläre Arten- und Formenvielfalt der Schnecken im Tanganjika-See sein könnte. Vor allem meine Kollegin Ellinor Michel und ihr Doktorvater Andy Cohen haben dies über ein Jahrzehnt bei jeder Gelegenheit propagiert. Doch wir brauchen uns mit ihrer These und der Frage, wie Viviparie und Biodiversität zusammenhängen, in diesem Fall nicht weiter zu befassen, denn bei näherem Hinsehen stellte sich heraus, dass eine der wichtigsten Voraussetzungen für eine solche Annahme fehlt.

Bereits unsere ersten anatomischen Untersuchungen haben schnell ergeben, dass es sich bei den Tanganjika-Schnecken keineswegs um echte Kronenschnecken im engeren Sinne, also nicht um Vertreter der eigentlichen Thiariden handelt. Wie erwähnt sind es vielmehr Verwandte von *Paludomus* und *Cleopatra*, gehören also zur Familie der Paludomidae. Außerdem zeigte sich bei meinen Studien, dass nur die wenigsten Arten des Tanganjika-Sees tatsächlich lebendgebärend sind. Lediglich für drei Gattungen, nämlich *Lavigeria*, *Tiphobia* und *Tanganyicia*, ließ sich dies bisher nachweisen, wobei die beiden letztgenannten Gattungen aus nur je einer Art bestehen (hinzu kommt noch *Neothauma*, die aber zu einer anderen Familie, den Viviparidae, gehört). Dagegen legen die Vertreter sämtlicher anderer thalassoider Gattungen und Arten des Sees, wie es sich bei ihnen gehört, Eier – ebenso wie die meisten Schnecken anderswo auch (als thalassoid oder meeresgleich, von griechisch »thalassos« für Ozean, werden diese Tanganjika-Schnecken wegen ihrer Ähnlichkeit zu marinen Schnecken bezeichnet).

Eine Besonderheit allerdings hat uns bei den wenigen viviparen Vertretern besonders fasziniert und derart interessiert, dass wir ihr eine eigene Untersuchung widmeten. Unter allen Schnecken des Tanganjika-Sees besitzt nur das Weibchen von *Tanganyicia rufofilosa* einen Brutbeutel im unteren statt oberen Kopffuß. Dort, gleichsam in der Fußsohle des Tieres, wird ein besonderer Inkubationsraum ausgebildet, sobald das Weibchen trächtig wird; und dort im Fuß werden die Jungtiere dann auch über längere Zeit ausgebrütet, bis sie über eine seitliche Öffnung im Brutbeutel schlüpfen.

Dagegen weisen die beiden anderen viviparen Schnecken des Sees, also sowohl *Lavigeria* als auch *Tiphobia*, keinen derartigen spezialisierten Brutbeutel irgendwo im Kopf- oder Fußbereich auf. Vielmehr wurde bei ihnen ein anderes Organ, nämlich der Geschlechtsgang, zu einer Art Uterus umgebildet. In ihm halten die Weibchen die bereits befruchteten Eier zurück, bis die Embryonen zu beschalten Jungtieren herangewachsen sind. Zugleich macht diese unterschiedliche Anatomie deutlich, dass es bei den Schnecken des Tanganjika-Sees mehrmals unabhängig voneinander zur Entwicklung von Strategien des Lebendgebärens gekommen ist. Da der Nachwuchs einmal im Kopffuß, im anderen Fall aber im Uterus ausgebrütet wird, evolvierten zwei verschiedene Wege der Viviparie. In beiden Fällen indes werden die Jungtiere im Körper zurückgehalten, bis sie als weit entwickelte Jungtiere schlüpfen. Wir vermuten, dass ihnen dies einen besonderen Überlebensvorteil verschafft. Zugleich aber fragen wir uns, warum nicht mehr Schneckenarten im See auf diesen Trick mit der Viviparie gekommen sind; Zeit genug hatten sie ja offenbar.

So gelang es zwar im Verlauf unserer Untersuchungen, wichtige Einblicke in die Fortpflanzungsweise der Schnecken des Tanganjika-Sees zu gewinnen, doch das Rätsel der Artenentstehung – das »Mysterium der Mysterien« – haben wir für diese Süßwasserschnecken noch immer nicht vollständig gelöst. Die entscheidende Frage angesichts der Artenvielfalt in dem großen See ist deshalb auch weiterhin: Wie entstanden einst derart viele eng verwandte, aber doch so vielgestaltige Arten?

Allgemein wird nach gängiger Theorie angenommen, dass es zur Bildung neuer Arten kommt, wenn Ausgangspopulationen durch eine irgendwie beschaffene geografische Barriere – etwa ein Gebirge oder einen Meeresarm – räumlich separiert werden. Solche getrennten Populationen müssen dann lange genug voneinander isoliert leben. Währenddessen ändern sich Teile der genetischen Information ihrer Erbsubstanz unabhängig voneinander, und unabhängige Spezialisierungen werden erworben. Bei späterem Kontakt kommt es – etwa infolge verhaltensbedingter Schranken oder genetischer Unverträglichkeit – nicht mehr zur Vermischung. Zudem konnten während der Trennungsphase ökologische Nischen differenziert werden, die später sogar das Zusammenleben konkurrierender nächster Verwandter erlauben.

Auch im See selbst könnte es zu einer solchen räumlichen Trennung und Artenbildung gekommen sein. Denn durch verschiedene Einflüsse und Veränderungen im Seebecken könnten selbst in einem heute einheitlich erscheinenden Seebecken wiederholt Teilpopulationen voneinander isoliert worden sein. Derzeit diskutieren die Experten auf diesem Gebiet verschiedene Modelle für eine derartige so genannte »intra-lakustrische Speziation«. Zum einen könnte durch die Absenkung des Seespiegels das Seebecken in Einzelbecken aufgeteilt worden sein, zum anderen könnte es dabei zu einer Fragmentierung, gleichsam der Zerstückelung jener Lebensräume gekommen sein, die einzelne Arten jeweils bevorzugen. Beide Modelle wurden ursprünglich zur Erklärung der Artenschwärme bei Buntbarschen entwickelt, lassen sich aber ebenso auf die Schnecken des Tanganjika-Sees übertragen. Sie schließen sich zudem keineswegs gegenseitig aus.

Zum Ausgangspunkt für die Überlegungen der Befürworter des Modells einer Fragmentierung der Lebensräume wird dabei die Beobachtung, dass die Verbreitung vieler Arten in den Seen nicht gleichmäßig, sondern lokal begrenzt ist. Dies zeigten etwa Untersuchungen an Buntbarschen; für Schnecken ist dieser Umstand bislang deutlich weniger glaubhaft. Einzig die Verbreitung der verschiedenen Formen von *Lavigeria* wird von Ellinor Michel als ein Flickenteppich lokaler Populationen dargestellt, die an bestimmte Habitate gebunden sind. Als unbestritten richtig hat sich dagegen aufgrund der vorliegenden ökologischen Studien herausgestellt, dass jeweils einzelne Schneckenarten entweder auf Weich- oder auf Hartsubstrat leben. Stets finden sich auch bestimmte Arten, etwa *Spekia zonata* oder Vertreter der Gattungen *Reymondia* und *Bridouxia*, nur im oberen Uferbereich, während andere in eher tieferen Wasserschichten vorkommen, wie *Paramelania*, *Tiphobia* oder *Bathanalia*. Obgleich also durchaus eine Bevorzugung bestimmter Ausschnitte des Lebensraumes bei den Arten der thalassoiden Schneckenfauna als gesichert angenommen werden darf, ist nicht klar, inwieweit bereits diese Habitat- und Substrat-Gebundenheit zu einer räumlichen und damit letztlich über längere Zeiträume auch zu einer reproduktiven Isolation führen kann.

Wichtiger und zudem durch eine Serie entsprechender Untersuchungen abgesichert ist bei der Frage nach der Entstehung der Artenschwärme die Tatsache, dass es zu ganz erheblichen Schwankungen des Seespiegels im Tanganjika-See gekommen ist. Die Veränderungen der Seenlandschaft in Ostafrika waren dabei mitunter wirklich dramatisch. Aufgrund tektonischer wie klimatischer Faktoren sank beispielsweise im Malawi-See die Uferzone um 250–500 Meter ab, im Tanganjika-See sogar um mehr als 600 Meter, wie unlängst seismologische Studien von Geologen ergaben. Während der Malawi-See dabei in seinem einteilig-einfachen trogartigen Becken deutlich zusammenschrumpfte, dürfte sich der Tanganjika-See aufgrund seines unterseeischen Reliefs in drei zeitweilig getrennte Paläo-Seen aufgegliedert haben. Hier sorgten wenigstens zwei Schwellen am Grund für eine Abschottung der drei Teilbecken. In der geologisch aktiven Zone des ostafrikanischen Grabenbruchs könnten zudem Veränderungen der Wasserchemie infolge tektonischer Aktivitäten im Untergrund das Überleben zeitweilig nur in den Süßwassermündungen der Flüsse erlaubt haben.

Wie so häufig in der Biologie ist allerdings eine monokausale, also beispielsweise einzig auf das Beckenrelief gestützte Erklärung zur Entstehung der Artenvielfalt etwa der Schnecken fragwürdig. Wir vermuten vielmehr, dass weder allein die abiotischen Faktoren des Tanganjika-Sees für sich noch die intrinsischen Faktoren der Schnecken – also etwa Unterschiede in ihrer Anatomie, der Ernährung und der Fortpflanzungsstrategie – allein ausreichen, um die Vielfalt der Schnecken und anderer Tiere in den Graben-Seen Ostafrikas und anderswo zu erklären. Wie allerdings all diese verschiedenen Umstände im Einzelnen zusammengewirkt haben, werden wir noch weiter untersuchen müssen.

Nicht nur die äußeren Umweltbedingungen bereiten die Bühne, auf der die Natur eines der Paradestücke der Evolution inszenierte. Erst in der Kombination mit den inneren, gleichsam von den Organismen selbst mit ins Spiel gebrachten Faktoren dürfte es zu jener faszinierenden Formenfülle kommen, die Biologen von Beginn an in ihren Bann gezogen hat.

Flinke Finger
Rollenspiel der Anolis auf karibischer Bühne

Auch Sackgassen haben ihren Charme. Das karibische Becken ist so eine ozeanische Sackgasse, die dennoch zum Schauplatz evolutiver Innovation wurde. Mit den »Trade Winds« läuft hier äquatoriales Oberflächenwasser aus dem Südosten auf die mittelamerikanische Landbrücke auf. Christoph Kolumbus und spanische Eroberer nach ihm suchten hier vergeblich eine Meeresstraße in den Fernen Osten. Sie kamen rund drei Millionen Jahre zu spät. Denn seitdem hat sich der einstige mittelamerikanische Inselbogen zu einem massiven Festlandswall ausgewachsen. (Oder zu früh, denn erst mit dem Panamakanal wurde – nach vergeblichen Vorversuchen – kurz nach der Wende zum 20. Jahrhundert endlich eine, wenn auch künstliche, Meeresstraße geschaffen.)

Für die Tiere und Pflanzen vor allem des südamerikanischen Festlandes waren die zahllosen großen und kleinen Inseln der Karibik bereits lange zuvor schon zum Experimentierfeld der Evolution geworden. Wie die Zacken eines gigantischen Kamms erhebt sich im Osten der Karibik die Kette der Kleinen Antillen über dem Meeresspiegel. Es sind echte ozeanische Inseln, die zu keiner Zeit weder untereinander noch mit dem amerikanischen Kontinent eine landfeste Verbindung hatten; ein idealer Spielplatz für jene Floren- und Faunenelemente, die von Südamerika herüberdrifteten.

Auch in der Karibik bereiten mithin Geologie und Geografie jene ökologische Bühne, auf der die Evolution ihr Bravourstück von der Bildung neuer Arten durch lokale Anpassung aufführt. Außergewöhnlich talentierte Hauptdarsteller sind die farbenfrohen, agil in Bäumen und Büschen kletternden Reptilien der Gattung *Anolis*. Durch die nicht eben seltenen Wirbelstürme oder von Meeresströmungen mit Blattwerk und Ästen auf die zahllosen karibischen Inseln und Eilande verschlagen, hat die Natur dort den Kleinleguanen immer neue Rollen zugeteilt.

Der Vorhang zu diesem Schauspiel hob sich bereits vor weit über 20 Millionen Jahren. Die Anolis erwiesen sich als vergleichsweise altes Faunenelement der Karibik, nachdem auf Hispaniola eine ihrer Vorfahren entdeckt wurde – konserviert in zu Bernstein gewordenem Baumharz aus dem Miozän. Offenbar bereits zu diesem frühen Zeitpunkt dürften Anolis die karibischen Inseln mehrfach unabhängig voneinander vom amerikanischen Festland und von anderen Inseln aus kolonisiert haben.

Regie führte dabei indes nicht nur der Zufall. Vielmehr schrieben die Darwin'sche Selektion und die Separation der Inseln das Drehbuch, nach dem sich Kolonien dieser Kriechtiere auf einzelnen Inseln zu eigenständigen Arten wandelten. Die Zersplitterung der zahllosen Inseln im karibischen Raum war die Bühne, auf der es die Anolis im Verlauf zahlloser Theatersaisons zu einem bunten Arten-Repertoire brachten.

Auf den Kleinen Antillen leben vergleichsweise düster und matt gefärbte Anolis im offenen Gelände, während farbenprächtige Verwandte, die so manchem Vogel Schönheitskonkurrenz machen könnten, im dichten tropischen Regenwald vorkommen. Vor allem der Kehllappen, mit dem sich die Männchen beim Imponiergehabe buchstäblich aufblasen, ist von Art zu Art anders gefärbt. Im 19. Jahrhundert, gewissermaßen der Goldgräberzeit der zoologischen Systematik, waren aufgrund solcher Färbungsunterschiede ständig neue Anolis-Arten beschrieben worden. Heute gehen Reptilienkundler von einem wenigstens 150 Spezies zählenden Ensemble im gesamten karibischen Raum aus. Allein auf Kuba, der größten Insel, tummeln sich um die 64 Anolis-Spieler, im Inselbogen der Kleinen Antillen sind es immerhin noch 16 Arten.

Der Variantenreichtum der Natur bedient sich dabei eines klassischen Musters: Einnischung nach Größe. Bei den kubanischen Anolis gibt es Zwergformen von nur vier Zentimetern Rumpflänge bis hin zu wahren Riesen mit bis zu 20 Zentimetern Länge. In ihrer äußeren Gestalt sehr ähnlich, unterscheiden sich die einzelnen Mimen des karibischen Evolutionsstücks vor allem darin, wie sie den jeweiligen Ausschnitt der Inselbühne nutzen. Die Besetzungsliste folgt einem simplen Schema: Kleine Inseln, etwa Dominica mit dem olivgrünen *Anolis oculatus*, werden von nur einer Art beherrscht, die als Generalist sowohl kleine wie große Insekten und Früchte als Nahrung nutzt; als Erstankömmlinge haben sie sich auf ihrer Insel offenbar so gründlich ausgebreitet, dass für spätere »Schiffbrüchige« keine Chance mehr blieb.

Auf Inseln mittlerer Größe mit meist auch stärker strukturierter Vegetation leben dagegen häufig zwei Arten, die in ihrer Größe deutlich verschieden sind und auch unterschiedliche Beutetiere und Fangplätze nutzen. Ihre Rollenteilung ist strikt: Während die kleine Anolis-Art im Blattwerk und auf dünnen Zweigen lebt, bevorzugt die große Art stets stärkere Äste und Stämme. Auf den großen Inseln wie Kuba und Hispaniola schließlich erlaubt die Vielfalt der Landschaft und der Pflanzenwelt zwar das weitgehend ungestörte Nebeneinander vieler Spezialisten, diese aber haben – fein nach Größe gestaffelt – jeweils besondere Nahrungsansprüche und kommen sich auch auf engstem Raum kaum ins Gehege. Derlei präzise Regieanweisung dient in der Natur stets der Konkurrenzvermeidung. Bei den Anolis gehen sich sogar Männchen und Weibchen – nahrungstechnisch wenigstens – aus dem Weg: Stets sind die Männchen größer als artgleiche Weibchen und fangen mithin auch etwas größere Insektenbeute.

Neben solcherlei bewährter ökologischer Ensemble-Besetzung entbehrt das Evolutionsstück der karibischen Anolis zudem nicht einer raffinierten Dramaturgie. Das erfuhren Biologen, als sie die Evolution in einem ihrer inzwischen zahlreichen Freilandversuch auf den Bahamas nachahmten. Jonathan Losos von der Universität in St. Louis hatte Ende der 1970er-Jahre mehrere der Kleinleguane auf bis dahin anolisfreien winzigen Inseln nahe der Exumas ausgesetzt; sie stammten alle von der bewaldeten Insel Staniel Cay. Er wollte herausfinden, wie lange es dauert, bis die Tiere auf den nur mit niedriger Vegetation bewachsenen, mithin unwirtlichen »Keys« wieder aussterben.

Überraschenderweise bewiesen die Populationen von *Anolis sagrei* erstaunliches Durchhaltevermögen; die Tiere behaupteten sich im neuen Lebensraum – wenn auch um den Preis körperbaulicher Veränderungen. Ihnen wuchsen in der neuen Inselheimat immer kürzere Beine, mit denen sie aber besser im dünnen Gezweig der spärlichen Sträucher klettern konnten als ihre langbeinigen Artgenossen anderswo. Diese Abhängigkeit der Beinlänge von der jeweiligen Vegetationsform war zuvor von zahlreichen Anolis-Arten der Karibik bekannt. Nie zuvor war jedoch direkt beobachtet worden, in welch kurzem Zeitraum es zu solchen Anpassungen an eine neue Umwelt kommt.

Eine kleine Gründerpopulation, Insel-Isolation und eine veränderte Umwelt ließen die Natur in der Karibik in kaum mehr als 15 Jahren ein neues Action-Stück inszenieren, bei dem Zoologen nicht nur zu Zuschauern, sondern erstmals zu Premieren-Gästen wurden. Bei dem neuen Stück glaubt vor allem Jonathan Losos nun, der Naturgeschichte gleichsam über die Schulter zu schauen – und dabei eine deutlich schneller ablaufende Evolution entdeckt zu haben, als bisher mit Darwin und noch lange nach diesem angenommen wurde.

In seinem 2018 erschienenen Buch mit dem etwas irreführenden Titel *Glücksfall Mensch* erzählt Jonathan Losos – durchaus kurzweilig und auch für Nicht-Experten spannend zu lesen – nicht nur von den kurzbeinigen Anolis-Echsen der Karibik, sondern im Zusammenhang mit diesen auch von dickschnäbeligen Finken auf Galapagos und von bunten und weniger bunten Fischen auf der Tropeninsel Trinidad. Losos, der inzwischen Professor für Evolutionsbiologie an der Harvard-Universität ist (und zugleich Kurator für Reptilien am dortigen Museum of Comparative Zoology) ist seit Kindertagen passionierter Eidechsenkundler. Seit seiner Studienzeit hat er ein Faible für die Feldforschung auf den Bahamas – sicher nicht das schlimmste Schicksal für einen Biologen. Als prominenter Vertreter der experimentellen Evolutionsforschung hat sich Losos seit Jahren einen Namen gemacht und über die

Jahre zahllose Fachartikel zu seinem Lieblingsthema veröffentlicht – dem Wirken der natürlichen Selektion unter veränderlichen Umweltbedingungen. Immer im Blick dabei: die Anolis der verschiedenen Karibikinseln.

Das Thema der durch die Umwelt bedingten Veränderungen ist dabei seit den Überlegungen von Charles Darwin und Alfred Russel Wallace zur Evolution der Klassiker der Naturkunde – und daher alles andere als neu. Die Biologie des vergangenen Jahrhunderts hat sich im Grunde erschöpfend dieser Frage gewidmet und im Kern bereits überzeugende Antworten formuliert. Dank natürlicher Selektion verändern sich Lebewesen; es überlebt und hat Nachkommen, wer dies erfolgreicher tut als andere. Im amerikanischen Original ist denn Losos' Buch unter dem wenig aufgeregten Titel *Improbable Destinies: Fate, Chance, and the Future of Evolution* erschienen. Tatsächlich geht es Jonathan Losos um die alte Frage nach Zufall oder Notwendigkeit, um Wahrscheinlichkeit, Vorherbestimmung und Vorhersagbarkeit der Evolution. Sein kluges Buch kreist dabei um zwei wichtige evolutionäre Themenkomplexe.

Zum einen geht es darin um Konvergenz versus Kontingenz; um die Frage also, was passiert, wenn man gleichsam den Film oder das Tonband des Lebens noch einmal abspielen könnte. Diese Idee eines wiederholt ablaufenden Lebensspiels hatte wohl zuerst der eloquente amerikanische Evolutionstheoretiker Stephen Jay Gould vor mehr als drei Jahrzehnten in einem seiner vielen bewunderungswürdigen Bücher entwickelt. Dabei ging es ihm um eine bizarre und längst vergangene Lebewelt aus dem Kambrium in den kanadischen Rocky Mountains – der etwa 520 Millionen Jahre alten Fauna des Burgess Shale, die bis dahin nur eine Handvoll Paläontologen überhaupt kannte. Am Beispiel des fossilen Burgess-Shale-Bestiariums beschrieb Gould damals die Wege der Evolution als verschlungen – und vor allem nicht vorhersagbar. Insbesondere bezweifelte er, dass sich die heutigen Organismen, einschließlich des Menschen, erneut entwickeln würden; zu sehr sei das Leben zufallsbestimmt und die Evolution auf einmalige Weise kontingent. Deterministen sind dagegen überzeugt, dass sich bestimmte Muster wiederholen und das Endergebnis daher immer fast genau gleich sei. Tatsächlich häufen sich neuerdings die Hinweise darauf, dass ähnliche Umweltbedingungen zu ähnlichen Anpassungen führen; der Film des Lebens also durchaus gleich abläuft, wenn auch an unterschiedlichen Orten und zu unterschiedlichen Zeiten. Ganz oben auf der Liste der entsprechenden Beispiele rangieren nun bei Jonathan Losos seine geliebten Anolis.

Er glaubt zudem, dass die zahllosen Konvergenzen der heutigen Lebewesen durchaus darauf hindeuten, dass die Natur nur begrenzte Möglichkeiten hat und Evolution in ähnlichen Bahnen verläuft. Losos führt zahlreiche Beispiele für ähnliche Lösungen an, mit denen Tiere und Pflanzen auf Umweltanforderungen reagieren. So entwickelten etwa Tintenfische und Wirbeltiere in verblüffender Weise sehr ähnliche Linsenaugen, ohne eng miteinander verwandt zu sein. Oder: Gleich mehrere, ebenfalls nicht näher miteinander verwandte Pflanzen wie Kakao, Kaffee und Tee enthalten den Wirkstoff Koffein, mit dem sie sich gegen Insektenfraß wehren.

Doch ist Evolution wirklich regelhaft? Selbst die erstaunlichsten Konvergenzen weisen im Feinbau einmalige Lösungen auf. Zoologie-Studenten lernen bereits im Grundstudium, dass das Auge des Tintenfisches aus einer Einstülpung der Haut hervorgeht, während das Auge der Wirbeltiere eine Aussackung des Gehirns ist. Und bei aller Ähnlichkeit, etwa in der Beuteltierwelt Australiens zu den plazentalen Säugern anderswo, gibt es zugleich einmalige und unvorhersehbare Besonderheiten. Nehmen wir das eierlegende Schnabeltier, das seine Jungen mit Milch versorgt wie ein Säuger. Mit seinem Entenschnabel und Biberschwanz hielt man es anfangs für einen zusammengestoppelten Wolpertinger; Charles Darwin wähnte gar »zwei verschiedene Schöpfer« am Werk.

Zum anderen geht es in Losos' Buch um die Frage nach der Geschwindigkeit der Evolution. »Wir sehen nichts von diesen langsam fortschreitenden Veränderungen, bis die Hand der Zeit auf eine abgelaufene Weltperiode hindeutet«, war Darwin überzeugt. Dem Echsenkundler Jonathan Losos gelang bei seinen Forschungen an Echsen in der Tat etwas, wovon Darwin nicht einmal zu träumen wagte und was nur wenigen Evolutionsbiologen aus eigener Anschauung vergönnt ist: Der Evolution bei ihrem Werk in Echtzeit zuzusehen. An Fallbeispielen wie seinen Anolis in der Karibik, an Darwinfinken von Galapagos und an Guppys schildert Losos, wie eine neue Generation von Forschern herausfand, dass Evolutionsvorgänge sich in bestimmten Fällen durchaus wiederholen. In Feldstudien und Laborversuche konnten sie zeigen, wie durch rasche natürliche Selektion auf ähnlichen Wegen ähnliche Lösungen entwickelt werden – und dass Evolution mithin prinzipiell vorhersagbar ist.

Wie beim Wetter gelinge dies auch in der Natur umso besser, je mehr wir wissen, davon ist Jonathan Losos überzeugt. So zufällig Atome, Moleküle und Gene agieren mögen, so zufällig Mutationen sind und neue Richtungen vorgeben – weil die Natur wiederholt ähnliche evolutionäre Pfade beschreitet, ist Evolution weniger verschlungen und unbestimmt als bislang etwa von Gould und anderen angenommen. Losos' gut erzählte und faszinierende Forschungs-Reise lehrt uns einerseits, dass die Natur bei der Evolution doch nicht nur wild würfelt, sondern es sehr wohl Regeln und Regelmäßigkeiten gibt. Andererseits lässt Losos keinen Zweifel daran, dass wie andere Arten auch etwa der Mensch seine Existenz dennoch höchst unwahrscheinlichen und einmaligen Ereignissen verdankt. Angesichts unserer Wirkung auf die Natur ist allerdings fraglich, ob wir tatsächlich ein »Glücksfall« der Evolution sind.

Ganz konkreten Anschauungsunterricht in Sachen Glück oder Unglück in der Evolution lieferten den Anolis-Forschern um Jonathan Losos unlängst die in der Karibik im Herbst nicht seltenen und neuerdings aufgrund des Klimawandels häufiger auftretenden Hurrikane. Denn offenbar haben selbst die nur gelegentlich auftretenden Wirbelstürme einen dauerhaften Einfluss auf die Evolution der Eidechsen. Unter Federführung von Colin Donihue konnten die Forscher jüngst in zwei prominent publizierten Studien zeigen, dass Anolis auf Inseln, die häufiger von Wirbelstürmen betroffen sind, längere Beine und vor allem größere Haftflächen an den Zehen haben als andere.

Nur Tage bevor im Herbst 2017 die Hurrikane Harvey, Irma und Maria in der Karibik auch Archipele wie die Turks- und Caicos-Inseln mit Windgeschwindigkeiten von 200 bis 265 Kilometer pro Stunde heimsuchten und verwüsteten, hatte Donihues Team zufällig das Vorkommen von *Anolis scriptus* auf kleineren betroffenen Eilanden wie Pine Cay und Water Cay untersucht. Das verschaffte den Forschern eine seltene Vergleichsmöglichkeit; und so kehrten sie nur wenige Wochen nach den Verwüstungen auf dieselben Inseln zurück, um nochmals nach den Anolis zu suchen. Erneut vermaßen sie die Beinlänge und Größe der überlebenden Eidechsen auf diesen Inseln. Und stellten fest, dass nun tatsächlich die Haftpolster an den Zehen der Vorder- und Hinterfüße deutlich größer waren. Nicht etwa, weil diese in der kurzen Zeit gewachsen wären, sondern weil nur noch solche Echsen da waren, die sich dank größere Haftpolster und längerer Füße besser festhalten und klettern konnten. Als die Forscher dann zwei Jahre später nochmals auf die Inseln zurückkehrten, fanden sie heraus, dass die Nachkommen der Überlebenden ebenfalls größere Haftpolster trugen und diese Eigenschaft also vererbt hatten.

Donihue und Losos haben diesen Hurrikan-Effekt auch bei *Anolis sagrei* auf zwölf anderen Inseln – von den Bahamas bis zu den Cayman-Inseln – nachweisen können, wo Wirbelstürme in den vergangenen Jahrzehnten häufiger auftraten. Auch dort haben die Tiere größere Haftpolster als solche aus weniger stürmischen Gegenden, können sich bei Hurrikanen offenbar besser festhalten und haben mithin größere Überlebenschancen. Dieser Zusammenhang von Hurrikanen und der Form von Echsenfüßen ließ sich inzwischen bei 188 Anolis-Arten im gesamten Verbreitungsgebiet feststellen. Dagegen zeigten die statistischen Tests der Forscher in diesem Fall keinen solchen Zusammenhang mit anderen Einflussfaktoren, wie etwa der Höhe der Büsche, an denen die Tiere lebten, die Lufttemperatur oder die Regenfallmenge. Zeig' her deine Füße und ich sag' dir, ob es stürmt!

In den Haftpolstern sehen Donihue und Kollegen daher ein Schlüsselmerkmal für die kurzfristige Evolution der Anolis. Hurrikane sind zwar insgesamt sehr seltene Ereignisse und nicht vorhersehbar, sie spielen dennoch langfristig eine Rolle bei der Evolution der Echsenfüße. Dabei wirken natürlich auch noch andere Selektionskräfte auf die Tiere und speziell ihre Haftpolster ein, so dass letztere nach aller Wahrscheinlichkeit nicht gleichsam in den Himmel wachsen und immer größer werden; schließlich müssen selbst die Anolis mit immer besserer Haftwirkung auch ansonsten im Alltag gut durchs Leben kommen. Allzu große Haftpolster und lange Beine könnten dabei wieder hinderlich sein.

So müssen die Anolis auf den von Hurrikanen heimgesuchten karibischen Inseln eine buchstäblich gute Balance zum Überleben finden. Und dabei scheinen selbst Naturkatastrophen immer wieder ähnliche Merkmale und Gemeinsamkeiten bei den tropischen Eidechsen hervorkitzeln zu können.

Odyssee im Paradies Lemuria

Die Entfaltung der Lemuren Madagaskars

Auch die Evolution lebt vom Zufall. In einer albtraumhaften Odyssee ließ einer dieser – glücklichen – Zufälle vor vielleicht 50 Millionen Jahren ein Pärchen affenähnlicher Tiere auf einem Floß aus Pflanzenteilen über die 400 Kilometer breite und tiefe Meeresstraße treiben, die bereits damals die Insel Madagaskar vom afrikanischen Kontinent trennte. Nachdem den Affenahnen auch noch glücklich die Landung gelang, fanden sie sich im Paradies wieder. Nicht nur reicher Regenwald empfing sie; der madagassische Lebensraum war noch dazu frei von Konkurrenten, die ihren Verwandten später anderenorts in Afrika das Leben erst schwer und das Überleben schließlich sogar unmöglich machen sollte.

So wurde unser odyssisches Paar zum Begründer der einmaligen evolutiven Dynastie von Lemuren. Es sind dies als ursprünglich geltende Primaten oder Halbaffen, die es heute nur auf Madagaskar und den benachbarten Komoren-Inseln gibt. Weil auf Madagaskar anfangs tierische Mitbewerber fehlten, konnten die Nachfahren dieses Halbaffen-Paares allein dort jene ökologischen Planstellen besetzen, die heute auf anderen Kontinenten von Vögeln und Säugern eingenommen werden. Die einst ausschließlich waldbewohnenden nachtaktiven Halbaffen nutzten ihre Chance auf klassische Weise: Lemuren unterscheiden sich in Aussehen, Verhalten, Lebensweise und Nahrung wie sonst nur sehr verschiedene Arten aus nicht näher verwandten Tiergruppen. Einzelne Arten wurden zu vielfältigen Spezialisten, die heute auf Madagaskar im tropischen Regenwald ebenso wie in den trockenen Dornbuschsavannen zu finden sind. Sie sind springend und kletternd, auf Bäumen oder am Boden, vierbeinig oder auf den Hinterbeinen unterwegs und bei Tag oder Nacht aktiv. Sie ernähren sich vegetarisch, als Gemischtköstler oder haben Insekten und Kleintiere zum Fressen gern. Und dann die Größe: Der Kleinste – der an einen Siebenschläfer erinnernde, knapp 13 Zentimeter große Mausmaki *Microcebus* – wird um ein Vielfaches vom paviangroßen Indri übertroffen oder gar vom ausgerotteten bärenartigen Riesenlemur *Megaladapis* mit einem allein 30 Zentimeter langen Schädel.

Die Vielfalt der madagassischen Lemuren macht nicht nur deutlich, welche erstaunlichen Entwicklungen und Anpassungen der Natur sogar innerhalb enger Verwandtschaftsgruppen möglich sind; die hochgradige Sonderentwicklung zeigt zudem, dass Lemuren bereits seit sehr langer Zeit ihren eigenen stammesgeschichtlichen Weg gehen.

Dank einer Fülle freier ökologischer Lizenzen entstanden im Verlauf dieser vielen Jahrmillionen mehr als 40 Lemuren-Arten, von denen jede einem etwas anderen biologischen Beruf nachgeht. So beherrschten sie bald nach ihrer glücklichen Ankunft auf Madagaskar den ökologischen Stellenmarkt und verhinderten dort das »Coming Out« noch anderer ähnlicher Tiergruppen. Offenbar gilt in der Natur: Wer zuerst kommt, radiiert zuerst. Oder anders: Wer zu spät kommt, den bestraft das Leben – hier in Gestalt der Lemuren.

Zugleich wurde Madagaskar zu einer Art Arche Noah, zu einem Rettungsfloß aus jener anderen Zeit, als die Halbaffen noch die oft für den Menschen in Anspruch genommene »Krone der Schöpfung« waren und die echten Affen – zu denen Systematiker auch uns zählen – noch nicht die Welt beherrschten. Ähnlich wie Australien mit seinen Beuteltieren ist auch Madagaskar ein zoologisches Raritätenkabinett. Da in beiden Fällen die Konkurrenz vor allem der anderen, biologisch offenbar übermächtigen Säugetiere mit echter Plazenta, räuberischer Lebensweise oder großen Gehirnen lange Zeit fehlte, feierten ursprüngliche Gruppen wie Halbaffen und Beuteltiere wahre Evolutions-Feste: Sie tanzten ökologisch gleichsam auf dem Tisch und machten just jene Öko-Nischen zu den ihren, die heute von moderneren Säugern ausgebildet werden.

Dass Madagaskar zu einem illustren Naturdenkmal wurde, verdankt es der unruhigen Mutter Erde. Wie die Halbaffen übers Meer, so hatten seit dem ausgehenden Erdmittelalter plattentektonische Vorgänge in der Erdkruste auch Madagaskar selbst von Afrika weg in den Indischen Ozean abdriften lassen. Spätestens mit der beginnenden Erdneuzeit wurde die Insel durch die sich öffnende Meerenge vor Mosambik von den evolutionären Entwicklungen der anderen Erdteile abgeschnitten. Madagaskar, auch als Lemuria bezeichnet und mit 600 000 Quadratkilometern selbst ein Minikontinent, konnte in der Abgeschiedenheit von anderen Regionen und deren Lebewesen eine eigenständige Flora und Fauna entwickeln. Dank der Separation sind etwa 80 Prozent aller Pflanzen und mehr als 95 Prozent der Tiere Madagaskars nur dort und nirgendwo sonst zu finden. So hat die Insel sieben Arten von Affenbrotbäumen, Afrika dagegen nur eine Art, den typischen Baobab; und unter den Reptilien und Amphibien entdeckten Zoologen bislang noch beinahe jedes Jahr einen endemischen Neuzugang.

Nach dem Bekenntnis eines Insel-Biologen gilt Madagaskar dank seiner außergewöhnlichen Tierwelt mithin zu Recht als eines der »dicksten und längsten Geschichtsbücher, gefüllt mit Hunderten von Seiten interessanter Tatsachen, in welchem aber die ersten Seiten leer und unbeschrieben sind«. Denn über die genauen Umstände von Insel-Drift und Isolation sind sich die Experten noch immer nicht einig. Sie vermuten, dass sich Madagaskar bereits vor 100 Millionen Jahren – beim Zerfall des südlichen Superkontinents Gondwana – vom afrikanischen Kontinent loslöste; doch wann und wie die viertgrößte Insel schließlich den letzten entscheidenden Kontakt zum Festland verlor, ist ungewiss.

Was Zoologen verwirrt: Anders als in Australien fehlen auf der alten »Gondwana-Scholle« Madagaskar ursprüngliche Gruppen wie die Beuteltiere, vor allem aber die Monotremen (Kloakentiere) wie Schnabeltier und Schnabeligel. Auch haben spätere afrikanische Großsäuger, von so typischen Vertretern wie Antilopen über Elefanten und Giraffen bis zu den Zebras, die Inselwelt Lemurias nie erreicht. Dagegen ist den Borstenigeln, Insekten vertilgenden Spitzmausverwandten, die vermutlich wie unser Lemuren-Ahnenpaar per Meeres-Drift kamen, die madagassische Eroberung bravourös gelungen: Sie haben sich dort ebenfalls zu ungewöhnlichem Formenreichtum aufgeschwungen, der anderenorts seinesgleichen sucht.

Lange abgeschottet und verschont vom Rest der Welt, haben bis heute um die hundert Lemurenarten auf Madagaskar überlebt. Die ungewöhnlichste von ihnen ist zugleich auch eine der bedrohtesten – das Fingertier, *Daubentonia madagascariensis* oder Aye-Aye. Wegen seines Gesichts mit riesigen Augen und fledermausähnlichen Ohren nennen die Madagassen es »Greis mit den langen Fingern«. Mit seinem dünnen, wie verdorrt aussehenden, stark verlängerten Mittelfinger sowie den meißelartigen Schneidezähnen spielt das Aye-Aye auf Madagaskar die Rolle der Spechte. Es sucht unter der Borke von Bäumen nach Insekten, wobei es – anders als Spechte mit ihrem Schnabel – mit dem Finger systematisch die Bäume nach verborgener Nahrung abklopft. Hat es durch Anklopfen eine Käferlarve geortet, hält es den Kopf mit den großen Ohren nahe an den Stamm, um zu horchen, nagt dann – bei erfolgversprechenden Signalen – mit den starken Schneidezähnen ein Loch aus der Borke und angelt das Insekt mit dem langen Mittelfinger heraus. Das Fingertier konnte nur in die ökologische Planstelle der Spechte hinein evolvieren, weil diese auf der Insel nicht vorkommen und auch kein anderes Tier die freie Öko-Stelle beanspruchte.

Vor rund 1000 Jahren kam das Verderben in das Paradies Lemuria, als eigenartigen, weitgehend haarlosen »Echt«-Affen, uns Menschen, doch noch der Sprung nach Madagaskar gelang. Seitdem ist die Insel eines der traurigsten Beispiele für die hemmungslose Vernichtung tropischer Lebensräume durch Brandrodung und Kahlschläge zur Holznutzung, für Vanille- und Kakaoplantagen, zum Reisanbau für eine stark wachsende Bevölkerung. Aufgrund von Überweidung und Erosion ist heute nur noch ein Zehntel der ursprünglichen Pflanzendecke erhalten. Den Lemuren und anderen endemischen Inselarten wird buchstäblich der Lebensraum unter den Pfoten und Fingern weggezogen. Bald werden Lemuren auf Madagaskar nur noch im Zoo von Antananarivo leben – als letzte Mohikaner einer einmaligen Evolution, die auf dem abdriftenden Minikontinent letztlich doch keine sichere Zuflucht fanden. Jedenfalls nicht vor dem ruchlosen Primatenverwandten *Homo sapiens*.

Der Krieg der Schnecken

Oder: Von der Schnecke zur Schnecke gemacht

Es war die Liebe, die der Wissenschaft einen Schatz erhielt. Charles Reed Bishop war seiner Frau, der polynesischen Prinzessin Bernice Pauahi Bishop und letzten Regentin des Kamehameha-Stammes auf Hawaii, über deren Tod hinaus in Liebe und Verehrung zugetan. Ihr zum Andenken gründete er 1889 das Bernice P. Bishop Museum in Honolulu – heute eines der angesehensten Museen und Forschungseinrichtungen der USA. Dieser Liebe zu einer hawaiianischen Prinzessin verdanken es Evolutionsbiologen, noch heute eines der klassischen Beispiele organismischer Evolution auf Inseln studieren zu können.

Denn die Hawaii-Inseln sind nicht nur ein Paradies für vornehmlich amerikanische »Honeymooner«, sondern auch für Geologen und Biologen. Die rund 3000 Kilometer vom nächsten Kontinent entfernt gelegene vulkanische Inselgruppe zählt zu den isoliertesten Flecken Erde. Hawaii entstand über einem geologischen Brennpunkt der Erde, einem tektonischen »Hot Spot«: Einem Schneidbrenner gleich brennt sich dort seit mehr als zehn Millionen Jahren aus dem Erdinneren aufsteigende glutflüssige Magma durch die darüber hinwegwandernde Erdscholle und ließ eine Kette ozeanischer Vulkane entstehen. Die Spitzen der jüngsten Kegelschlote wie Hawaii, Maui und Oahu erheben sich heute als steile, gebirgige Inseln über den Meeresspiegel. Nachdem ihre Vorfahren über das Meer oder durch die Luft nach Hawaii verdriftet waren, haben Isolation und eine lange Evolutionszeit in den verschiedensten

Lebensräumen des Archipels eine nur dort zu findende Tier- und Pflanzenwelt hervorgebracht.

Gleichsam die Darwinfinken Hawaiis sind die auf Bäumen lebenden Landlungenschnecken der Gattung *Achatinella*. Neben zahlreichen Arten von Taufliegen der Gattung *Drosophila* und den vielen Arten der bunten Kleidervögel aus der Familie der Drepanididae dokumentieren diese Juwelen der hawaiianischen Wälder die Experimentierfreude der Evolution. Neben konischen Formen zeigen die kleinen Achatschnecken auch runde oder ovale Gehäuse; aber vor allem bei den Farben ihrer Schalen feiert die Natur mit den verschiedensten Nuancen von Rot, Orange, Gelb, Braun, Grün, Grau, Blau, Schwarz und Weiß wahre Orgien. Ästhetische Ergänzung im Tuschekasten der Achatinelliden sind die unterschiedlichen Bändermuster.

Besonders zahlreich leben Achatinelliden auf der Insel Oahu in den oft unzugänglichen Tälern und Höhenzügen der Koolau und Waianae Mountain Ranges – oder genauer: lebten. Während mehr als die Hälfte der etwa 200 Achatinelliden-Arten auf den vom Menschen heute massiv veränderten Hawaii-Inseln bereits ausgerottet sind, zeugen die mit Schalen reich gefüllten Schubladen in den Kabinetten des Bishop Museums in Honolulu von der ein Jahrhundert umspannenden menschlichen Sammelleidenschaft: tot zwar – aber alles andere als totes Kapital für die Wissenschaft. Neben anderen kulturellen und naturkundlichen Schätzen hütet das Bishop Museum heute die größte Weichtiersammlung der Pazifischen Region und die weitaus meisten der bunten Baumschnecken *Achatinella* Hawaiis.

Eine Kostbarkeit der Natur verkörpern sie und zugleich eine Kostprobe vom schöpferischen Reichtum der Evolution auf abgelegenen Inseln. Zu moderater Berühmtheit – wenigstens unter Malakologen (die sich von Berufs wegen mit Weichtieren beschäftigen) – kamen diese Landschnecken bereits Ende des vergangenen Jahrhunderts. Schon als kleiner Junge hatte der auch bei Zoologen heute längst in Vergessenheit geratene John Thomas Gulick (1832–1923) beim Durchstreifen der Urwälder Hawaiis seine Liebe zu den farbenfrohen, kaum zwei Zentimeter großen Baumschnecken entdeckt. Der Sohn eines neuenglischen

Missionars sammelte die Achatinelliden nicht nur mit wachsender Begeisterung; er meinte dabei überdies erkannt zu haben, dass Darwins Theorie (aus religiösen Gründen wohl auch zu seiner Erleichterung!) möglicherweise nicht richtig sei. Gulick fand nämlich keinen Zusammenhang zwischen den sehr verschiedenen Farb- und Bändervarianten der Schnecken und deren jeweiligem Lebensraum.

Auf Oahu leben ganz unterschiedliche *Achatinella*-Formen selbst an solchen Orten gemeinsam, an denen äußere Umweltfaktoren wie etwa Vegetation, Niederschlag und Temperatur offenkundig gleich waren. Gulick interpretierte die Farbvarianten der Schnecken in den einzelnen Tälern – und davon gibt es viele auf den zerklüfteten Inseln Hawaiis – als nicht-adaptiv. Nicht die von Darwin propagierte natürliche Auslese durch verschiedene Umgebungseinflüsse, so folgerte Thomas Gulick, sorgte demnach für die Vielfalt unter *Achatinella*, vielmehr billigte er der zufälligen genetischen Veränderung, den Mutationen, einen deutlich höheren Einfluss zu als der Selektion durch die Umwelt. Gulick eröffnete damit einen bis heute nicht beigelegten Disput unter Zoologen über Anpassung und Artenbildung. Die Achatinelliden sind dafür zwar nur ein Beispiel, aber ein illustres.

Mit dem theoretischen Rüstzeug des ausgehenden 19. Jahrhunderts meinten Gulick und andere dem Achatinelliden-Fieber verfallene Schneckensammler anfangs noch, in jeder Farbvariante und lokalen Kolonie der Baumschnecken gleich eine eigene Art sehen zu dürfen. Zum taxonomischen Albtraum wurden die Achatschnecken allein auf Oahu, als schließlich 227 benannte Arten mit rund 900 Varietäten beschrieben waren; sie alle sollten auf einer Fläche entstanden sein, die allenfalls der einer Großstadt entspricht. Populationen von *Achatinella bulimoides* beispielsweise sehen in jedem Tal auf Oahu wieder anders aus; zunächst wurden ihre Kolonien in eine unübersehbare Fülle von Varianten zersplittert, die man mit einem eigenen Artnamen belegte. Die Arten-Inflation verbarg lange das faszinierende evolutionsbiologische Phänomen der mikrogeografischen Veränderbarkeit gerade bei diesen nicht eben wanderfreudigen Baumschnecken. Die meisten von ihnen verbringen ihr Leben nämlich algen- und pilzfressenderweise auf einem einzigen Baum.

Systematiker baten die Achatinelliden Oahus daraufhin gleichsam zum taxonomischen Aderlass. Heute, nachdem sich das Biospezies-Konzept vielfach durchgesetzt hat, das Arten als eine geschlossene Fortpflanzungsgemeinschaft betrachtet, erkennen auch Malakologen allenfalls rund 40 *Achatinella*-Arten auf Oahu an. Viele Evolutionsbiologen sind zudem überzeugt, dass auch bei den Baumschnecken die geografische Isolation der wichtigste Faktor bei der Bildung neuer Farbvarianten war. Während Populationen der Schnecken in einzelnen Tälern Oahus über längere Zeiträume von ihren nächsten Nachbarn getrennt waren, akkumulierten sie genetische Unterschiede. Bei einem späteren erneuten Kontakt wirkten diese dann als Artschranke.

Vor Ort indes lassen sich solche oder alternative Thesen nicht mehr ohne weiteres überprüfen, denn viele Kolonien der Baumschnecken, darunter auch die so schöner Formen wie *Achatinella lila* oder *Achatinella fulgens*, sind mittlerweile vernichtet worden. Bereits um die Jahrhundertwende jedoch hatte im Bishop Museum ein vorausschauender Forscher namens Montague Cooke, der dort als Kurator für Weichtiere tätig war, begonnen, jene exquisite Sammlung hawaiianischer Landschnecken aufzubauen. Mehr noch: Cooke sammelte auch – heute selbstverständlich, damals aber eine echte Pioniertat – detaillierte Angaben zu Fundort und Vorkommen einzelner Farbvarianten und vermerkte diese auf Verbreitungskarten. Damit verschaffte er in letzter Minute Generationen von Schneckenforschern nach ihm eine Momentaufnahme der natürlichen Vorkommen sämtlicher Baumschnecken Hawaiis, die heute andernfalls um nichts in der Welt mehr zu erlangen wäre. Zwar werden die vielen verschwundenen Achatinelliden damit nicht wieder lebendig, aber ihre Evolution bis zum Auftritt des Menschen auf Hawaii ist so wenigstens posthum rekonstruierbar.

Bereits in den 1950er-Jahren warnten Biologen davor, dass *Achatinella* auf Oahu aufgrund der massiven Entwaldung und der früheren Übersammlung aussterben wird. Zu allem Unglück haben es gerade diese hawaiianischen Weichtiere – selbst für Schnecken – nicht eben eilig mit ihrer Vermehrung: Jedes Weibchen bringt nur ein einziges lebendes Junges gleichzeitig zur Welt.

Wer heute auf Hawaii nach *Achatinella* sucht, braucht daher eine gehörige Portion Glück – und die alten Fundortdaten aus der Sammlung im Bishop Museum. Vielerorts auf Oahu ist die gefräßige Rosenschnecke *Euglandina rosea* – eine fleischfressende, bei anderen Schnecken kannibalische Raubschnecke – schneller gewesen. Heute werden die nur auf dem Hawaii-Archipel lebenden Baumschnecken von diesem Räuber aus den eigenen Reihen regelrecht zur Schnecke gemacht. *Euglandina*, die ursprünglich aus Florida stammt, war Mitte der 1950er-Jahre zur Bekämpfung einer ebenfalls eingeschleppten Riesenlandschnecke nach Oahu gebracht worden. Statt nun aber diese planmäßig zu vertilgen, machte sich der Rosenschneckenräuber über die verbliebenen Bestände der kleinen – offenbar schmackhafteren – Baumschnecken Hawaiis her. Die Biologie droht daher auf Hawaii einen wichtigen, weil letzten lebenden Zeugen eines tierischen Evolutionsreigens zu verlieren.

Die unsichtbaren Arten

Wie man aus einem Dickhäuter zwei macht

Wenn gelegentlich im Zoo Tiere sterben, freuen sich Naturkundemuseen über ein rares Stück. So bekam etwa das Museum für Naturkunde in Berlin im Dezember 2001 mit dem frisch präparierten Elefantenbaby Kiri, das ein Jahr zuvor im Berliner Zoo an einer Virusinfektion verstorben war, einen neuen Publikumsliebling. Währenddessen vermeldeten Wissenschaftler beim Elefanten einen Neuzugang ganz anderer Art.

Zwar gehören die grauen Riesen aus den Savannen Afrikas nicht gerade zu jenen Tieren, die man leicht übersieht, dennoch entdeckten Elefantenforscher erst sehr spät, dass sie bislang eine komplette Elefantenart regelrecht ignoriert haben. Im angesehenen Fachblatt *Science* berichtete ebenfalls im Jahr 2001 ein Team von Elefantenexperten und Molekulargenetikern um Alfred Roca und Stephen O'Brien, dass in Afrika tatsächlich zwei Elefantenarten leben – statt nur einer. Bis dahin waren die in den Savannen und im Regenwald vorkommenden Populationen sämtlich zur Art *Loxodonta africana* gerechnet worden.

Die Erforschungsgeschichte der Elefanten hat dabei auch eine kuriose – und für das Berliner Naturkundemuseum überdies eine durch Lokalkolorit gefärbte – Seite. Denn es war ausgerechnet ein Berliner Forscher, der bereits vor mehr als einem Jahrhundert erkannte, dass es zwei afrikanische Elefantenarten gibt. Schon um 1900 hatte der in Berlin für Säugetiere zuständige Kurator, Paul Matschie, vorgeschlagen, jenen zweiten Elefanten *Loxodonta cyclotis*, den Rundohrigen, zu nennen; doch niemand wollte dem etwas kauzigen Taxonomen damals glauben. Matschie beschrieb diese neue Art anhand eines jungen Tieres aus dem südlichen Kamerun, das im Yaoundé-Gebiet gefangen und lebend nach Berlin verfrachtet worden war, wo es dann im Berliner Zoologischen Garten lebte. Zudem verglich Matschie in seiner Museumssammlung Schädel von Waldelefanten ebenfalls aus Kamerun mit den größeren Schädeln der Savannenelefanten aus Ost- und Südafrika.

Mit knapp 2,40 Metern Schulterhöhe und drei Tonnen Gewicht ist *Loxodonta cyclotis* in den Wäldern des westlichen Afrikas tatsächlich deutlich kleiner als seine Verwandten in den ost- und südafrikanischen Savannen und Steppen. Auffällig an ihm ist zudem die deutlich rundere Form seiner Ohren, die dagegen beim Savannenelefanten jenen entfernt an eine Afrikakarte erinnernden Umriss haben. Von dieser rundohrigen Form leitet sich auch sein wissenschaftlicher Name *cyclotis* ab (von Griechisch »kyklos« für Kreis und »ous« für Ohr). So steht Kiri im Berliner Museum auch, um Matschies frühe, und wie sich herausstellte richtige, Erkenntnis nachträglich zu ehren.

Die späte Anerkennung verdankt Matschie und dessen Elefant den neuesten Methoden in der Molekulargenetik. Forscher des National Cancer Institute in Frederick im amerikanischen Bundesstaat Maryland verglichen dabei das Erbgut von verschiedenen Elefanten aus der afrikanischen Savanne mit dem der Waldelefanten. Dazu haben sie aus Gewebeproben freilebender Tiere kurze Abschnitte der im Kern gelagerten Erbsubstanz DNA gewonnen und anschließend die genetische Information von vier dieser Kern-Gene bei mehr als 195 Elefanten aus 21 Populationen verglichen.

Was einfach klingt, bedeutete harte Arbeit im Gelände. Denn acht Jahre hat der in Afrika tätige Biologe Nicholas Georgiadis vom Mpala Research Center in Kenia damit zugebracht, die Biopsie-Proben lebender Elefanten aus dem gesamten afrikanischen Verbreitungsgebiet zusammenzutragen. Erst dank dieser Arbeit vor Ort hatten seine amerikanischen Kollegen im Labor ausreichend aussagekräftiges Material, um jetzt den Vorschlag von Paul Matschie zu belegen.

Mit insgesamt 1732 Basenpaaren der Elefanten-Gene sind die Forscher zwar weit davon entfernt, etwa ähnlich wie inzwischen beim Menschen das komplette Genom entziffert zu haben, doch bereits der Vergleich selbst kleiner Fragmente des Elefanten-Erbguts bestätigte jenen schon früh gehegten Verdacht, dass es eine zweite Art geben könnte. Nur wenige Zoologen haben die im afrikanischen Urwald lebenden Elefanten zu Gesicht bekommen, doch wer wie Matschie genau hinsieht, erkennt, dass sich diese in ihrem Körperbau durchaus deutlich erkennbar von den in der Savanne lebenden Verwandten unterscheiden. So sind die scheuen Waldelefanten, die heute in Gefangenschaft nur im Pariser Zoo zu sehen sind, nicht nur kleiner; sie haben neben den abgerundeten statt spitz zulaufenden Ohren auch deutlich längere und geradere Stoßzähne. »Wer sie das erste Mal sieht«, so meint Georgiadis, »der reibt sich verwundert die Augen und denkt ›Was ist denn das für ein Tier?‹« Ungeachtet dieser auffälligen Differenzen im Körperbau sahen Zoologen den Urwaldelefanten dennoch lange nur als eine auf den Regenwald spezialisierte Unterart an; denn dort, wo der afrikanische Regenwald in die Savanne übergeht, so vermuteten sie, vermischen sich beide Elefantenformen wieder miteinander. Und das spräche nun mal nach geltender Theorie der Biologie gegen den Status zweier Arten.

Erst als jetzt die Forscher des Teams von Stephen O'Brien die Erbsubstanz dieses größten an Land lebenden Säugetieres analysierten, erkannten sie, dass die DNA der Waldelefanten so anders ist wie sonst nur bei lange voneinander getrennten so genannten guten biologischen Arten. Aufgrund der Differenzen im Aussehen hatten die Molekulargenetiker zwar durchaus damit gerechnet, auch auf biochemischer Ebene Unterschiede zu finden, doch dass die Gene von Wald- und Savannenenelefant so deutlich voneinander abweichen wie etwa bei Tiger und Löwe, verblüffte sie dann doch. Bereits vor rund 2,6 Millionen Jahren, so haben die Molekulargenetiker errechnet, dürften sich die Vorfahren von Savannenen- und Waldelefant auseinandergelebt haben.

Vermutlich spielte dabei eine Rolle (wie übrigens auch bei der Evolution des Menschen), dass sich am Ende der Eiszeit – also im so genannten Pleistozän – die Savannengebiete in Afrika stark ausgedehnt haben, während die Regenwaldregion schrumpfte. Dadurch entstand neuer Lebensraum für die Savannenelefanten, die sich so zunehmend von ihren waldbewohnenden Artgenossen trennten. Immerhin beträgt der genetische Abstand zwischen Wald- und Savannenelefant heute bereits knapp 60 Prozent des Abstandes zwischen dem afrikanischen Elefanten und seinem in Asien lebenden nächsten Verwandten. Dieser wird als *Elephas maximus* zudem in einer anderen Gattung geführt. All dies macht Zoologen heute sehr sicher, dass mit *Loxodonta cyclotis* tatsächlich eine zweite Elefantenart in Afrika lebt.

Doch mit dem Überleben der afrikanischen Elefanten ist das bekanntlich so eine Sache. Deshalb haben die jüngsten molekulargenetischen Befunde auch für den Schutz der Elefanten erhebliche Bedeutung. Aufgrund der jahrelangen schonungslosen Wilderei vor allem wegen des begehrten Elfenbeins sind die Bestände von *Loxodonta africana* dramatisch eingebrochen. Ende der 1970er-Jahre zogen noch etwa 1,3 Millionen dieser Rüsseltiere durch die Savannen und Wälder des Kontinents, den sie ein Jahrhundert zuvor fast überall bewohnt hatten; einst gab es sie sogar in Nordafrika. Heute leben kaum mehr als schätzungsweise 350 000 Elefanten in Afrika. Mit dem Nachweis einer zweiten Elefantenart ist plötzlich klar geworden, dass zum einen die Zahl jeder dieser beiden Elefantenformen noch deutlich niedriger liegt als angenommen und dass zum anderen gleich beide Spezies im Bestand gefährdet sind – der Waldelefant ist sogar akut vom Aussterben bedroht.

Während Savannenelefanten vor allem in Ostafrika immer mehr verschwinden und ihre Bestände nur im Süden Afrikas noch einigermaßen groß scheinen, steht es um den Waldelefanten im Westen Zentralafrikas besonders schlecht. Ich bin diesem Trauerspiel des Überlebensdramas afrikanischer Großtiere wie der Elefanten in dem Buch *Das Ende der Evolution* näher nachgegangen; wir wollen hier davon schweigen. Nur so viel sei erwähnt, um die Dramatik deutlich zu machen: Allein in den 1980er-Jahren hat sich die Zahl der Dickhäuter auf etwa 650 000 Tiere halbiert. Um die Jahrtausendwende, also vor zwei Jahrzehnten, war keine halbe Million der grauen Riesen mehr übrig, inzwischen sind es nochmals weniger geworden, wie ein groß angelegter (und vom Microsoft-Gründer Paul Allen finanzierter) *Great Elephant Census* im Jahr 2016 ergeben hat. Vor allem aber sind beim Waldelefanten allein in den beiden vergangenen Jahrzehnten zwei Drittel aller Tiere verschwunden. Bei ihnen wurden zuletzt in den Ländern ihres Hauptvorkommens – in Kamerun, in der Demokratischen Republik Kongo, der Republik Kongo, der Zentralafrikanischen Republik und Gabun – keine 10 000 Tiere mehr gezählt; vermutlich sind es inzwischen abermals deutlich weniger geworden.

Insgesamt ein höchst alarmierender fortgesetzter Aderlass dieser einst weit verbreiteten und charismatischen Säugetiere – allenfalls vergleichbar dem grausamen Abschlachten von beinahe drei Millionen Walen in den Weltmeeren allein während des 20. Jahrhunderts. Jährlich schrumpfen derzeit die Bestände von *Loxodonta africana* um acht Prozent und damit weit schneller als ohnehin befürchtet. In einigen Regionen Afrikas wurden über wenige Jahrzehnte sogar bis zu 90 Prozent der Elefantenbestände ausgerottet; in einzelnen Ländern in sehr unterschiedlichem Maß. In Äthiopien etwa gab es kürzlich nur noch eine einzige Herde mit gerade mal drei Dutzend Elefanten, die letzten ihrer Art am gesamten Horn von Afrika. In Tansania, wo vor vier Jahrzehnten noch mehr als 100 000 Elefanten gezählt wurden, sind drei Viertel der Bestände verloren gegangen. In Mosambik, wo lange Zeit beinahe jeder zweite Elefant getötet wurde, haben nur noch knapp 10 000 überlebt. Vier Fünftel der in ganz Afrika verbliebenen Elefanten leben heute in Reservaten; und in wenigen Jahren werden selbst in einigen dieser Nationalparks keine Elefanten mehr zu sehen sein. Denn wir führen einen regelrechten Krieg gegen diese Rüsseltiere, bei dem alle 15 oder 20 Minuten ein weiterer Elefant durch die Kugel eines Wilderers stirbt; allein im vergangenen Jahrzehnt sind überschlägig mehr als 100 000 Tiere wegen ihrer wertvollen Stoßzähne aus Elfenbein getötet worden – und das, obwohl sie seit Jahrzehnten formal geschützt sind und der Handel mit Elfenbein verboten ist. Gegen eine kriminelle, weltweit vernetzte Elfenbeinmafia hat das nichts bewirkt.

Beim Waldelefanten sind wir beinahe gänzlich tatenlos geblieben, während Wilderer diese gerade erst als eigenständige Art bestätigten

Rüsseltiere geradezu systematisch für ihr Elfenbein abschlachten. Obwohl sie bis vor Kurzem noch in den Tiefland-Regenwäldern mit seinen eingestreuten Feuchtgebieten und Sümpfen in West- und Zentralafrika weit verbreitet waren – vermutlich vom Senegal im Westen durch das Becken des Kongo bis Uganda im Osten –, drohen Waldelefanten in den kommenden Jahren auszusterben. Ihre Bestandszahlen sind gleichsam im freien Fall und ihr Schicksal unserem selektiven Blick auf uns selbst weitgehend verborgen. Mit diesen rundohrigen Rüsseltieren aber verlieren wir ein ganz eigenes und bewegtes Kapitel der Evolutionsgeschichte.

Kurioserweise deckten internationale Artenschutz- und Handelsabkommen wie das Washingtoner Abkommen CITES, lange nur *Loxodonta africana*, nicht aber seinen im Urwald lebenden, bis vor Kurzem noch anonymen, aber im Bestand tatsächlich besonders stark gefährdeten Bruder. Einmal mehr zeigt sich, welche Bedeutung die oft als verstaubte Museumswissenschaft verkannte Biosystematik nicht nur für unser grundlegendes Verständnis jener Lebensvielfalt um uns herum hat, sondern auch, welche praktische Bedeutung ihr für den Arten- und Umweltschutz zukommt.

Beim Berliner Elefantenbaby Kiri freilich stellen sich die Fragen nach der Artzugehörigkeit nicht. Denn wie die meisten im Zoo gehaltenen Elefanten stammt es vom asiatischen Elefanten ab. Da von seinem einstigen Lebensraum, dem Wald, in Asien nur noch etwa ein Drittel übrig ist – meist als kleine grüne Inseln, die nicht mehr miteinander verbunden sind –, haben hier vermutlich weniger als 50 000 Elefanten das Ende des 20. Jahrhunderts überlebt. Verlässliche aktuelle Zahlen gibt es, im Unterschied zu Afrika, kaum; doch sieht mit wohl bereits weniger als 40 000 in Freiheit lebenden Artgenossen deren Überlebenschance in Asien noch sehr viel düsterer aus als die ihrer Vettern in Afrika. Zeitgleich mit den Studien an den afrikanischen Verwandten haben Zoologen wenigstens etwas Licht in die bislang verworrenen Verwandtschaftsverhältnisse auch der asiatischen Dickhäuter gebracht. In einer Untersuchung im angesehenen Fachblatt *Evolution* hat ein zweites Team von Molekulargenetikern um Robert Fleischer von der Smithsonian Institution in Washington herausgefunden, dass es auch bei *Elephas maximus* teilweise erhebliche genetische Unterschiede gibt.

Dazu verglichen die Forscher Teile der Erbsubstanz aus Zellbestandteilen, den Mitochondrien, von insgesamt 57 Elefanten-Populationen zwischen Indien, Nepal und den indonesischen Inseln. Die Mitochondrien fungieren gleichsam als die Kraftwerke der Zellen und eignen sich besonders gut für Studien zu den Verwandtschaftsverhältnissen nahe verwandter Tiere. Für die asiatischen Elefanten stellte sich dabei heraus, dass es zwei genetisch verschiedene Gruppen gibt. So weichen die Dickhäuter in Malaysia und Indonesien in ihrer mitochondrialen DNA recht deutlich von Tieren zwischen Thailand und Nepal ab, während sämtliche Elefanten auf Sri Lanka wieder den indonesischen näherstehen. Die Forscher fanden so bestätigt, dass die Tiere auf dieser Indien vorgelagerten Insel vermutlich 300 vor Christus im Zuge der Domestikation des asiatischen Elefanten durch Menschen angesiedelt wurden. Während man bislang angenommen hatte, dass auf dem indischen Festland und auf Sri Lanka jeweils eine eigene Unterart von *Elephas maximus* lebt, widerlegt die Studie diesen getrennten Status einzelner Populationen.

Während es also bei den afrikanischen Elefanten durch genetische Trennung zur Entstehung von zwei Arten kam, standen beim asiatischen Elefanten selbst geografisch heute weit voneinander entfernte Populationen seit der letzten Eiszeit immer wieder in Kontakt miteinander – zuletzt insbesondere auch durch den Einfluss des Menschen.

Wie auch im Fall der afrikanischen Elefanten sind diese neuen Einsichten durchaus nicht nur von rein akademischem Interesse. Denn um die genetische Vielfalt und damit die Überlebensfähigkeit auch der asiatischen Elefanten langfristig zu erhalten, sollte bei der Zucht von Elefanten in Gefangenschaft viel gezielter darauf geachtet werden, aus welcher Region in Asien die einzelnen Elterntiere stammen.

So zeigt sich, dass mit neueren Methoden selbst über so wenig unscheinbare Tiere wie Elefanten noch immer erstaunlich viel Neues zu entdecken ist.

Drachenflieger: Ein Saurier mit vier Flügeln

Glitten befiederte Dinosaurier einst von den Bäumen herab?

Die Nachricht liest sich wie ein Aprilscherz, dabei erschien sie Ende Februar 2003 im renommierten Fachblatt *Nature*. Das Tier, um das es geht, wirkt wie ein Wolpertinger, zusammenmontiert als Scherzartikel der Evolution. Tatsächlich haben chinesische Forscher in etwa 125–145 Millionen Jahre alten Ablagerungen aus der frühen Kreidezeit mit *Microraptor gui* nicht nur eine neue Dinosaurierart entdeckt. Ihnen gelang auch der spektakuläre Fund, dass kreidezeitliche Reptilien einst vier »Flügel« hatten, mit denen sie gut gleiten, aber mehr schlecht als recht fliegen konnten.

Das etwa einen Meter lange Fossil, von dem die Forscher sechs Exemplare in Fundstätten der Provinz Liaoning im Nordosten Chinas entdeckten, besitzt nicht nur aus Vorderextremitäten gebildete Flügel, wie wir sie von heutigen Vögeln kennen; auch die Beine und der verlängerte Schwanz weisen vogelähnliche Federn auf. Mit seinen beiden Flügelpaaren erinnert *Microraptor gui* an die – mit ihm freilich nicht näher verwandten – Flughörnchen unter den Säugetieren. Diese »fliegenden Eichhörnchen« segeln mittels ihrer zwischen Vorder- und Hinterbeinen gespannten Flughaut durch das Geäst. Ganz ähnlich könnten auch kreidezeitliche Microraptoren einst mit weit abgespreizten Gliedmaßen von den Bäumen herabgesegelt sein, so vermuten die Wissenschaftler um den chinesischen Paläontologen Xing Xu vom Institut für Wirbeltier-Paläontologie der Chinesischen Akademie der Wissenschaften in Peking.

Damit läuten sie eine weitere Runde in der seit mehr als einem Jahrhundert geführten Debatte um die Evolution der Vögel und den Ursprung der Feder ein. Denn bis heute ist unklar, wie Vögel einst fliegen lernten und wie Federn entstanden. Haben sich die Vorfahren der Vögel laufenderweise vom Boden abgestoßen, um allmählich immer mehr an Höhe zu gewinnen? Oder ließen sie sich auf immer tragfähigeren Flügeln von Bäumen herabgleiten? Und wie sind einst überhaupt Federn entstanden, obgleich sie doch anfangs zum Fliegen kaum getaugt haben dürften, mithin also den Vogelahnen in dieser Hinsicht gar nicht nutzten? Keine Zweifel haben die Experten mittlerweile, dass Vögel und Reptilien engste Verwandte sind. Sie vermuten, dass sich die heutigen Vögel aus einer Gruppe Fleisch fressender Dinosaurier, den so genannten Dromaeosauriern, entwickelt haben. Mit räuberischen Dinos – wie etwa dem furchteinflößenden *Tyrannosaurus* oder den gerissen wirkenden Velociraptoren – gehören auch die Dromaeosaurier zur großen Gruppe der Theropoden. Dies waren zweifüßige, auf langen Hinterbeinen laufende »Renn-Echsen«, die ihre Vorderextremitäten für andere Aufgaben frei hatten – etwa zum Beutegreifen oder eben zum Fliegen.

Während Kino und Fernsehen noch die gängigen Klischees von schauerlich-schönen Schreckensechsen bedienen, zwingt eine Serie von Neufunden die Wissenschaftler zum Umdenken. So sehen inzwischen mehr und mehr Experten in den Vögeln die wahren Nachfahren der Dinosaurier, die mithin keineswegs vor 66 Millionen Jahren durch Meteoriteneinschläge am Ende der Kreidezeit ausgelöscht wurden. Tatsächlich weiß man von den Theropoden spätestens seit Ende der 1990er-Jahre, dass viele von ihnen Federn trugen, ähnlich denen heutiger Vögel; oder zumindest federähnliche Strukturen aufwiesen, vergleichbar etwa den Federn von flugunfähigen Vögeln wie dem heutigen Kiwi auf Neuseeland.

Eine bunte Reihe befiederter Dinosaurier haben Forscher seitdem aus den fossilführenden Ablagerungen von Liaoning geborgen. Die Versteinerungen rühren an der Lehrbuchweisheit, dass allein der Urvogel *Archaeopteryx* – das wohl berühmteste Vogelfossil aus dem lithografischen Schiefer Süddeutschlands – und seine modernen Nachfahren ein Federkleid besaßen. Vielmehr haben auch urzeitliche Echsen des Erdmittelalters ein echtes Gefieder gehabt. Eröffnet wurde der Reigen durch einen frühen Konkurrenten des Urvogels, ein Kriechtier mit Rückenfedern namens *Longisquama insignis*. Das rund 220 Millionen Jahre alte Fossil aus Zentralasien hat bereits rund 75 Millionen Jahre vor *Archaeopteryx* gelebt. Es weist eigenartig lange, aus dem Rücken herausragende wimpelartige Anhänge auf. Ob diese fahnenförmigen Strukturen bei *Longisquama*, die einige Forscher als eine Art Proto-Feder interpretieren, allerdings tatsächlich Vorläufer der echten Vogelfeder waren, gilt als umstritten. Rätselhaft ist den Forschern auch, wozu diese fahnenförmigen Rückenanhänge ihren Trägern gedient haben können. Wohl kaum sind sie damit von Baum zu Baum gesegelt. Nutzten die Männchen sie vielleicht bei der Balz?

Sämtliche andere Funde befiederter Reptilien, die jüngst in China gemacht wurden, sind 20 Millionen Jahre jünger als die von *Archaeopteryx*. Spektakulär war der Anfang 1998 entdeckte *Sinosauropteryx prima* mit den Ansätzen eines vogeltypischen Daunenfederkleides. Wie aber lernten diese Vorfahren der Vögel fliegen?

Vor allem den leichtgewichtigen Federn kommt dabei naturgemäß eine schwerwiegende Rolle zu. Sicher erscheint inzwischen jedenfalls, dass das Gefieder kein allein für Vögel typisches Merkmal ist. Gemeinsam ist allen chinesischen Urechsen, dass sie sehr wahrscheinlich mit ihren Federstrukturen nicht aktiv fliegen konnten. Vielmehr dürften die Federn den frühen Ahnen der Vögel anfangs zur Wärmeisolation gedient haben.

Andere Forscher konzentrieren sich dagegen lieber auf die aerodynamischen Aspekte der Entstehung des Vogelfluges. Und da stehen sich zwei Lager gegenüber. Die einen favorisieren die so genannte »Boden-Anlauf«-Idee, nach der die befiederten Flügel die nötige Schubkraft geliefert haben, um beim Anlaufen vom Boden abzuheben. Forscher der »Segelflieger«-Fraktion weisen indes darauf hin, dass sich Auftrieb viel wirkungsvoller und leichter erzeugen ließ, wenn sich die Vogelahnen von einem Baum herabstürzten. Neben den erwähnten Flughörnchen sind auch viele Frösche, verschiedene Eidechsen und sogar Schlangen die geschicktesten Fallschirmspringer im Tierreich, einige haben es dabei zu regelrechtem Segelfliegen gebracht. Viele Forscher nehmen deshalb an, dass auch die Vögel diesen Evolutionsweg genommen haben und über das passive Gleiten zum aktiven Flug übergegangen sind.

Mit dem gefiederten »vierflügeligen« Dinosaurier *Microraptor gui* haben sie nun just ein Fossil in die Hände bekommen, das modellhaft solch ein Durchgangsstadium auf dem Weg zur Perfektion des Vogelfluges verkörpern könnte. Nun müssen sie nur noch erklären, wie sich aus dem Drachenflieger ein aktiv flügelschlagender Vogel entwickelt hat, bei dem die hinteren Läufe mit den langen Federn auch ihre Flugfunktion wieder verloren, während die Arme zum aktiven Flügelschlagen umgebildet wurden.

Zwar fehlen noch immer viele Mosaiksteinchen für eine detailgetreue Rekonstruktion der Evolution zu den Vögeln, doch mit den genannten Funden (zu denen in jüngster Zeit noch weitere und durchaus spektakuläre hinzugekommen sind, wie wir gleich sehen) ist Bewegung in die Ahnengalerie von Amsel und Adler gekommen. Mit dem Ergebnis, dass wir uns den Wellensittich im Käfig getrost als Nachfahren jener Schreckensechsen denken dürfen – und die Vogelvoliere als wahren »Dino-Park«. Demnach hat tatsächlich eine Gruppe kleiner Sauriernachfahren das meteoritenverhagelte Ende des Erdmittelalters überlebt, um sich in der Erdneuzeit zu wahrer Blüte und Formenvielfalt aufzuschwingen. Vom Ara bis zum Zebrafinken dürften sie ihre bunten Federn dabei bereits als altes Erbe der Reptilienahnen mitgebracht haben.

Nachdem sich inzwischen die Erkenntnis etabliert hat, dass unsere modernen Vögel ihren Ursprung in einzelnen Linien der Dinosaurier des Erdmittelalters haben, fahnden Forscher vermehrt nach weiteren körperbaulichen Merkmalen, die diese Evolution bezeugen können. Gleichsam ins Gesicht gesprungen sind ihnen dabei Baueigentümlichkeiten des vorderen Vogelschädels, die sie in gleicher Weise bei einigen Fossilien unter Dinosaurier-Vorfahren wiederentdeckten. Diese gehören zu kleinen, auf zwei Beinen jagenden Raubsauriern, die zu den Urahnen der Urvögel wurden. Zu den bislang noch selbst Experten kaum bekannten Helden dieser Knochenjagd entlang einer ihnen gemeinsamen Stammlinie wurden erst kürzlich, zwischen 2018 und 2020, beschriebene Schädel von mesozoischen (also im Erdmittelalter lebenden) Urvögeln mit so hübschen Zungenbrechernamen wie etwa *Falcatakely* oder *Ichthyornis* und *Asteriornis*.

Mit ihrer Hilfe versuchen Paläo-Ornithologen – jene Vogelkundler also, die sich fossilen Überresten dieser Tiere widmen – die Evolution der Vögel besser zu verstehen. Immerhin blicken sämtliche heute lebende knapp 11 000 Arten der Tierklasse Aves – gewissermaßen als überlebende Dinosaurier – auf eine mehr als komplexe Geschichte zurück. Diese nahm ihren Ausgang während der letzten rund 20 Millionen Jahre am Ende des Zeitalters der Dinosaurier, also jenem Abschnitt der Kreidezeit, der von 86 bis 66 Millionen Jahre dauerte. In dieser Zeit, gewissermaßen im Schatten und zwischen den stämmigen Beinen der Riesenechsen, hat die Evolution in Form von »Vor-Vögeln« mit verschiedenen Entwürfen experimentiert. Die jüngst entdeckten Versteinerungen der Schädel solcher »Vor-Vögel« sind Zeugnisse dieser Experimentierphase.

Als jüngsten Neuzugang unter diesen Fossilien meldeten die Gazetten im Dezember 2020 *Falcatakely forsterae* aus 72 bis 66 Millionen Jahre alten Ablagerungen auf Madagaskar. Der Schädel dieses »Vor-Vogels« ist mit weniger als neun Zentimetern eher klein und delikat, an einigen Stellen geradezu papierdünn. Mit konventionellen Methoden hätten die Paläontologen ihn kaum aus dem umgebenden Gestein herauslösen können. Mittels neuer bildgebender Verfahren, hier einer hochauflösenden Mikrocomputertomografie, ließ sich der feinteilige und fragile Vogelschädel aber gleichsam digital aus der Gesteinsmatrix extrahieren, dann virtuell wieder zu einem 3D-Model zusammensetzen und so untersuchen. Die anatomischen Details, die ein Forscherteam um den Paläontologen Patrick O'Connor von der Ohio University in Athens in einer Arbeit für das Fachmagazin *Nature* beschrieb, können wir hier getrost überspringen. Wichtig ist, dass sich mit *Falcatakely* ein Fenster just in jene Zeit der Kreide auftut, in der neben solchen »Vor-Vögeln« auch bereits die Urahnen der modernen Vögel lebten. Und diese unterscheiden sich in einigen Baueigentümlichkeiten der Schädelknochen und auch der Bezahnung durchaus erheblich.

Einer von ihnen war erst kurz zuvor, im März 2020, auf den Namen *Asteriornis maastrichtensis* getauft worden. Er dürfte nach Ansicht seines Entdeckers Daniel Field von der Universität in Cambridge eindeutig der Urahn der Hühner- und Entenvögel sein, die sich indes erst etliche Jahrmillionen nach dem Aussterben der Dinosaurier entwickelten, zusammen mit weiteren Gruppen moderner Vögel. Während einige Kreidezeit-Vögel wie der bereits seit längerem bekannte *Ichthyornis* eine Reihe von Zähnen im Schädel besaß, weist *Falcatakely* nur wenige vorn an der Schnabelspitze auf; bei *Asteriornis* dagegen fehlen sie ganz.

Welchen Vor- oder Nachteil der eine oder andere Bauplan für die frühen Vogelahnen hatte und was die Evolution mit diesen verschiedenen Experimenten gleichsam im Sinn hatte, darüber lässt sich noch trefflich spekulieren. Das große Rätsel aber bleibt: Warum haben die Vorfahren der modernen Vögel das Massensterben der Dinosaurier infolge eines Meteoriteneinschlags überlebt, während die am Ende der Kreidezeit durchaus vielfältigen, formenreichen und bis dahin erfolgreichen »Vor-Vögel« ausstarben? Wir wissen es nicht; ebenso wenig wie in unserer nächsten Fallstudie, die uns zu den Säugetieren bringt.

Kleiner Cousin mit großem Gehirn

Was einen Säuger erst zum Säuger macht

Was haben wir Säugetiere eigentlich, das anderen Tieren fehlt? Natürlich: Säuger besitzen Milchdrüsen und werden nach der Geburt mit dem Sekret dieser ehemaligen Hautdrüsen aufgezogen. Auch unterscheidet sich unser Haarkleid von den Schuppen der Reptilien und den Federn der Vögel. Die Entdeckung der Morphologen, dass einzelne Teile der bei Reptilien noch vorhandenen Knochen des Kiefers im Verlauf der Evolution hin zu echten Säugern zu Ohrknöchelchen umgebaut wurden, zählt zu den Glanzleistungen der vergleichenden Anatomie des 19. Jahrhunderts. Es zeigt überdies, wie konservativ die Evolution arbeitet – und dass in der Natur auch bei Neuerfindungen verfügbare Bauteile wieder verwendet werden.

Während sich allerdings Milchdrüsen und Haare kaum fossil erhalten, versteinern die daher aussagekräftigeren Schädel- und insbesondere Kieferknochen recht oft. Zusammen mit den in systematischer Hinsicht ebenfalls sehr wichtigen Zähnen geben sie auch für längst ausgestorbene Tiere beredt Auskunft über eine eventuelle Mitgliedschaft im exklusiven Club der Mammalia, wie die Säugetiere wissenschaftlich heißen. Just eine dieser aussagekräftigen, weil säugerspezifischen Eigenarten im Knochenbau konnten Wissenschaftler überraschend bei einem 195 Millionen Jahre alten Fossil aus der Jurazeit Chinas nachweisen.

Das Fundstück aus der Provinz Yunnan wurde zwar schon 1985 aus der unteren Lufeng-Formation geborgen, erst anderthalb Jahrzehnte später aber konnte es nach sorgfältiger Befreiung vom umgebenden Gestein genauestens inspiziert werden. Dabei entdeckte ein amerikanisch-chinesisches Forscherteam einen Miniatur-Säuger, der einst gerade einmal zwei Gramm auf die Waage gebracht haben dürfte, aber bereits einen enorm vergrößerten Hirnschädel besaß. Dieser Befund ergab sich, nachdem der nur zwölf Millimeter große, aber wunderbar erhaltene Schädel des Tieres mit der Schädelgröße anderer lebender Säugetiere in Beziehung gesetzt wurde.

Damit ist das jurassische Fossil einer der kleinsten Mammalier überhaupt und zudem der kleinste bislang aus diesem frühen Abschnitt der Erdgeschichte bekannte. Sein winziger Körper, aber auch Besonderheiten im Bau der Zähne lassen vermuten, dass der Jura-Mammalier wahrscheinlich als Insektenfresser lebte.

Aufgrund der guten Erhaltung des Schädels war Forschern um den am Carnegie Museum of Natural History in Pittsburgh tätigen Paläontologen Zhe-Xi Luo auch die systematische Einordnung ihres Fundes möglich. Ihre für sie selbst anfangs überraschende Entdeckung: Der winzige Miniatur-Mammalier, den sie *Hadrocodium* tauften, ist rund 45 Millionen Jahre älter als bislang bekannte Funde aus der weitläufigen Verwandtschaft der Säugetiere. Und dennoch besitzt er bereits jene typischen Merkmale, die man bislang nur bei echten Säugetieren gefunden hat – von den Eier legenden Kloakentieren Australiens und den Beuteltieren bis hin zu den Plazentatieren wie dem Menschen.

Die sicherlich spektakulärsten Merkmale sind dabei die Mittelohrknöchelchen. Bei *Hadrocodium* sind sie bereits eigenständig, das heißt komplett von den Knochen des Unterkiefers losgelöst. Während Reptilien einen Unterkiefer besitzen, der aus drei Knochenelementen aufgebaut ist, sind zwei dieser einstigen Kieferknochen bei den Säugetieren im Laufe der Evolution gewissermaßen ins Ohr der Tiere abgewandert. Dadurch sind Säuger – im Unterschied zu den anderen Wirbeltieren mit nur einem solchen Knochen – nunmehr mit insgesamt drei Gehörknöchelchen ausgestattet. Sie tragen wegen ihrer Form die schönen Namen Hammer, Amboss und Steigbügel.

Auf diese Weise finden sich auch bei modernen Säugern jene Knochenelemente wieder, die einst bei den frühen Reptilien als Kiefergelenk fungierten. Dieses besteht nun nicht mehr wie bei den Reptilien primär aus den Knochenelementen Articulare und Quadratum, die ja als Gehörknöchelchen eingebaut wurden; vielmehr ist als evolutionäre Neukonstruktion ein so genanntes sekundäres Kiefergelenk entstanden, das jetzt durch die Knochenelemente Dentale und Squamosum (Schuppenbein) ausgebildet wird. Das chinesische Fossil aus der frühen Jurazeit hat dank dieser durchaus bereits modernen Bauweise von Schädelteilen beste Chancen, als das älteste Säugetier in die Lehrbücher der Zoologie einzugehen.

Dass die Forscher ihr Fossil *Hadrocodium* getauft haben, was so viel wie »Vollkopf« bedeutet, hat ebenfalls anatomische Gründe. Sie betonen damit, dass der Schädel dieses Jura-Winzlings bereits komplett durch ein vergrößertes Gehirn ausgefüllt wurde. Offenbar hatte sich bei diesem Säuger-Ahnen nicht einfach das Volumen des Gehirns vergrößert; vielmehr zeigen computertomografische Aufnahmen des fossilen Schädels, dass bei *Hadrocodium* vor allem jene Hirnbereiche den größten Anteil einnehmen, die für die Geruchswahrnehmung verantwortlich sind. Die Forscher vermuten, dass das wachsende Gehirn die einstigen zusätzlichen Kieferknochen gleichsam beiseite gedrückt und auf diese Weise mit dazu beigetragen haben könnte, dass diese zu Gehörknöchelchen umgebildet wurden. Anders ausgedrückt: Weil *Hadrocodium* besser riechen konnte, wurde auch sein Ohr umgebaut. Oder war es vielleicht gerade umgekehrt? Stand ausreichend Platz im Gehirnschädel zur Verfügung, nachdem die Kieferknochen anders arrangiert wurden?

Wenn auch die treibenden Kräfte von derlei evolutionärer Umbauarbeit im Einzelnen vielleicht nie aufgeklärt werden können, für Evolutionsbiologen zeigt sich mit dem jüngsten Fund wieder einmal der Mosaikcharakter der Evolution. Denn keineswegs verändern sich sämtliche Merkmale eines Lebewesens gleichzeitig. Vielmehr passen sich einzelne körperbauliche Eigenarten zu unterschiedlichen Zeiten an eine veränderte Umwelt an; die Organismen evolvieren mithin Schritt für Schritt. Zhe-Xi Luo und sein Team sind überzeugt, dass aufgrund dieser Mosaikevolution die bislang nur von echten Säugetieren bekannten Merkmale wie das veränderte sekundäre Kiefergelenk bereits lange vor dem Erscheinen der modernen Mammalia entstanden. »Offenbar war der Umbau bereits lange vor *Hadrocodium* abgeschlossen. Unser Fossil stellt den Abschluss jener Entwicklung der Trennung von Unterkieferknochen und Mittelohr dar«, so Luo.

Bislang war die Standardvorstellung der Säugetierkundler, dass sich die Mammalia vor rund 200 Millionen Jahren aus reptilienähnlichen Vorfahren entwickelt haben, aber dann lange im Schatten der das Erdmittelalter dominierenden Dinosaurier blieben. Erst deren noch immer nicht vollständig aufgeklärtes Verschwinden am Ende der Kreidezeit vor 66 Millionen Jahren, so glauben die meisten Wissenschaftler bis heute, habe den Säugetieren schlagartig vielfältige neue Lebensräume eröffnet. Damit wurde die Erdneuzeit, das Känozoikum, zum »Zeitalter der Säugetiere«.

Doch dieses lieb gewonnene Szenario dürfte inzwischen kaum mehr haltbar sein; Säugetierforscher werden umdenken müssen. Die jüngsten Funde gut erhaltener Fossilien zeigen, dass Säugetiere und ihre frühen Verwandten – die Mammaliaformes – offenbar bereits während des Erdmittelalters weiter entwickelt und in ökologischer Hinsicht auch wesentlich flexibler waren als die zuvor lange gepflegten, aber zu simplen Annahmen dies vorsahen. Der Baum des Lebens dürfte sich auch im Bereich der Säuger schon im frühen Erdmittelalter prächtig entwickelt und immer neue Zweige hervorgebracht haben.

Allzu lange haben viele Zoologen nach scheinbar bewährtem Rezept der Stammesgeschichtsforschung so genannte Schlüsselanpassungen gesucht. So glaubten etwa lange den Ton angebende amerikanische Zoologen wie Kevin de Queiroz, anhand weniger körperbaulicher Merkmale definieren zu können, was ein Säugetier ist und was nicht. Als ein wesentliches Merkmal – gleichsam die Codekarte für exklusiven Zugang zur geschlossenen Gesellschaft der Mammalier – galt ihnen dabei jenes typische Kiefergelenk und das Mittelohr, aber auch der Bau der Zähne und die Gehirngröße. Der jüngste Fund deutet nun aber an, dass zumindest einige dieser vermeintlichen »Schlüsselanpassungen« in der Ohrregion und in der Kieferartikulation, aber auch der Hirnkapsel, bereits lange vor dem Auftreten jener Evolutionslinien entwickelt waren, die heute noch von den lebenden Säugetieren repräsentiert werden.

Um die Details der systematischen Einordnung des jurassischen Fossils gibt es weiterhin Diskussionen. Das Team um Luo hat in einer ersten computergestützten phylogenetischen Analyse 90 Skelettmerkmale von *Hadrocodium* mit denen von anderen frühen und den heutigen Säugetieren verglichen. Das Ergebnis weist den jurassischen »Vollkopf« zwar als nahe der Stammlinie zu sämtlichen Säugetieren aus, doch die genaue verwandtschaftliche Beziehung ist noch nicht eindeutig festlegbar. Der Teufel steckt dabei wieder einmal im zoologischen Detail. Denn *Hadrocodium* könnte ein entfernter Cousin von uns sein; ein früher Säuger, der einst zeitgleich mit den direkten Vorfahren dieser Evolutionslinie lebte. Oder aber *Hadrocodium* ist eher unser aller Ur-Ur-Ur-Onkel, nahe verwandt also mit unseren Ahnen, aber noch immer nicht in unserer direkten Vorfahrenlinie. Als dritte Möglichkeit dann könnte das jurassische Fossil tatsächlich auch ein unmittelbarer Vorfahre aller Säugetiere sein. »Wir können aber in jedem Fall davon ausgehen, dass *Hadrocodium* eine uns bisher völlig unbekannte und eigenständige Evolutionslinie der Mammaliaformes verkörpert«, meint Luo.

Diese Mammaliaformes, die Säugerähnlichen, haben sich von den übrigen Evolutionslinien als Erste abgespalten, und zwar noch bevor jener Ahne entstand, aus dem die drei heute lebenden drei Säugergruppen hervorgingen, noch bevor also Kloakentiere (Monotremata), Beuteltiere (Marsupialia) und die echten plazentalen Säugetiere (Plazentalia) auftauchten. Genau genommen ist *Hadrocodium* damit kein echtes Säugetier im engeren Sinne, sondern ein Angehöriger der weitläufigeren Verwandtschaft der Säuger, zu denen auch noch andere, nur als Fossilien bekannte Vertreter gehören. In jedem Fall aber, so Luo, sei ihr chinesischer »Ursäuger« näher mit lebenden Mammalia verwandt als mit deren Vorfahren unter den Reptilien. Und dank dieser systematischen Einordnung vermag *Hadrocodium* Licht zu werfen auf die Entstehung und Abfolge der charakteristischen körperbaulichen Merkmale, die erst einen echten Säuger ausmachen.

Der chinesische Fund ist einer der Meilensteine in einer Reihe neuer Entdeckungen zum Ursprung der Säugetiere, die oftmals schneller gemacht werden, als selbst Fachleute dieses neue Wissen verarbeiten können. »Wir erkennen aber«, so der an der Entdeckung von *Hadrocodium* beteiligte Paläontologe Alfred Crompton von der Harvard-Universität im amerikanischen Cambridge nahe Boston, »dass es bei den ersten Säugern der Jurazeit bereits eine viel größere Vielfalt gab als wir bislang angenommen haben.« Dabei spielt nicht nur der Zwergwuchs des *Hadrocodium* eine Rolle, der bereits in der Jurazeit mit deutlich größeren Säugerverwandten zusammengelebt hat.

Der Fund macht auch deutlich, dass bereits bei diesen Mammaliaformes des Erdmittelalters die Gehirngröße durchaus sehr verschieden war. Gleiches gilt für Merkmale der Bezahnung des Kiefers – das allein ist ein Thema für ein seitenstarkes Buch zur Naturgeschichte der Säugetiere. Als frühe Insektenfresser dürften sie sich auch in ökologischer Hinsicht stark differenziert haben und gleichsam bereits vielen verschiedenen »ökologischen Berufen« nachgegangen sein.

Offenbar war das Erdmittelalter – von 250 bis 66 Millionen Jahre – nicht derart deutlich allein von den Dinosauriern beherrscht wie lange vermutet. Und durchaus nicht nur im Schatten der Riesenechsen dürfte sich eine Lebewelt getummelt haben, die sich an ökologischer Vielfalt und biologischem Reichtum durchaus sehen lassen konnte; nur dass eben ihre Spuren lange übersehen oder noch nicht entsprechend detailliert untersucht wurden.

Dass sich für die Säugetier-Paläontologie derzeit eine ganz neue Welt eröffnet, davon zeugt eine Reihe jüngster Funde von Mammaliaformes aus verschiedenen Zeithorizonten des Erdmittelalters – von der späten Trias bis zum Ende der Kreide; und von Orten, die man nicht unbedingt erwartet hätte, von Arizona und China bis – ausgerechnet – nach Grönland. Doch tatsächlich, selbst dort wie auch anderswo auf der Erde haben Paläontologen während der letzten zwei Jahrzehnte eine Fülle früher Säugetier-Verwandter ans Licht befördert, die bereits jetzt ein regelrechtes Bestiarum unser aller Urahnen erkennen lässt. *Haramiyavia*, *Microdocodon* oder *Kayentatherium*, so heißen nur drei der ältesten

Vorfahren, über deren genaue stammesgeschichtliche Einordnung sich die Experten noch nicht einig sind. Auch bei *Liaoconodon* und *Repenomamus* als erdgeschichtlich jüngere Vertreter werden die Namen kaum weniger leicht aussprechbar.

Sie alle zeigen, dass die Evolution gerade auch im Fall der frühen Säuger mit ihrem morphologischen Bastelkasten experimentierte. Dies betrifft beispielsweise die Struktur und Form der Zähne, ihren Wurzelbau und damit die Verankerung im Kiefer oder die Gestalt der Zahnoberfläche. All dies beeinflusst die sogenannte Okklusion, also die Art und Weise des Aufeinandertreffens der Zähne des Ober- und des Unterkiefers. Und just darin, in den morphologischen Feinheiten von Bezahnung und Funktionsweise der Kiefer, sehen die Säugetierforscher wesentliche Schlüsselgeheimnisse der Mammalia. Nachdem deren Vorfahren bestimmte dabei entscheidende Merkmale erst einmal erworben hatten, ging ihre weitere Evolution gleichsam durch die Decke. Schon während des Erdmittelalters entstanden eine Fülle und Vielzahl verschiedener Formen und Anpassungen, von denen offenbar erst die wenigsten entdeckt sind. Bei ihrer Suche nach weiteren Fossilien, wenn es sein muss eben auch in Grönland, wartet auf die Forscher wohl noch so manche Zeitreise in den Schlagschatten der Dinosaurier.

Biber mit Entenschnabel

Ehrenrettung eines Eier legenden Säugers

Anfangs dachte der Zoologe George Shaw am British Museum in London an einen üblen Scherz, als er 1799 erstmals ein sonderbares Tier untersuchte, das ein gewisser Dobson aus Hawkesbury nördlich von Sydney aus der eben frisch gegründeten Kolonie Neusüdwales zurück ins Königreich gesandt hatte. Das Tier hatte einen breiten Schnabel wie eine Löffelente und den abgeplatteten Schwanz eines Bibers, aber das seidige Fell eines Otters, und wies Schwimmhäute zwischen den Zehen auf. Im Gegensatz zu Säugetieren, aber ähnlich wie bei Vögeln und Reptilien, hatte es nur eine Körperöffnung für Verdauungs- und Geschlechtsprodukte. Diese eigenartige Kombination von Merkmalen gleich mehrerer Tiergruppen drückten die ersten Forscher auch im lateinischen Namen aus, den sie dem »entenähnlichen Vogelschnabel« – dem *Ornithorhynchus anatinus* – gaben.

Dieser »Wassermaulwurf«, wie ihn die australischen Kolonisten nannten, war damals noch nicht einmal selten auf dem fünften Kontinent. Eine Fälschung nach Art der bayerischen Wolpertinger war dieses Tier aus »down under« zwar offenbar nicht; aber Berichte der Siedler, nach denen die eigenartigen Schnabeltiere in Uferhöhlen der australischen Flüsse Nester anlegen und wie Vögel und Reptilien Eier legen, statt lebende Junge zu gebären, das mochte man im fernen Europa denn doch nicht glauben. Zudem fand der deutsche Mediziner Johann Friedrich Meckel 1834 bei einem Weibchen des Schnabeltieres auf der Bauchseite Milchdrüsen. Doch wenn die Tiere Milch produzierten, dann säugten sie ihre Jungen; sie konnten folglich keine Eier legen – so vermutete man lange Zeit. Aber den Weibchen der Schnabeltiere fehlten die für Säuger ansonsten typischen Zitzen. Was hatte die Natur hier angerichtet?

Das Geheimnis der Schnabeltiere lüftete sich erst im August 1884, als ein junger schottischer Embryologe der Cambridge University, William Caldwell, im tropischen Norden Queenslands beobachtete, dass die Weibchen des Schnabeltieres echte Eier mit weicher Schale legten. In einem der Eier befand sich ein Embryo im Stadium eines 36 Stunden alten Hühnerkeimes. Wenn die Jungen nach zehn Tagen mithilfe eines Eizahns schlüpfen, trinken sie mit ihren zarten Schnäbeln die Milch der Mutter, die in einer Einsenkung in deren Bauchfalte zusammenläuft. »Monotremes oviparous, ovum meroblastic« lautete Caldwells kryptische Notiz, die er per Telegrafenlinie nach Europa schickte. Sie verbirgt die Aufregung, die diese Nachricht unter Experten auslöste, bestätigte sie doch, dass Schnabeltiere tatsächlich Eier legen – und zwar solche, die aufgrund ihrer so genannten »meroblastischen« Furchung eher den gefurchten Eiern von Reptilien als den holoblastischen Eiern der eigentlichen Säugetiere ähnelten.

Fast zur gleichen Zeit hatte der aus Jena stammende Zoologieprofessor Wilhelm Haake im Süden Australiens nahe Adelaide das gleiche Phänomen des Eierlegens bei einem Verwandten des Schnabeltieres, dem Schnabeligel, beobachtet. Dennoch sind diese beiden Sonderlinge der australischen Tierwelt Säugetiere; nur dass sie wie Vögel Eier legen. Ihre Jungen ernähren sie nach dem Schlüpfen mit Milch. Während echte plazentale Säuger und Beuteltiere dazu Zitzen ausgebildet haben, tritt die Milch bei den als Monotremen zusammengefassten Schnabeltieren und Schnabeligeln in einem als Milchleiste bezeichneten Drüsenfeld auf dem Bauch aus zahlreichen Poren aus. Neben den Milchdrüsen sind die Behaarung und die Fähigkeit, eine gleich bleibende Körpertemperatur zu halten, gemeinsames Säugetiererbe auch von Schnabeltier und Schnabeligel.

Kein Wunder, dass diese Monotremen – oder »Kloakentiere« (wie sie aufgrund ihrer nur in Einzahl vorhandenen Körperöffnung für Darm und Geschlechtsgang genannt wurden) – seit dem 19. Jahrhundert vielfach als viel beschworene evolutive Bindeglieder zwischen Reptilien und Vögeln einerseits und den echten Säugetieren andererseits angesehen wurden. Bis heute ist das Schnabeltier – von den Australiern »Platypus« genannt – eines der exotischsten Tiere der nun wirklich nicht an Besonderheiten armen Tier- und Pflanzenwelt Australiens. Und noch immer, so kritisieren australische Zoologen wie etwa Ronald Strahan und Tim Flannery, legen die vornehmlich in der nördliche Hemisphäre verfassten Lehrbücher eine stufenleiterartige Entwicklung der Stammesgeschichte der Säugetiere nahe, bei der sich aus Reptilien erst die scheinbar primitiven Monotremen, dann die ihre Jungen im Beutel tragenden Marsupialier und schließlich die »echten« Säugetiere (die so genannten Eutheria) entwickelt hätten. Während Letztere für Eurasien, Nordamerika und Afrika charakteristisch sind, scheinen die Kloaken- und Beuteltiere gleichsam in Australien »hängen geblieben« zu sein.

Doch auch die Ahnen des Platypus lebten nicht immer nur auf dem fünften Kontinent. 1992 gelangen erstmals auf der anderen Seite der Erde, in Patagonien, spektakuläre Fossilfunde dreier Zähne eines *Monotrematum sudamericanum.* Die Zähne dieses Fossils mit einem Alter von etwa 60 Millionen Jahren gleichen den Zahnanlagen beim australischen Platypus und belegen, dass Schnabeltiere einst am Beginn der erdneuzeitlichen Entfaltung vieler Säugetiere auf den Südkontinenten zwischen Südamerika, Antarktis und Australien weit verbreitet waren. Kurz darauf fand der australische Paläontologe Michael Archer in der mitterweile zum Weltkulturerbe erklärten Fossillagerstätte Riverleigh im tropischen Norden Australiens, in Queensland, den Schädel des Riesenschnabeltieres *Obdurodon dicksoni* mit einem Alter zwischen 15 und 25 Millionen Jahren.

Bereits 1984 hatte Archer mit einem mehr als 85 Millionen Jahre alten Unterkieferfragment des kreidezeitlichen *Steropodon galmani* ebenfalls aus Australien das älteste bekannte schnabeltierähnliche Kloakentier beschrieben. 1994 folgte dazu ein weiterer kreidezeitlicher Fund. Diese beiden Fossilien aus der Lightning Ridge sind die bisher ältesten Nachweise von Säugetieren in Australien überhaupt. Sie belegen, dass sich Monotremen bereits sehr früh als eigenständige Evolutionslinie entwickelt haben. Erst rund 50 Millionen Jahre später erschienen dann in Australien die übrigen Säugetiergruppen und entfalteten sich, insbesondere die Beuteltiere.

Dass Evolution nicht nach der simplen Vorstellung einer stufenweisen Progression hin zu echten Säugern funktioniert, zeigt auch eine Reihe weiterer Studien. Dabei erwiesen sich die ebenso niedlichen wie eigentümlichen Schnabeltiere als von einzigartiger Bedeutung für die Rekonstruktion der Säugetiere insgesamt. Denn trotz ihrer zahlreichen, als altes »Reptilienerbe« bewerteten Merkmale und vor allem ihres ungewöhnlichen Eierlegens sind Monotremen ebenso wenig die Vorfahren der echten Säuger wie der Mensch vom Schimpansen abstammt. Heute meinen Säugetierkundler, dass die nur scheinbar tief greifenden Unterschiede im Fortpflanzungsmodus zwischen Monotremen und echten Säugern in ihrer Bedeutung überbewertet wurden. Neben Schnabeltier und Schnabeligel sind auch die Beuteltiere vielmehr als spezialisierte Überlebende anzusehen, die uns heute noch Zeugnis geben von ursprünglichen Formen aus einer längst vergangenen Zeit der Säuger-Evolution.

Zweifellos ist das Eierlegen der Monotremen ein altes Erbe, das sich bei ihnen nur länger gehalten hat als bei den übrigen Säugetieren. Zugleich ist es aber ein durchaus erfolgreicher Weg der Fortpflanzung, wie die Vielfalt der Reptilien und Vögel bis heute beweist. Durch vergleichende Studien und mittels moderner systematischer Methoden haben Säugetierkundler immer wieder versucht die Embryonalentwicklung australischer und anderer Säuger aufzuklären. Sie interessierte dabei, wie es bei den verschiedenen Formen der Säugetiere zur Entstehung und Differenzierung des Stoffaustausches zwischen Embryo und Mutter gekommen ist, und zwar sowohl innerhalb als auch außerhalb des Körpers.

Beobachtungen an der Beutelratte *Monodelphis* beispielsweise haben gezeigt, dass insbesondere die frühe Embryonalentwicklung der Beuteltiere einen den Monotremen in vielfacher Hinsicht recht ähnlichen Modus aufweist, obgleich Beuteltiere lebende Junge gebären und säugen. Bei der Beutelratte löst sich die Eischale noch im Körper der Mutter; man spricht hier von einem so genannten »intra-uterinen« Schlüpfen aus dem Ei. Die Beuteltiere haben das Eierlegen der Schnabeltiere gleichsam verinnerlicht und diese Phase der Fortpflanzung in den Körper verlegt. Auf ähnliche Weise ist es auch bei der Evolution der Säuger mit echter Plazenta zu einer teilweise erheblichen Verlängerung der im Uterus erfolgenden Embryonalentwicklung gekommen.

Seit Januar 2021 liegen nun die ersten Ergebnisse der vollständigen Sequenzierung und Kartierung des Genoms der Schnabeltiere vor. Dabei zeigt sich, dass sie auch genetisch eine Mischung aus Säugetieren, Vögeln und Reptilien sind, wie der Evolutionsbiologe Guojie Zhang an der Universität Kopenhagen erläuterte, wo die Studie unter seiner Federführung durchgeführt wurde. Besonders interessant: Diese eierlegenden Kloakentiere haben nur ein sogenanntes Vitellogenin-Gen, das für die Produktion von Eigelb wichtig ist. Da etwa Hühner drei solcher Gene haben, spielt dieses Gen offenkundig für das Schnabeltier eine geringere Rolle, weil sie ihre Jungen über Milchdrüsen ernähren. Zudem verfügt das Schnabeltier über fünf Geschlechtschromosomen, während die meisten Säugetiere nur zwei haben (bei uns Menschen sind das die X- und Y-Chromosomen). Ein detaillierter Blick ins Erbgut ergab außerdem Unterschiede in den Genen, die für Laktation (also die Milchbildung) verantwortlich sind, sowie bei chemosensorischen Rezeptorgenen, die Geruch und Geschmack bestimmen und im Zusammenhang mit den ökologischen Anpassungen der Tiere stehen.

Sowohl Schnabeltier und Schnabeligel als auch die Beuteltiere und plazentalen Säugetiere haben jeweils ein eigenes Mosaik ursprünglicher und abgeleiteter Merkmale entwickelt. Und jede Gruppe für sich ist hinsichtlich der Fortpflanzung hoch spezialisiert. Somit ist das Schnabeltier keineswegs ein primitiver »Ursäuger« – stehen geblieben auf dem Weg zu Höherem, wie man lange irrigerweise annahm. Vielmehr hat es erfolgreich einen der vielen möglichen evolutiven Pfade beschritten – und das offenbar bereits zu einer Zeit, als die Dinosaurier noch die Herrscher der Erde waren und moderne Säuger noch lange nicht zum Zuge kommen ließen. Dabei haben sie altes gemeinsames Erbe der anderen nahen Verwandtschaftslinien im Gepäck.

Einst hatte der Pelzhandel die Schnabeltiere bis Anfang des 20. Jahrhunderts beinahe ausgerottet; die Bestände erholten sich wieder, nachdem man die Art unter Schutz gestellt hatte. Doch inzwischen ist *Ornithorhynchus* abermals gefährdet. Innerhalb der letzten drei Jahrzehnte hat es fast ein Viertel seines Lebensraumes verloren, und ein Drittel weniger dieser Tiere wurden gesichtet, wie aktuelle Studien von Tahneal Hawke und Richard Kingsford aus den Jahren 2019 und 2020 zeigen. In einigen Regionen, etwa um Melbourne, leben möglicherweise bis zu zwei Drittel weniger dieser Tiere. Die Faktoren für den drastischen Rückgang sind vielfältig: Nicht nur Rodungen und die Entnahme von immer mehr Wasser bei den zunehmenden Dürren in Australien, auch der Bau neuer Dämme schränkt ihre Habitate und Vorkommen in Flüssen und kleineren Wasserstellen entlang der Ostküste Australiens immer mehr ein. Zudem setzen ihnen eingeschleppte Räuber wie Füchse und auch Hunde zu, ebenso wie die Zersiedlung der Landschaft und die Verschmutzung ihrer Gewässer.

So könnte mit dem Schnabeltier in wenigen Jahrzehnten eines der wohl merkwürdigsten Säugetiere und zugleich eine der tierischen Ikonen des fünften Kontinents weitgehend verschwunden sein. Schnabeltiere sind jedoch nicht nur einmalig; sie verkörpern auch in seltener Weise die archaische Tierwelt der ursprünglichen Südkontinente.

Warum das Känguru hüpft, wie es hüpft

Energiesparende Fortbewegung nur bei großen Beuteltieren

Als der britische Seefahrer James Cook im Sommer des Jahres 1770 die Ostküste der »Terra australis« – jenes geheimnisvollen Südlandes Australien – erkundete, begegnete ihm bei seinem unfreiwilligen Landaufenthalt (sein Schiff war zuvor am Great Barrier Reef leckgeschlagen) am Endeavour River nahe dem später nach ihm benannten Cooktown eine höchst eigentümliche Tierwelt. Einer der sicherlich kuriosesten Vertreter dieser Fauna ist das Känguru, heute neben dem Emu das Wappentier Australiens.

James Cook, so berichtete er selbst in seinen Tagebüchern, hätte das Känguru für einen Windhund gehalten, wenn es nicht beim Laufen Sprünge wie ein Hirsch gemacht hätte. Der Entdecker notierte weiter: »Mit Ausnahme nur des Kopfes und der Ohren, welche, wie ich meine, an den Hasen erinnern, weist es keine Ähnlichkeit mit irgendeinem europäischen Tier auf, das ich je gesehen.« Als James Cook daraufhin die Ureinwohner nach dem Namen dieses vierbeinigen Kuriosums befragte, sollen die – so die Legende – geantwortet haben: »kan-ga-roo« – was so viel bedeutet wie: Ich verstehe dich nicht!

Bis heute unverständlich sind Biologen viele Eigenarten der Kängurus. Ihre hopsende Art der Fortbewegung lässt uns Menschen immer wieder schmunzeln; und dabei springen sie keinesfalls wie ein Hirsch, wie Cook irrtümlich meinte. Zwar sind Kängurus dafür bekannt, dass sie bei ihren elegant-federnden Sprüngen auf den Hinterbeinen große

Sätze machen können, doch auch für Zoologen neu ist die Erkenntnis, dass diese australischen Beuteltiere bei ihrer höchst eigenwilligen Sprungtechnik zugleich erstaunlich wenig Energie verbrauchen. Anders als bei uns Menschen und bei anderen Säugetieren sparen Kängurus sogar noch Energie, wenn sie besonders schnell unterwegs sind.

Biologen wissen bis heute nicht so recht, wie und warum Kängurus einst die ihnen eigene Art einer nur auf den Hinterbeinen hüpfenden Fortbewegung entwickelt haben. Sicher ist aber, dass es sich um eine durchaus erfolgreiche Gangart handelt. Immerhin 57 Känguru-Arten auf dem australischen Kontinent schlagen sich hüpfenderweise durchs Leben. Der größte Vertreter – das Rote Riesenkänguru – bewegt dabei immerhin rund 90 Kilogramm im Sprung vorwärts. Die großen Känguru-Arten sind aufgrund ihrer langen Hinterbeine und den demgegenüber nur kurzen Vorderbeinen nicht mehr in der Lage, wie die meisten anderen Säugetiere auf allen vieren zu laufen und ihre Hinterbeine unabhängig voneinander zu bewegen. Kängurus hopsen also selbst dann ein kurzes Stück, wenn sie sich nur sehr langsam voran bewegen wollen. Dann nehmen sie zusätzlich ihren langen und kräftigen Schwanz zu Hilfe. Bei langsamer Fortbewegung – etwa dem gemächlichen Grasen – setzen sie ihn als Stütze und gleichsam fünftes Bein ein. Zum schnellen, weiten Springen richten sie sich indes auf den Hinterbeinen auf, der Schwanz dient dann als Balancierstange.

Um den Energieverbrauch beim Hüpfen zu messen, haben Forscher um den Physiologen Uwe Proske von der australischen Monash-Universität in Melbourne bereits vor Jahren Kängurus im Labor wie in einem Fitness-Studio trainiert. Dazu mussten die Tiere lernen, ihre Sprünge bei unterschiedlicher Geschwindigkeit auf einem Laufgerät zu machen. Gleichzeitig atmeten sie über eine spezielle Maske aus und ein. Über diese Maske ließ sich messen, wie viel Sauerstoff ein Känguru je nach Laufgeschwindigkeit verbraucht. Die veratmete Sauerstoffmenge dient den Biologen als Anzeiger für den Energieverbrauch und somit für die Stoffwechsel-Kosten der Hüpfbewegung.

Zu ihrem Erstaunen stellten die Forscher fest, dass der Energieverbrauch der Kängurus unabhängig von ihrer Geschwindigkeit ist. Bei uns Menschen ist das bekanntlich gänzlich anders: Wir verbrauchen umso mehr Sauerstoff und Energie, je schneller wir laufen. Bei den Kängurus aber steigt der Sauerstoffverbrauch bereits bei mehr als sechs Kilometern pro Stunde nicht mehr linear an. Tatsächlich sinkt er sogar, so dass die Forscher verblüfft registrierten: Für ein Känguru ist es energetisch günstiger, mit 20 Kilometern pro Stunde zu hüpfen als mit sechs Kilometern pro Stunde. Die Beuteltiere können mithin ihr Tempo problemlos und ohne zusätzliche Anstrengungen mehr als verdoppeln oder gar vervierfachen. Ganz zu schweigen davon, dass Kängurus bei ihrer typischen »Reisegeschwindigkeit« mit 20 Kilometern pro Stunde weniger Energie verbrauchen als gleich schwere Säugetiere mit vierbeiniger Laufart.

Wie aber machen Kängurus das? Schon lange hatten Physiologen vermutet, dass die Tiere dieses Kunststück den elastischen Eigenschaften ihrer Beinsehnen und Muskeln verdanken. Diese wirken gleichsam wie zwei spiralige Sprungfedern. So speichern beispielsweise die Achillessehnen Energie aus dem vorangegangenen Sprung, wenn das Känguru auf den Hinterbeinen landet und die Sehnen dabei gespannt werden. Beim Absprung wirken Muskelfasern und Sehnen dann wie eine gedehnte Spiralfeder, die wieder in ihre Ausgangslage zusammenschnurrt. Auch die Sehnen des abspringenden Kängurus schnellen in ihre ursprüngliche Länge zurück. Indem dabei die gespeicherte Energie wieder freigesetzt wird, verschafft der Sehnen-Muskelapparat dem springenden Känguru zusätzlich Auftrieb.

Die anatomischen Eigenschaften vor allem in den Hinterbeinen der großen Kängurus sind es also, die den Tieren das energiesparende Hüpfen erlauben. Es ist, als ob diese Beuteltiere auf zwei Sprungfedern hüpfen, die sich beim Aufsetzen auf dem Boden durch das Eigengewicht der Tiere strecken und beim Absprung wieder zusammenziehen.

Forscher der Universität von Queensland in Australien konnten dann unlängst nachweisen, dass die Sehnen der Kängurus tatsächlich, wie zuvor vermutet, Sprungenergie speichern. Dabei spielt das Verhältnis der Muskelmasse und der Sehnenlänge sowie der unterschiedlichen Körpergröße einzelner Känguru-Arten die entscheidende Rolle. Beim

Vergleich der unterschiedlich großen Sprungkünstler Australiens stellte sich heraus, dass die Speicherkapazität der Beinsehnen mit zunehmender Körpergröße wächst. Daher funktioniert der energiesparende Sprungmechanismus nur bei den großen Arten mit einem Körpergewicht von deutlich mehr als 1,5 Kilogramm. Die beiden australischen Riesenkänguru-Arten, das Graue und das Rote Riesenkänguru, haben mit jeweils knapp einem Zentner ideales Gewicht und Größe für dieses energiesparende Hüpfen erreicht. Wären die Tiere noch größer, stiege die Belastung der Sehnen beim Sprung zu stark an und sie drohten zu reißen.

Physikalische Gesetzmäßigkeiten holen selbst Kängurus irgendwann auf den Boden biologischer Tatsachen zurück und verhindern, dass diese Beuteltiere gleichsam in den Himmel wachsen. Das war indes nicht immer so: Fossilfunde von Kängurus belegen, dass einst sogar bis zu drei Zentner schwere Kängurus in Australien lebten. Die Autoren der früheren Studie vermuteten aufgrund ihrer Daten allerdings bereits, dass diese vorzeitlichen Riesenbeutler kaum sehr schnell über die Steppe gehüpft sein dürften oder stabiler gebaute Hinterbeine besaßen. Damit aber wären sie bei der Fortbewegung nicht in den Genuss der energiesparenden Hüpftechnik ihre heutigen Vertreter gekommen.

Tatsächlich konnte ein Team um Christine Janis von der Brown-Universität in Providence anhand anatomischer Vergleiche an den Knochen von Riesenkängurus dann 2014 zeigen, dass ein schnelles Hüpfen auf starken Hinterbeinen sicher noch nicht ihr Ding war. Vielmehr dürften sie sich gehend fortbewegt haben, wobei sie wohl durchaus meist aufrecht auf ihren Hinterbeinen liefen, oder im speziellen »Fünffüßlergang« mit allen Beinen und der Hilfe ihres kräftigen Schwanzes. Immerhin brachte es die größte bekannte Art, *Procoptodon goliath*, mit etwa 240 Kilogramm auf das dreifache Gewicht heutiger großer Känguru-Arten. Was immer diese Riesenbeuteltiere dann vor knapp 30 000 Jahren aussterben ließ – den ihnen drohenden Gefahren sind sie nicht davon gehüpft.

Noch etwas fällt beim charakteristischen Hüpfen heutiger Kängurus auf. Wenn sie schneller vorankommen wollen, dann steigern sie nicht etwa die Anzahl der Hüpfer pro Minute; vielmehr springen sie weiter! Bei einem Tempo zwischen 10 und 35 Kilometern pro Stunde bleibt die Hüpfrate mit zwei Sprüngen pro Sekunde gleich. Oft sieht man Kängurus aus dem Stand mit einer Reihe kurzer, schneller Sprünge beschleunigen, was energetisch aufwändig ist. Doch damit erreichen die Tiere schneller ihre gewohnte energiesparende Fortbewegungsweise, bei der die während der Landung in den Beinen gespeicherte Energie in den nächsten Sprung übertragen wird. Bei niedrigstem Energieeinsatz können Kängurus dadurch – auf der Suche nach Nahrung oder bei der Flucht vor den gefährlichen Buschfeuern – über die scheinbar endlosen Weiten im trockenen Inneren des australischen Kontinents wandern.

Nach wie vor rätseln Evolutionsbiologen darüber, was diesen besonderen Beuteltieren einst auf die Sprünge half. Diese waren ursprünglich zunächst Baumbewohner, ähnlich möglicherweise dem im Regenwald beheimateten kleinen Moschusrattenkänguru. Erst als sich auf dem zunehmend trockener werdenden australischen Kontinent die Steppen auszudehnen begannen, entstanden größere Känguru-Arten, von denen einige nach ihren fossilen Überresten zu urteilen drei Meter groß wurden.

Wenn aber das uns so komisch anmutende Hüpfen der Kängurus eine erfolgreiche und energetisch derart effiziente Art der Fortbewegung ist, so verwundert, dass allein die australischen Beuteltiere auf den Trick mit den Sprungfedern im Bein gekommen sind. Warum haben nicht ebenso andere Tiere die Sprungtechnik dieser Australier entwickelt?

Gestörte Verbindung beim Stör

Wo Kaviar herkommt und wie amerikanische Störe Europa eroberten

Fischeier sind eine eher abseitige Nahrungsquelle des Menschen. Dennoch gilt Kaviar vielen als Delikatesse – sofern er vor dem Ablegen entfernt, gereinigt und gesalzen wird. Dieser Rogen des Störs kommt stets als Spezialität und meist zu festlichen Anlässen auf den Tisch des Hauses. Freilich sind Fischeier nicht jedermanns Geschmack – und bekanntlich muss es auch nicht immer Kaviar sein.

Dennoch: Unter Kennern und Genießern gilt als Luxusgut besonderer Art der so genannte Beluga-Malossol vom Hausen, also der grobkörnige Kaviar von besonders großen Stören aus südrussischen Regionen, die bis zu 50 oder gar 100 Kilogramm Rogen liefern. Die 500-Gramm-Dose kostet knapp 2000 Euro. Für die weniger Betuchten gibt es Ersatz-Kaviar. Als solcher gilt der Rogen vom Seehasen, einer weiteren Fischart, oder der vom Dorsch (meist auch als Kabeljau, *Gadus morhua*, bekannt und inzwischen aufgrund jahrzehntelanger Überfischung beinahe ausgerottet; mehr dazu sowie zum drohenden Aussterben des Störs in meinem Buch vom *Ende der Evolution*).

Wer nun beispielsweise zum Jahreswechsel oder anlässlich der ganz besonderen Feier den feinen Geschmack eines Champagners mit echtem Kaviar unterstützen möchte, den könnte beunruhigen, was Zoologen seit einiger Zeit wissen: Fischforscher fanden heraus, dass auch beim Stör die transatlantischen Verhältnisse gestört sind, und das schon seit langem. Genau genommen nämlich ist der bis zu drei Meter lange und 200 Kilogramm schwere Stör in Europa ein Einwanderer aus Amerika, sein Kaviar mithin – bei Lichte betrachtet – ein amerikanisches Importprodukt. Das allein mag mancher nicht goutieren. Doch eben weil der Stör hierzulande derzeit Amerikaner ist, der amerikanische Stör klimabedingt aber kaum eine Zukunft hat, steht es langfristig schlecht um den Kaviar.

Alles klar? Also der Reihe nach: Mit geradezu detektivischem Spürsinn und unter Einsatz molekulargenetischer Verfahren, die jedem forensischen Kriminalisten gut anstünden, hat ein Team deutscher und amerikanischer Biologen um Arne Ludwig vom Institut für Zoo- und Wildtierforschung in Berlin herausgefunden, dass es beim Stör zu einer höchst ungewöhnlichen transatlantischen Übersiedlung gekommen ist. Eingeweihte wissen, dass in den Flüssen an beiden Küsten des Atlantiks zwei verschiedene Störarten vorkommen, und zwar seit sich vor spätestens 15–20 Millionen Jahren der Nordatlantik auftat und die damals dort lebenden Störpopulationen trennte. Seitdem lebt in Europa der so genannte Baltische Stör, *Acipenser sturio*, wie Zoologen den Kaviarlieferanten korrekt ansprechen. In Nordamerika dagegen ist *Acipenser oxyrinchus* zu Hause. Damit schienen die familiären Verhältnisse klar. Was allerdings in keiner Weise verhinderte, dass wie bei anderen Süßwasserfischen auch die Bestände schrumpften, je mehr wir unsere Flüsse und flussnahen Küstengewässer, etwa der Nord- und Ostsee, verschmutzten und verbauten.

Das Team um Arne Ludwig fand nun Hinweise in den Fisch-Genen von lebenden und in Museen präparierten Tieren dafür, dass amerikanische Störe bereits während einer Kaltzeit im Mittelalter, vor rund 1200–800 Jahren, den Ostseeraum kolonisiert haben. Vermutlich sind einige amerikanische Störe in den Golfstrom geraten und von diesem in den östlichen Atlantik verdriftet worden. Störe sind so genannte anadrome Wanderfische. Sie können sowohl im Meer wie auch im Brack- und Süßwasser der Flüsse leben und schwimmen im Frühjahr in großen Strömen zur Eiablage flussaufwärts. Bekannt ist dieses Verhalten auch vom Lachs. Offenbar haben auf diese Weise einst ein paar versprengte Amerikaner unter den Stören auch in europäischen Flüssen Fuß gefasst (sofern einem Flossenträger das »Fußfassen« möglich ist). Sie taten dies aber langfristig auf Kosten der hier bei uns heimischen Baltischen Störe.

Die molekulargenetischen Vergleiche zeigen, dass die europäischen Störe über die Jahrhunderte von ihren amerikanischen Verwandten verdrängt wurden, und zwar allerorten vom Ostseeraum bis ans Schwarze Meer; allerdings mit einer Ausnahme. Einzig eine kleine Reliktpopulation wackerer Überlebender von *Acipenser sturio* hat sich – beinahe wie jenes sagenhafte Gallierdorf im Asterix-Comic gegen die Römer – in der Gironde in Südfrankreich gegen die Amerikaner behauptet.

Was aber machte die amerikanischen Neubürger unter den Fischen so überlegen? Ein bisschen Biologie hilft hier weiter. Im Gegensatz zum ursprünglich in Europa heimischen Stör, der nur bei Wassertemperaturen oberhalb von 20 Grad Celsius laicht, ist der nordamerikanische Stör *Acipenser oxyrinchus* an Kälte angepasst und laicht in Kanada bereits bei 13–18 Grad Celsius. Da diese nordamerikanischen Störe mit der so genannten Kleinen Eiszeit in Europa besser zurecht kamen, konnte sie den europäischen Stör vor allem im Ostseeraum nach und nach verdrängen; dem war es dort schlicht zu kalt für Kaviar.

Soweit der zoologische Genuss des weiteren Erkenntnisgewinns. Was aber bedeutet das nun für unseren Kaviar? Tatsächlich spielen die Befunde eine Rolle bei dem Versuch, die beinahe ausgestorbenen Störe hierzulande wieder heimisch zu machen – und damit vielleicht bald auch den Nachschub heimischer Fischeier zu sichern. Wegen der heutzutage wieder wärmeren Gewässer, und natürlich auch vor dem Hintergrund der globalen Erwärmung, dürfte das Aussetzen kälteadaptierter amerikanischer Störe langfristig zum Scheitern verurteilt sein. Da die Amerikaner aber zahlreicher sind, läge es nahe, die Wiedereinbürgerung mit ihren Zuchtlinien zu versuchen. Stattdessen empfehlen die Autoren der Stör-Studie nun dringend, dass allein Nachzuchten vom echten Baltischen *Acipenser sturio* heimisch gemacht werden sollten.

Wenn schon die Rente nicht, der Kaviar – so ließe sich hoffen – ist doch wenigstens sicher? Zwar hat der Stör im Ostseeraum allzu lange schon keine wirtschaftliche Bedeutung mehr, weshalb der richtig gute Kaviar ohnehin seit langer Zeit schon vom Kaspischen Meer kam, wo es noch mehr ungestörte Störe gab. Aber auch diese Zeiten sind längst vorbei. Lassen wir dem Stör seine Eier, statt dass wir sie als Kaviar verzehren; es würde sein Überleben sichern helfen.

Dickhäuter pflegen den guten Ton

Von Kurzmitteilungen in Infraschall bei Elefanten

Legenden und Fabeln rankten sich schon immer um die grauen Giganten. Als Hannibal im Jahre 218 vor Christus mit einem Heer samt 37 Kriegselefanten die Alpen überquerte und plötzlich vor den Toren Roms auftauchte, trat das vermeintliche Fabelwesen aus dem Dunkeln des afrikanischen Kontinents in den Lichtkegel der Geschichte.

Gut ist das den Kriegselefanten Hannibals nicht bekommen; nur ein einziger überlebte die Strapazen des Marsches aus Nordafrika und die Schlachten. Wenig besser erging es den Elefanten insgesamt. Diesem größten aller heute lebenden Landsäugetiere droht massiver Lebensraumverlust und das Aussterben in weiten Teilen seines einstigen Verbreitungsgebietes in Afrika und Asien. Vor rund 500 Jahren, so schätzen Experten, bevölkerten noch etwa zehn Millionen Elefanten die Wälder und Savannen Afrikas, doch arabische Sklavenjäger, Elfenbeinhändler, europäische Großwildjäger mit Präzisionsfeuerwaffen und später Wilderer haben den Elefanten dort beständig zugesetzt. Heute gibt es ca. 350 000 Elefanten in Afrika; in Asien ist es nicht einmal mehr ein Zehntel davon. Zwar haben die grauen Riesen inzwischen eine starke Lobby, aber in ihrer natürlichen Heimat hat sich der Mensch derart breit gemacht, dass es für die Dickhäuter in den ausgewiesenen Schutzgebieten und Nationalparks immer enger wird.

Zu Recht legendär ist das Gedächtnis der Elefanten. Ihr Kopf und Hirn ist entsprechend groß; indes bedeutet das allein nicht zwangsläufig auch ein gescheites Tier. Doch Elefantengehirne sind reich strukturiert und die Tiere in der Tat sehr gelehrig. Das ist nicht Selbstzweck, sondern hat – wie so vieles in der Natur – durchaus seinen biologischen Sinn, denn das Erinnerungsvermögen eines erfahrenen Elefanten ist gleichsam die Lebensversicherung der ganzen Herde. Meist werden die Familiengruppen, in denen vor allem Weibchen aus bis zu vier Generationen mit ihrem Nachwuchs umherstreifen, durch ein altes Weibchen geführt. Die Leitkuh kennt das Streifgebiet am besten. Sie weiß, wo sich ein Flusslauf am sichersten überqueren lässt, wann die süßesten Früchte wachsen, erinnert sich an sämtliche Wasser- und Salzstellen und erkennt Gefahren für die Herdenmitglieder.

Wahrhaft sagenhaft, aber durch wissenschaftliche Fakten unlängst zweifelsfrei belegt, ist eine erstaunliche Variante feinsinniger Kommunikation unter den Dickhäutern. Wer glaubt, das markerschütternde Trompeten der Elefanten sei Ausdrucksmittel genug, der irrt. Denn richtig laut trompeten die grauen Rüsselriesen nur, wenn sie – etwa bei drohender Gefahr – einigermaßen erregt sind. Ansonsten unterhalten sie sich untereinander eher im Flüsterton. Elefanten kommunizieren nämlich mittels Infraschall – und das zudem in einer Art Ferngespräch.

Elefantenkenner mögen es lange schon vermutet haben. Bereits den Großwildjägern war aufgefallen, dass sich eine zur Nahrungssuche meilenweit über Savanne und Wald verstreute Elefantenfamilie vor allem nachts wieder zusammenfindet. Als die berühmten Elefantenforscher Iain und Oria Douglas-Hamilton in den 1960er-Jahren ihre systematischen Freilandstudien begannen, fiel auch ihnen mehrfach das tiefe Grummeln und Grollen auf, wenn sie in der Nähe einer friedlich weidenden Elefantenherde waren.

Doch nicht nur dieses dumpfe, gerade noch vernehmbare Grollen dient der Kommunikation der Dickhäuter. Die Tiere unterhalten sich mit – für uns Menschen meist gänzlich unhörbaren – Lauten mit besonders niedriger Schwingungszahl, eben Infraschall. Sozusagen unter Ausschluss der Öffentlichkeit »reden« sie auf diese Weise mit ihren Artgenossen selbst über weite Entfernungen von bis zu 20 Kilometern.

Wie die amerikanische Zoologin Katherine Payne herausfand, sind die grauen Schwergewichtler nicht nur gesellig, sondern auch höchst gesprächig. Zufällig war Payne bei einem asiatischen Elefanten im Zoo von Portland in den USA aufgefallen, dass die Luft in unregelmäßigen Abständen immer wieder von tiefen Vibrationen erfüllt war. Mit Infraschall-Messgeräten ließ sich schnell bestätigen, dass der Elefant 10–15 Sekunden lang tiefe Töne zwischen 14 und 24 Hertz von sich gab. Dieses Elefantengeflüster konnte dann sowohl bei afrikanischen wie asiatischen Tieren auch in freier Wildbahn nachgewiesen werden. Die Tiere erzeugen es offenbar an der Ansatzstelle ihrer Rüssel, äußerlich sichtbar an einem kleinen Buckel auf Höhe der Augen. Dort, wo die durch den Rüssel führenden Nasengänge aus dem massigen Schädel austreten, bringen Elefanten vermutlich eine Membran zum Schwingen.

Die afrikanischen Rüsseltiere, die recht schlechte Futterverwerter sind und daher ständig enorme Nahrungsmengen in sich hineinstopfen müssen, verteilen sich beim Fressen in kleinen Verbänden von vier, sechs oder acht Tieren über die Baumsavanne. Wie auf ein geheimes Signal hin setzen sich diese Familien dann irgendwann urplötzlich wieder in Bewegung und schließen sich zu einer größeren Herde von mehreren Dutzend Tieren zusammen, strecken sich zur Begrüßung gegenseitig den Rüssel – die »Vielzweckhand« der Tiere – ins Maul und wandern zusammen weiter. Die ungewöhnlich tiefe Bassstimme hat dabei ihren gewichtigen Grund im Lebensraum der Tiere. Die Dickhäuter haben ihren Frequenzbereich nach unten ausgedehnt, weil sich tiefe Töne im Unterholz und Gras der Savanne vergleichsweise weit ausbreiten; hohe Frequenzen werden dagegen im Dickicht sehr schnell geschluckt. Da sie durch Hindernisse wie Bäume und andere Pflanzenbestände nicht wesentlich abgeschwächt werden, eignen sich niederfrequente Töne besser zur Verständigung über weite Entfernungen.

Ihr für unsere Ohren lautlos schwingender Kontrabass dient Elefanten zur wechselseitigen Kontaktaufnahme einzelner Tiere einer Herde (die immerhin 80–100 Elefanten zählen kann) und überdies zur nuancierten Verständigung in Sachen Partnerfindung und Paarungsanbahnung während der Brunft. Auch beim Liebesleben der grauen Giganten gibt der Infraschall den Ton an. Brünstige Bullen etwa trollen grollend durch den Busch und verharren dann wie angewurzelt, als ob sie auf eine Antwort ihres Liebeswerbens lauschten. Hat der Bulle endlich ein williges Weibchen gefunden, genießt dieses indes keineswegs schweigend das Schäferstündchen in der Savanne, sondern stößt während der Paarung kräftige Rufe im Infraschallbereich aus, die weitere Bullen anlocken sollen. Die müssen sich beeilen, da eine Elefantin immer nur etwa zwei Tage paarungsbereit ist. Eine Mitteilung in Infraschall abzusetzen, gehört demnach mehr als nur zum guten Ton unter Elefanten: Sie ist liebe- und lebenswichtig.

Überdies wissen Elefanten ganz genau, mit wem sie gerade »reden«. So entdeckten Verhaltensforscher um Cynthia Moss vom Amboseli Elephant Research Project, dass die Dickhäuter untereinander ein ausgedehntes akustisches Netzwerk unterhalten. Elefanten haben nicht nur große Ohren; sie merken sich auch ganz genau, was und vor allem wen sie damit hören. Die Forscher spielten im Amboseli-Nationalpark in Kenia frei lebenden Elefantenkühen die Kontaktrufe von bekannten und unbekannten Artgenossen vor. Dabei fanden sie heraus, dass die Tiere rund 100 Artgenossen anhand ihrer Rufe unterscheiden können. Sie erkennen zudem, ob es sich um Verwandte handelt oder nur um Gruppenmitglieder. Sogar nach zwei Jahren vermochten sie noch den Infraschall-Ruf eines bereits verstorbenen Verwandten wiederzuerkennen, den die Wissenschaftler den Elefanten vom Tonband vorspielten. Die Tiere riefen zurück und machten sich auf die Suche nach dem vermeintlich Verschollenen. Kannten sie dagegen den Rufer nicht, horchten sie nur kurz auf. Heute wissen die Forscher also, dass ein engmaschiges Kommunikationsnetz bei hoch sozialen und langlebigen Tieren wie den Elefanten gar nichts Märchenhaftes ist.

Nicht nur diese Art der Verständigung untereinander bringt uns Elefanten näher; ein jüngst beobachtetes Verhalten weist ebenfalls erstaunliche Analogien zum Menschen auf. Offenbar brauchen auch die männlichen Teenager dieser nicht immer sanften Riesen Vaterfiguren; sonst randalieren sie und erliegen dem Männlichkeitswahn, glauben südafrikanische Verhaltensforscher um Rob Slotow. In der Region um Pilanesberg in Südafrika waren in den 1980er-Jahren mehrere durch den Abschuss ihrer Mütter verwaiste Elefanten im Alter von weniger als zehn Jahren ausgesetzt worden. Zwischen 1992 und 1997 töteten die »halbstarken« Bullen dieser Gruppe dort mehr als 40 Nashörner. Die Bullen waren dabei auffällig lange und häufig in der so genannten »Musth« (sprich: Mast), einem Zustand erhöhter Testosteronproduktion, der vor allem beim afrikanischen Elefanten mit großer Aggression einhergeht. Um dem mörderischen Treiben der jungen Vandalen zu begegnen, stellte die Parkverwaltung der Jugendbande schließlich eine Gruppe erfahrener, »normaler« älterer Männchen aus dem Krüger-Nationalpark zur Seite. Diese Altbullen brachten die Jugendlichen tatsächlich schnell zur Räson, allein schon durch ihre bloße physische Präsenz. Dauer und Häufigkeit der Musth reduzierte sich im Handumdrehen, wie die Forscher im Fachjournal *Nature* berichteten. Bereits zuvor war beobachtet worden, dass die Auswirkungen der Musth schlagartig ausbleiben, wenn die jüngeren Elefanten bei Anwesenheit älterer, kräftigerer Bullen ihre Aggression nicht ausleben können. Die Forscher vermuten, dass die Jungelefanten an ihren mit hormonellen Wechselbädern einhergehenden Musth-Tagen normalerweise lernen, physiologisch und psychologisch mit den Hormonschüben umzugehen. Ohne den mäßigenden Einfluss der Altbullen jedoch laufen auch die jungen Wilden bei Elefanten offenbar Amok.

Bleibt zu hoffen, dass die afrikanischen und asiatischen Elefanten in ihrem natürlichen Lebensraum überleben und dass Verhaltensforscher die Chance haben, noch so manch fabelhaften Wesenszug dieser Rüsseltiere zum Vorschein zu bringen.

Jedes Jahr ein neuer Song
Auch Buckelwale haben Kultur

Auch Wale haben Lieder. Dass nicht nur Vögel, sondern auch diese Meeressäuger singen, wussten bereits die Walfänger vergangener Zeiten. Durch den Rumpf ihrer hölzernen Schiffe, die einen guten Resonanzboden abgaben, hörten sie ihre eigenartigen und doch so faszinierenden Gesänge. Es ist ein Konzert wie aus einer anderen Welt, ein Brummen und tiefes Schnarchen, vermischt mit dem Geschrei wie von knarrenden Scheunentoren und schreienden Möwen.

Wie vielfach im Tierreich dient auch der Gesang der Wale der innerartlichen Verständigung. Dabei sind die Wal-Gesänge durchaus nicht nur Teil des Fortpflanzungsverhaltens; oft ist das Singen auch eher profaner Natur. So weiß man seit neuestem, dass Blauwale – nicht nur die größten, sondern offenbar auch lautesten Geschöpf dieser Erde – untereinander per Lied kommunizieren, wenn es um Fressen und Wandern geht. Während Blauwale sich im Sommer in ihren Fressgründen etwa in den Gewässern vor der nordamerikanischen Pazifikküste aufhalten, um dort Krill zu fressen, singen sie meist nachts. Bevor sie dann in weiter südlich gelegene Meeresgebiete vor der mittelamerikanischen Pazifikküste wandern, in denen sie sich paaren und Junge zur Welt bringen, stellen sie ihr Gesangsverhalten jedoch um und singen fortan tags – was immer dafür auch der tiefere Grund sein mag.

Verblüfft waren Verhaltensforscher überdies, als sie entdeckten, dass Buckelwale zur Paarungszeit ständig neue Lieder komponieren und ihre Gesänge zudem noch regelrecht in Versform kleiden. Dabei bilden die Walbestände in den einzelnen Weltmeeren nicht nur jeweils lokale Dialekte aus; offenbar fungieren einige besonders begnadete Meeressäuger gleichsam als musikalische Trendsetter, die einen regelrechten Liederwettstreit im Ozean auslösen.

Seit den 1950er-Jahren lassen sich die niederfrequenten Wal-Laute im Meer mit so genannten Hydrophonen – empfindlichen Unterwassermikrophonen – aufnehmen und für das menschliche Ohr hörbar machen. Als wahre Meister der Unterwasser-Kommunikation erwiesen sind die Buckelwale von den Bermudas, wo die Tiere im Frühjahr auf dem Weg aus tropisch warmen Gefilden vorbeiwandern. Das amerikanische Forscher-Ehepaar Katherine und Roger Payne hatte sich dort in einem Segelboot regelmäßig auf die Lauer gelegt, um dem Musizieren der Wale zu lauschen. Deren Unterwassergeräusche sind die längsten, langsamsten und lautesten tierischen Laute. Sie liegen in einem Frequenzbereich von 30 bis 400 Hertz (Schwingungen pro Sekunde) und variieren von einfachen bis zu komplexen Tönen, von hohem Quieken bis zu tiefem Brummen. Ihre Gesänge tragen die Wale zwischen einer viertel und halben Stunde lang ohne Pause vor, wobei sich einzelne Themen abwechseln. Mit größerer Bandgeschwindigkeit abgespielt (und dadurch wie beim akustischen Micky-Maus-Effekt in der Frequenz erhöht), hören sich die mysteriösen Wal-Laute wie Vogelgezwitscher an. Die mit Hydrophonen entstandenen Gesangsaufnahmen der Wale gingen um die Welt; sie wurden sogar – zusammen mit anderen irdischen Tönen – als Grußbotschaft für Außerirdische in einer Raumsonde ins All geschickt.

Bei ihren Analysen über Jahre hinweg fiel den Paynes auf, dass die Strophen der Buckelwale immer wieder neue Elemente enthielten, sich die Gesänge also im Laufe der Zeit veränderten. Anfangs glaubten die Walforscher noch, dies erkläre sich durch die Vergesslichkeit der Wale, die nur während der Fortpflanzungszeit im Winter singen, ihre Lektionen aber wieder vergessen, wenn sie Sommers in den kalten arktischen Gewässern auf Nahrungssuche gehen. Doch der Buckelwal, *Megaptera novaeangliae*, ist tatsächlich ein ausgesprochen begabter Komponist, der

Jahr für Jahr einen neuen Hit kreiert. Als die Paynes die Gesangsentwicklung minutiös verglichen, um Unterschiede und Gemeinsamkeiten der Strophen festzustellen, erkannten sie, dass die gesamte Population eines Jahres stets denselben Song brummt, bis in einem der nächsten Jahre ein neuer Hit auftaucht. Wale sind bisher die einzigen Tiere außer uns Menschen, von denen eine solche Weiterentwicklung von Gesängen bekannt ist. Beim Komponieren stehen die Buckelwale auf ihre Weise Beethoven und den Beatles kaum nach.

Ähnlich wie bei den Gassenhauern der menschlichen Musikszene singt auch bei den Buckelwalen stets die gesamte Population die aktuellen »Schlager«. Die offenbar sehr musikalischen Wale variieren wie ein Komponist die Themen ihres Gesangs von Jahr zu Jahr, bis sie aus bekannten und neu erfundenen Elementen ein völlig neues Lied entwickelt haben. Aus Alt mach Neu! Bestimmte Elemente, charakteristisch in Rhythmus und Geschwindigkeit, bleiben einige Jahre erhalten, bevor sie durch andere ersetzt werden. Dieser neue Gesang bleibt »in«, bis auch er wieder von einem anderen abgelöst wird. Wie die Paynes herausfanden, waren nach über einem Jahrzehnt nur noch fünf Prozent der ursprünglichen Themen erhalten; aus dem jeweils vorangegangenen Jahr wurden dagegen mehr als 60 Prozent der Leitmotive weiter verwendet. Allerdings muss es so etwas wie »Evergreens« bei den Buckelwalen geben: Einige wenige Themen nämlich halten sich sieben oder acht Jahre, während andere schon im nächsten Jahr vergessen sind.

Diese Wale, die zweimal jährlich zwischen ihren Nahrungsgründen in den Eismeeren und den tropischen Gewässern, in denen sie sich paaren und ihre Jungen zur Welt bringen, hin- und herwandern, singen nur während der Fortpflanzungszeit. Dabei unterscheiden sich die Gesänge der Buckelwale in den beiden Wintergebieten vor Hawaii und in der Karibik zwar in einzelnen Tönen und Elementen, sie weisen aber die gleiche auffällige Struktur auf. Wie Studien auch vor den im Pazifik gelegenen Hawaii-Inseln ergaben, beherrschen die Wale, die in den dortigen Gewässern jeweils im November eintreffen, noch exakt dieselben Melodien, die ein halbes Jahr zuvor bei ihrem Wegzug zu hören waren.

Dennoch haben auch Wale so etwas wie Dialekte. Ein globaler Gesangsvergleich zeigt, dass es zusätzlich zu den jährlichen Modetrends bei den Wal-Liedern ausgeprägte Gesangsunterschiede zwischen den in getrennten ozeanischen Becken lebenden Buckelwalen gibt. Isolierte Populationen erfinden demnach offenbar ihre eigenen Hits. So singen die Buckelwale von Hawaii kaum anders als die Tiere vor der Küste Kaliforniens. Dagegen gaben die Meistersinger im Atlantik, und zwar um die Kapverdischen Inseln und in der Karibik, in den gleichen Jahren ganz andere Lieder zum Besten. Einen dritten Dialekt entdeckten die Walforscher rund um das Inselreich Tonga im Pazifik.

Wie die neuesten Songs gelegentlich sogar zwischen sonst getrennten Gesangsgruppen ausgetauscht werden und wie es zu einer radikalen Umdichtung kommen kann, das konnten Biologen vor der australischen Ostküste verfolgen. Auch dort, am Great Barrier Reef, ziehen die Meeressäuger zweimal im Jahr vorbei. Zwischen 1995 und 1998 haben Forscher um Michael Noad die Gesänge der männlichen Buckelwale des Westpazifiks aufgenommen. Sie konnten auf diese Weise verfolgen, wie ein neuer Gesang von zwei eingewanderten, fremden Artgenossen aus dem Indischen Ozean übernommen wurde. Während in den ersten beiden Jahren von insgesamt 82 Walen alle bis auf diese beiden Immigranten das gleiche Lied sangen, wurde deren Lied im darauf folgenden Jahr allmählich bekannter. Auf dem Weg nach Norden nutzte 1997 bereits die Mehrzahl der 112 vorbeiziehenden Wale verschiedene Elemente der beiden westaustralischen Sänger zusammen mit ihrem alten, für den Westpazifik typischen Gesang. Im selben Jahr, auf dem Rückweg gen Süden, sangen dann fast alle Männchen das neue Lied, und 1998 hatte es sich schließlich ausnahmslos durchgesetzt.

Bislang ist dies das einzige Beispiel dafür, wie rasant und vollständig sich binnen weniger Jahre eine Verhaltensweise bei einer Tierart ändern kann. Wale sind also nicht, wie anfangs geglaubt, bloß vergesslich; vielmehr entwickeln sie ihren Gesang aktiv und zielgerichtet weiter. Deshalb fassen Forscher dieses Gesangs-Tradieren der Wale neuerdings als einen Beleg für so genannte echte »kulturelle Evolution« auch im Tierreich auf. Dabei setzt sich das Andere und Neue offenbar besonders schnell durch, selbst wenn es anfangs nur von einigen wenigen Trendsettern stammt.

Rätselhaft ist allerdings noch, warum die omnibusgroßen Meeressäuger ihre Gesänge überhaupt über Jahre hinweg verändern. Doch offenbar fällt es auch Buckelwalen schwer, sich Moden zu widersetzen. Vielleicht, so könnte man vermuten, haben sie ganz einfach irgendwann einmal einen Ohrwurm satt – und komponieren kurzerhand einen neuen Song. Weil aber nur die Männchen und diese nur während der Paarungszeit singen, liegt es nahe zu vermuten, dass auch für diesen »Kulturschritt« ursächlich einmal mehr die Weibchen verantwortlich sind. Denn ihre Paarungsvorlieben verlocken wahrscheinlich die Walmännchen zum Liederwettstreit im Meer. Ähnlich dem menschlichen Minnesang könnten den Walen die ständig veränderten Lieder dazu dienen, die Gunst der Damenwelt zu gewinnen.

Die Walmänner kleiden ihre Gesänge dazu regelrecht in Versform, wie dies auch bei den Dichtern der menschlichen Kulturwelt früher als Stilmittel unerlässlich war. Solche reimenden Wal-Verse bestehen aus sich wiederholenden Strophenmustern, die in einem stark rhythmischen Aufbau gesungen werden. Einzelne Phrasen tauchen dabei an bestimmten Positionen der Wal-Strophen immer wieder auf. Vermutlich dienen solche Wiederholungen – analog zur Funktion von Reimversen der menschlichen Sprache – dazu, dass sich auch Buckelwale ihren Gesang mittels gereimter Strophen besser einprägen. Wiederholung als Gedächtnisstütze, als eine Art Merkhilfe für den Fall, dass der Wal mal nicht weiter weiß. Denn um den enorm langen, in einem Jahr aktuellen Gesang, der von der gesamten Population gesungen wird, vollständig zu beherrschen, müssen sich Buckelwale an eine Vielzahl von sich ständig ändernden Details erinnern. Möglicherweise verhilft ihnen deshalb erst der versartige Aufbau zu ihren ungewöhnlich langen und ausgefeilten Gesängen. Tatsächlich herrschen die reimenden Phrasen in komplizierten Strophenteilen vor, also dort, wo besonders viele verschiedene Elemente erinnert werden müssen.

Offenbar lässt eine Art gesangliches Wettrüsten die Balz der Buckelwale regelrecht zur Gedächtnisprobe für die Männchen werden, bei der die sich reimenden Wiederholungen im Gesang wie Merkverse helfen. Forscher vermuten, dass ein größeres Repertoire mit zudem neuen Elementen die Damenwahl entscheidend beeinflusst. Denn um die Weibchen zu becircen, müssen die Männchen nicht nur den aktuellen Modesong der Saison perfekt vortragen können. Dabei den Balzgesang zusätzlich noch mit neuen Lautkreationen ein wenig auszuschmücken, kann gewiss nicht schaden. Mithin konkurrieren die Männchen untereinander um die Gunst der Weibchen, indem sie sich ständig durch den Einbau neuer Stilelemente zu übertreffen versuchen. Die Wale zwingt dieser Liederwettstreit dazu, bei den neuen kompositorischen Kreationen auf dem Laufenden zu bleiben und die jeweils neuesten Passagen in den eigenen Gesang einzubauen. Auf diese Weise fanden die fremden Buckelwale von der Westküste Australiens nicht nur bei den Weibchen der Ostküste schnell ein offenes Ohr; auch die Männchen dort mussten schleunigst umlernen, damit ihnen die Neuankömmlinge nicht die Show bei den Weibchen stahlen. Sie waren so ebenfalls gezwungen, ihrerseits die neuen »Songs« zum Besten zu geben. Damit spornen unter Walen die Weibchen das kulturelle Leben im Meer an. Was tut man nicht alles, um »hip« zu sein!

Was lange vor allem von Buckelwalen bekannt war, ist indes nicht auf diese Art beschränkt. Inzwischen weiß man von besonderen Wal-Gesängen und ihrem kulturellen Kontext auch etwa bei Blauwalen (*Balaenoptera musculus*). Erst kürzlich stießen Walforscher um Salvatore Cerchio vom New England Aquarium anhand markanter Gesangsabweichungen auf drei getrennte, wenngleich nicht sehr kopfstarke Bestände im nordwestlichen Indischen Ozean, die sich von anderen Blauwal-Populationen unterscheiden. Offenbar haben im Arabischen Meer, bisher unbekannt, einige wenige Blauwale das gnadenlose Gemetzel des industriellen Walfangs überlebt (dem im 20. Jahrhundert insgesamt 2,9 Millionen Großwale zum Opfer gefallen sind) und seit dem Ende des kommerziellen Walfangs ab Mitte der 1980er-Jahre allmählich wieder einen Bestand aufgebaut.

Als das Team um Cerchio im Jahre 2017 vor Madagaskar erstmals die Gesänge dieser Blauwale näher studierte, entdeckten die Forscher Ähnlichkeiten zu den Gesängen von Tieren vor der Küste Omans und in der Region des Chagos-Archipels. Dagegen unterscheiden sich diese Lieder von denen der weiter östlich zwischen den Malediven und Sri Lanka lebenden Blauwalen. Auffällig ist auch, dass die Blauwale im Arabischen Meer (wie übrigens auch die dortigen Buckelwale) sehr wahrscheinlich das ganze Jahr über in den Gewässern zwischen der Arabischen Halbinsel und Madagaskar verbringen, während die Populationen in anderen Regionen der Ozeane jahreszeitlich in Richtung Antarktis abwandern.

Bei den kleineren und schlankeren Verwandten der Blauwale, den Finnwalen vor der Küste Hawaiis, wurde unlängst eine regelrechte Liedkultur entdeckt; zumindest bei den Männchen, denn offenbar singen nur diese. Was einige Forscher vermuten lässt, dass die recht einfachen Gesänge von *Balaenoptera physalus* dazu dienen Weibchen anzulocken. In jedem Fall sind die Gesänge der Finnwale deutlich vielfältiger als bisher angenommen; und die Tiere könnten im Laufe ihres Lebens verschiedene Gesänge lernen.

Mittels Hydrophonen, die sie in Tiefen zwischen 3000 und fast 5000 Metern absenkten, haben amerikanische Forscher um Tyler Helble und Regina Guazzo vor der Hawaii-Insel Kauai in einem 20 mal 40 Kilometer großen Seegebiet die Gesänge der dortigen Finnwale aufgezeichnet. Dabei entdeckten sie, dass ein und dasselbe Tier durchaus verschiedene Lieder hat. Diese bestehen nur aus zwei simplen, sehr tiefen Tönen, die aber durch jeweils variierende Pausenlängen zwischen ihnen in unterschiedlichen Rhythmen erzeugt werden, um ein Lied zu produzieren. Diese Gesänge wandeln sich. Während bei den Finnwalen vor Kauai zwischen 2011 und 2014 ein einfaches Lied mit zwei gleichen Tönen vorherrschte, änderten die Wale ihren Gesang später; wobei diese neue Liedform einem Gesang ähnelte, den Finnwale beinahe ein Jahrzehnt zuvor an der Westküste der USA am häufigsten gesungen hatten.

Bislang wurde in solchen Fällen meist angenommen, dass die Lieder wechselten, weil eine neue Gruppe oder gar ein Individuum aus einer anderen Region der Weltmeere ankam und ihr Liedgut mitbrachte; siehe unsere Buckelwale oben. Doch beim Finnwal wenigstens glaubt das

Team um Helble nun, dass die Gesänge vielleicht weniger strikt verankert und damit auch nicht unbedingt nur charakteristisch für einzelne Gruppen sind. Vielleicht werden sie auch bei diesen Bartenwalen kulturell übertragen, wenn sich Finnwale aus verschiedenen Meeresgebieten begegnen und von ihren Artgenossen lernen. Was die Gesangsforschung noch immer erschwert, ist, dass wir viel zu wenig über die Größe und Struktur der Finnwal-Bestände wissen und die Forscher zudem die Populationsdynamik, etwa im Nordpazifik, nicht wirklich verstehen.

Das gilt auch für andere Wal-Arten; was uns zum Pottwal bringt, über den noch kurz zu berichten bleibt. Bei diesen Zahnwalen – zu denen auch Herman Melvilles literarisch-legendärer »Moby Dick« gehört – ließen sich unlängst regelrechte kulturelle Liedmoden dazu nutzen, den Austausch ganzer Populationen in bestimmten Meeresgebieten erkennbar zu machen. Während dies ansonsten bei vielen an Land lebenden Tieren heute über einen molekulargenetischen Abgleich gelingt (wie er im Ansatz auch schon bei den ersten Pottwalen gemacht wurde), wissen wir über die Populationsveränderungen bei Meeressäugern viel zu wenig. Anhand zweier durch ihre Lieder eindeutig charakterisierte Gruppen – nennen wir sie »Vokal-Clans« – konnten Forscher um Mauricio Cantor von der Dalhousie University im kanadischen Halifax zeigen, wie Pottwal-Populationen kommen und gehen – und mit ihnen eben doch auch ihre Lieder.

Zwischen 1985 und 1999 lebten um die Galapagos-Inseln im Ostpazifik zwei Pottwal-Clans mit jeweils typischen Liedern. Diese Tiere konnten auch durch Fotos ihrer Schwanzfluke identifiziert und bis etwa zum Jahr 2000 im Seegebiet nachgewiesen werden. Danach verschwanden beide Clans – und mit ihnen ihre vor Galapagos zu hörenden Lieder. Als die Forscher 2013 und 2014 wieder mehr als 460 Pottwale um die Inseln identifizierten, war kein einziges Individuum der früheren Clans mehr dabei. Und die neuen Clans brachten offenbar auch ihre eigenen Lieder mit, die zuvor schon aus anderen Regionen des Pazifik bekannt waren, dagegen bis dahin nicht im Meer um Galapagos herum gehört wurden.

Noch fischen die Walforscher im Trüben, wenn sie diesen Clan- samt Kulturwechsel einzuordnen suchen. Doch die Lieder-Clans der Pottwale im Pazifik zeigen möglicherweise die dynamischen Wanderungen und Wechsel bevorzugter Nahrungsgebiete einzelner Populationen, in die diese Wal-Art sich untergliedert. Für ihr kulturelles Leben jedenfalls spielen Lieder bei den Walen zweifelsohne eine wichtige Rolle; worin sie uns dann doch wieder sehr ähneln.

Orang-Utans: Junge Wilde beim Waldmenschen

Wie sich jugendliche Menschenaffen die Vaterschaft erschleichen und erstehlen

Von ihm betrachtet, habe ein wildes Weib beschämt Gesicht und Blöße mit Händen bedeckt, »geseufzt, Tränen vergossen und alle menschlichen Handlungen so ausgeübt, dass ihm nur die Sprache gefehlt hat, um wie ein Mensch zu sein«. Mit diesen Worten beschrieb um 1630 der niederländische Arzt Jacob de Bondt ein rot behaartes Wesen, das er »Ourang Outan« – Mensch des Waldes – nannte. Allerdings ist bis heute nicht ganz klar, ob de Bondt vielleicht statt der roten Menschenaffen Asiens nicht doch kleinwüchsige Eingeborene indonesischer Inseln beschrieben hat, die ursprünglich als „Orang-Utan« bezeichnet wurden.

Heute kennen Zoologen unter diesem Namen die auf den beiden größten indonesischen Inseln lebenden Menschenaffen; wobei man den Orang-Utan auf Borneo als *Pongo pygmaeus* von den Tieren auf Sumatra (*Pongo abelii*) artlich unterscheidet. Mit ihren langen Armen und riesigen Händen sind sie perfekt an das Leben hoch oben in den Bäumen des Regenwaldes angepasst, den sie auf der Suche nach Früchten durchstreifen. Nur selten kommen sie überhaupt einmal auf den Boden. Von allen großen Menschenaffen ist der Orang-Utan der eigenartigste, in seiner Lebensweise rätselhafteste – und zugleich in seinem Überleben mittlerweile der wohl bedrohteste. Artenschützer befürchten, dass die roten »Waldmenschen« angesichts des unverminderten Raubbaus an den tropischen Regenwäldern in den kommenden Jahrzenten vollständig im

Freiland verschwunden sein werden. Der Bestand der Orang-Utans auf Borneo wurde zuletzt auf zwischen 50 000 und 100 000 geschätzt, der auf Sumatra sogar nur noch auf 14 000 Individuen – Tendenz: rapide schrumpfend. Allein in den vergangenen anderthalb Jahrzehnten ging die Zahl dieser Menschenaffen um 150 000 Tiere zurück – das Kettensägen-Massaker an den Regenwäldern kommt einer Art Völkermord an den Menschenaffen gleich; und wir schauen tatenlos zu.

Hinzu kommt, dass – ähnlich wie hier im Buch für den Waldelefanten beschrieben – erst jüngst noch eine weitere und damit noch stärker bedrohte Art neu entdeckt wurde. Bei genauen Studien stellte sich erst 2017 heraus, dass auf Sumatra mit dem Tapanuli-Orang-Utan (*Pongo tapanuliensis*) eine dritte, separate Art lebt. Von ihnen gibt es gerade einmal noch etwa 800 Tiere. Sie dürften über kurz oder lang im Freiland alle dem Untergang geweiht sein.

Orangs brauchen große, zusammenhängende Regenwälder, um überleben zu können. Aber sowohl auf Sumatra als auch auf Borneo haben es die indonesische wie auch die malaysische Regierung über Jahrzehnte zugelassen, nicht ohne sich selbst dabei zu bereichern, unserer Nachfrage nach immer mehr Palmöl immer mehr des ursprünglichen Regenwaldes zu opfern. Dieses begehrte, weil überall verwendete Öl der (an sich aus Westafrika stammenden) Ölpalme, die in den Tropen jetzt überall in kilometerweiten Plantagen stehen, ist der Tod nicht nur der asiatischen Menschaffen, sondern eines Großteils der Biodiversität dieser Wälder. Zwar sind Orangs auch in Indonesien formal streng geschützt, doch das Perverse an dem Desaster, so berichten Insider: »Du kommst ins Gefängnis, wenn du einen Orang-Utan umbringst. Aber wenn du einen ganzen Wald abholzt und der Orang-Utan daran krepiert, passiert dir überhaupt nichts«.

Allein auf Borneo und Sumatra wurden im vergangenen Jahrzehnt mehr als sieben Millionen Hektar Regenwald gerodet und abgebrannt – eine Fläche so groß wie Bayern. Von den jährlich weltweit mehr als 60 Millionen Tonnen Palmöl kommen 85 Prozent aus Indonesien und Malaysia; Länder, deren Regierung ihre natürlichen Reichtümer und die Schatzkammern der Biodiversität an skrupellose Konzerne verkaufen, die ihnen neben den dort geschäftsüblichen Bestechungsgeldern auch Steuern und Arbeitsplätze bringen.

Das Verhältnis des Menschen zum »Mit-Primaten« Orang-Utan war stets zwiespältig. Einheimische Volksstämme in Indonesien wie die Dayak und Punan auf Borneo gingen nicht etwa auf die Jagd nach Orangs; vielmehr zogen sie »in den Krieg mit ihnen«, wie alte Berichte belegen. Westliche Naturforscher verglichen Orangs – verblüfft vom menschenähnlichen Verhalten – mit heranwachsenden Kindern. Dem Eindruck, dass uns diese Waldmenschen so überaus ähnlich in ihrem Wesen sind, kann sich kaum jemand entziehen, der sie einmal beobachtet hat. Jüngst haben Verhaltensforscher diesen Eindruck durch geradezu intime Einblicke in das Verhalten dieser Affen verstärkt. Wie ihre Studien zeigen, sorgen beim Orang insbesondere junge Männchen mit verblüffend-raffinierten Sexualtricks – bis hin zu regelrechten Vergewaltigungen – für schlechte Presse.

Orang-Utans sind Einzelgänger. Anders als ihre afrikanischen Verwandten, die in Familienclans und Gruppen wechselnder Zusammensetzung lebenden Schimpansen und Gorillas, durchstreifen die »Menschen des Waldes« ihre Urwald-Heimat meist allein. Doch ungesellig heißt hier keineswegs asozial. Ihr Gemeinschaftsleben, so beschreibt es der Primatenforscher Volker Sommer, laufe vielmehr in einer Art Zeitlupe ab. Vor allem die erwachsenen Männchen sind als ausgesprochene Einzelgänger allein in einem riesigen Streifgebiet unterwegs. Ihren Revieranspruch signalisieren sie durch strengen Moschusgeruch und durch kilometerweit hallende Rufe. Das von ihnen verteidigte Territorium schließt zugleich mehrere kleinere Streifgebiete von Weibchen ein, die jeweils mit einem Jungen allein unterwegs sind.

Die territorialen Männchen sind eine eindrucksvolle Erscheinung. Knapp doppelt so groß wie die Weibchen, haben sie zudem ein viel längeres orange-rotes Haarkleid. Dank breiter Backenwülste und einem Kehlsack wirkt auch ihr Gesicht riesig. Die mit 1,40 Metern ausgewachsenen Männchen bringen bis zu 90 Kilogramm auf die Waage und sind damit die schwersten baumbewohnenden Primaten. Allerdings sehen nicht alle Männchen so aus. Gerade erst geschlechtsreif gewordene

Orang-Männchen im Alter von sieben bis neun Jahren wiegen kaum mehr als erwachsene Weibchen und unterscheiden sich auch äußerlich wenig von ihnen. Oft dauert es einige Jahre, bis sich nach dem Erreichen der Pubertät bei diesen Orangs die auffälligen sekundären Geschlechtsmerkmale der erwachsenen Affenmänner herausbilden. Erst im Alter von 12–15 Jahren stellen sie für die Revierinhaber eine ernsthafte Konkurrenz dar und werden zugleich von den Weibchen als Paarungspartner ernst genommen.

Bereits früher war Forschern und Zoowärtern aufgefallen, dass sich bei den in Gefangenschaft gehaltenen Orangs einige heranwachsende Männchen oft jahrelang kaum weiterentwickeln. Solche Entwicklungsverzögerungen könnten von genetischen Störungen herrühren; tatsächlich aber verursacht die soziale Umwelt, insbesondere die Anwesenheit eines voll erwachsenen, dominanten Orang-Mannes, beim männlichen Nachwuchs einen stressbedingten Wachstumsstopp. Dies beobachtete die kanadische Orang-Forscherin Biruté Galdikas dann auch auf Borneo, wo wild lebende halbwüchsige Orang-Utan-Männchen manchmal zehn Jahre oder länger körperlich im Stadium von Jugendlichen verharren, solange ein erwachsenes Männchen im Territorium herumstreift. Bereits beim ersten Anzeichen sich entwickelnder sekundärer Geschlechtsmerkmale beim Nachwuchs fühlten sich die erwachsenen Männchen durch die aufkeimende Konkurrenz herausgefordert und verwiesen die Halbstarken in ihre Schranken – die daraufhin im Stadium eines Jugendlichen verharrten.

Beim Orang hat dieser aufgezwungene »Jugendwahn« indes Methode. Doch nicht Stress, sondern der reine Bluff ist verantwortlich, wie amerikanische Forscher jüngst herausfanden. Dazu mussten sie den Orangs zu ihren Schlafplätzen folgen, um unter den Nestern mittels ausgebreiteter Plastikplanen Urinproben aufzufangen. Durch die auch im Harn enthaltenen Konzentrationen verschiedener Hormone erhielten sie intimen Einblick in die Fortpflanzungsgewohnheiten der von ihnen beobachteten Tiere – und entdeckten ein völlig neues Bild vom Sex bei diesen Menschenaffen. Demnach täuschen die jugendlich-kindlich aussehenden Männchen körperliche Unreife nur vor, obgleich sie in hormoneller Hinsicht erwachsen sind, es bereits auf Weibchen abgesehen haben und diese in vielen Fällen sehr wohl schwängern.

Während sich die Halbwüchsigen den Weibchen in eindeutiger Absicht nähern, bleiben sie von den Revierbesitzern unbehelligt und ersparen sich so eine Menge Ärger. Denn ihre wenig imposante Erscheinung macht sie dem ansonsten argwöhnisch auf Konkurrenten reagierenden erwachsenen Männchen kaum verdächtig. Dieses nimmt sie als Widersacher nicht ernst, obgleich ihr Hormonspiegel die nur unreif wirkenden Halbwüchsigen überführt. Beim Testosteron erreichen auch sie Werte, die auf aktive Geschlechtsorgane hindeuten, ebenso beim luteinisierenden Hormon, das die Bildung und Freisetzung von Testosteron anregt, und beim follikelstimulierenden Hormon, das die Spermienreifung steuert. Überdies zeigen genaue Vergleiche, dass die äußerlich im Wachstum aussetzenden Jung-Orangs gleich große Hoden wie ihre voll ausgewachsenen Artgenossen haben.

Das Fazit der Forscher: Beim Orang-Utan machen die heranwachsenden Männchen lange auf kindlich-naiv, damit sie vom territorialen Männchen nicht bedroht und bekämpft werden. Derart getarnt werden die Halbstarken weiter in dessen Streifgebiet geduldet, während sie ungehindert schon mal ihr Glück bei den Weibchen versuchen. Da sie – gleichsam unter den Augen des erwachsenen Männchens – ebenfalls einen Gutteil der Kinder zeugen, sehen Biologen in diesem Verhalten eine in der Evolution durchaus angepasste und stabile Strategie. Allerdings, so schränken sie ein, hat die Sex-Strategie der halbstarken Orangs ihren Preis: Da sich die Weibchen nicht freiwillig mit den Halbwüchsigen paaren, greifen diese zur Vergewaltigung.

Offenbar haben Orang-Utans mehrere Wege gefunden, ihre Fortpflanzungschancen zu erhöhen. Um Zugang zu den Weibchen zu bekommen, müssen sie sich entweder gegenüber anderen erwachsenen Männchen durchsetzen und ein eigenes Territorium erobern und behaupten, das die Streifgebiete mehrerer Weibchen mit einschließt. Für die heranwachsenden Männchen hat es angesichts der Dominanz eines bereits etablierten Revierbesitzers durchaus Nachteile, als Kraftprotz mit allen Anzeichen sexueller Potenz aufzutreten. Mithin versuchen sie zu Paarungen gleichsam durch den Hintereingang zu kommen. Vaterschaftstests zufolge stammt ein erheblicher Teil des Nachwuchses von rangtiefen Männchen. In einem Studiengebiet auf Sumatra, so berichtete die Primatologin Sri Suci Utami von der Universität Utrecht kürzlich, hat immerhin jedes zweite Orang-Baby einen solchen unauffällig-jugendlichen Vater.

Beliebt machen sie sich unter den Orang-Müttern freilich nicht. Die Weibchen nämlich sind meist nur an Paarungen mit ausgewachsenen Männchen interessiert. Die jungen Männchen müssen sich daher Kopulationen nicht nur »stehlen«, sondern erzwingen. »Das sind regelrechte Vergewaltigungen, denn die Weibchen wehren sich meistens heftig«, stellt das amerikanische Primatologen-Paar Anne Nacey Maggioncalda und Robert Sapolsky in einer Arbeit fest. »Sie versuchen zu beißen und stoßen laute Grunzlaute aus, die man sonst nie bei ihnen hört.« Zwar vergewaltigten gelegentlich auch voll erwachsene Orang-Männer, doch komme das sehr viel seltener vor. Dennoch: Die Zahlen, die durch Beobachtungen auf Borneo vorliegen, überführen die so sanft wirkenden roten Waldaffen des fortgesetzten Sexualdelikts. Von 151 dokumentierten Paarungen bei wachstumsgehemmten jungen Männchen waren 144 erzwungen, ein Anteil von 95 Prozent; wobei die Weibchen indes in keinem Fall verletzt wurden.

Bislang sind Orang-Utans die einzigen Primaten, die regelmäßig auf diese unschöne Weise Nachkommen zeugen. Doch Orangs sind keine Menschen, weshalb sich jeder auch noch so nahe liegende Vergleich und damit Moralisierungsversuch verbietet. Evolutionsbiologen sehen die eigenartigen Sexualpraktiken von *Pongo pygmaeus* nüchtern. Menschenaffen sind offenbar Meister darin, je nach den vorherrschenden sozialen oder ökologischen Lebensbedingungen völlig verschiedene Fortpflanzungsstrategien zu verwirklichen. Beim Orang heißt das: Entweder reifen jugendliche Männchen zu einem imposanten Affenmann heran, der die Weibchen in seinem Umfeld für sich einnehmen kann. Falls solch ein territoriales mächtiges Männchen bereits seinen Claim abgesteckt hat, verwirklichen die nachkommenden Jungmännchen Plan B, um das Beste aus ihrer Situation zu machen – und sich ungestraft Nachwuchs zu erschleichen.

Bonobos: Flower-Power-Frauen im Urwald

Affenliebe unter unseren sanften Schwestern

Museen bedienen allzu oft das sattsam bekannte Klischee des Verstaubten. Und doch verdanken wir die entscheidende Beobachtung einer neuen Schimpansenart dem Museumsbesuch des deutschen Zoologen Ernst Schwarz. Der Bonobo wurde als eines der letzten großen Säugetiere und als – bis dahin lange Zeit – letzter Menschenaffe erst Ende der 1920er-Jahre entdeckt.

In den letzten Jahren jedoch ist dieser angeblich zärtliche und buchstäblich »liebesversessene« Primat vor allem wegen seines ausschweifenden Sexualverhaltens, bei dem so gut wie alles möglich ist, zu einigem Ruhm gelangt. In der Bonobo-Gesellschaft nehmen nicht nur die Weibchen die zentrale soziale Stellung ein, sondern mit – auch gleichgeschlechtlicher – Sexualität verstehen es diese Menschenaffen, Spannungen und Aggression in ihrer Gemeinschaft ab- und Bindungen aufzubauen.

Davon nichts ahnend, beschrieb Ernst Schwarz 1929 diesen Menschenaffen, nachdem er in dem auf afrikanische Naturkunde spezialisierten Musée Royal de l'Afrique Centrale im belgischen Tervuren eingehend Knochen von Schimpansen studiert hatte. Schwarz war dabei der ungewöhnlich kleine Schädel eines Schimpansen vom linksseitigen Ufer des Kongoflusses aufgefallen, der irrtümlich als der eines jugendlichen Schimpansen eingeordnet worden war. Doch die Knochennähte waren bereits verwachsen; der Schädel musste deshalb von einem voll erwachsenen Menschenaffen mit ungewöhnlich grazilem Körperbau stammen. Schwarz vermutete eine bis dahin unbekannte Schimpansen-Unterart im Süden des Kongostroms. Vier Jahre später sah der amerikanische Zoologe Harold Coolidge die Unterschiede dieses grazilen Schimpansen für hinreichend groß an, um ihn zu einer eigenen Art zu erklären – *Pan paniscus*, »der kleinere Pan«.

Heute ist dieser lange fälschlich als Zwergschimpanse bezeichnete Menschenaffe als Bonobo bekannt. Der Name ist wohl die Verballhornung des kongolesischen Ausfuhrortes Bolobo, so vermuten Forscher, die den Namen Bonobo jedenfalls mittlerweile bevorzugen. Denn aufgerichtet sind Bonobos tatsächlich mit ihren 1,20 Metern knapp so groß wie der allgemein bekannte Schimpanse *Pan troglodytes*. Allerdings sind sie schlanker, langgliedriger und sofort daran zu erkennen, dass ihr adretter Scheitel die schwarzen Haare in zwei seitlich abstehende Büschel teilt.

Vor allem aber unterscheiden sich Bonobos von anderen Schimpansen durch ihre Lebensweise und ihr Sozialverhalten. *Pan paniscus* lebt in einem vergleichsweise kleinen Gebiet im dichten tropischen Tieflandregenwald südlich des mächtigen Kongoflusses. Voller Sümpfe und verseucht mit Malaria, ist das Kongobecken noch immer eine der am schwersten zugänglichen Regionen der Erde. Wohl auch deshalb interessierte sich lange kaum jemand für Bonobos, und so dauerte es mehr als ein halbes Jahrhundert, bis Verhaltensforscher erkannten, dass Bonobos mit ihrem regen Sexualleben alle anderen Primaten, einschließlich uns Menschen, in den Schatten stellen.

Ungläubigkeit lösten die ersten Berichte über das Sexualverhalten der Bonobos aus. »Was da berichtet wurde«, so der deutsche Primatologe Volker Sommer, »glich dem Orgien-Repertoire von Pornofilmen und veranlasste manche Naturforscher, auf gestörtes Verhalten durch Gefangenschaftshaltung rückzuschließen.« Doch nicht nur in den wenigen Zoos, in denen Bonobos gehalten wurden, erwiesen sie sich als sexbesessen. Die Studien an frei lebenden Bonobos im Kongo beweisen, dass ihre Gemeinschaft frauenbetont ist und Männchen nur eine Nebenrolle spielen – und dass Sex der Schlüssel zu ihrem Sozialverhalten ist. Denn das gesellschaftliche Treiben der Tiere ist mit sexuellen Kontakten gleichzusetzen. In der Bonobo-Gesellschaft ist Sex gewissermaßen die Währung, mit der alles geht.

Im Freiland sind die Bonobos bisher vor allem in zwei Regionen des Kongo beobachtet worden. Seit 1974 sammelt eine japanische Forschergruppe um Takayoshi Kano von der Universität Kyoto Daten im 150 Quadratkilometer großen Lua-Reservat, einem Gebiet mit primärem Regenwald nahe dem Ort Wamba. Ebenfalls seit Mitte der 1970er-Jahre erforschten amerikanische Primatologen das Verhalten der Bonobos in der Region Lomako, wo die beiden deutschen Biologen Gottfried Hohmann und Barbara Fruth mit Unterstützung der Max-Planck-Gesellschaft die Studien in den 1990er Jahren fortgesetzt haben (inzwischen haben sie 2007 eine neue Station in Lui Kotale eingerichtet). Ihr überraschendes Ergebnis: Bonobos handeln tatsächlich frei nach dem Motto der Hippie-Generation der späten 1960er-Jahre »make love, not war«; und nach dem Motto »gemeinsam sind wir stark« tun sich bei Bonobos ausschließlich die Weibchen zusammen, um die kräftigeren Männchen wirkungsvoll in Schach zu halten.

Jeweils im Sommer sind Hohmann und Fruth mehrere Monate in Lomako unterwegs, um dem Rätsel der eigenartigen Frauenkooperation auf den Grund zu gehen und zu beobachten, wer mit wem und wie oft in den wechselnden Gemeinschaften der Schimpansen zusammentrifft. Ebenso wie ihre nächsten Verwandten, die gemeinen Schimpansen, streifen Bonobos in Gruppen umher, deren Größe und Zusammensetzung sich ständig ändert. Solche »fission-fusion«-Gesellschaften können bis zu 60 Mitglieder umfassen und je nach Nahrungsangebot Gebiete von 20–50 Quadratkilometern durchstreifen; meist aber sind die Gruppen kleiner und die Bonobofrauen einzelner Grüppchen unterhalten geradezu freundschaftliche Beziehungen. Barbara Fruth hat regelrechte »Busenfreundinnen« bei den Bonobos ausgemacht. Derart verbündete Weibchen verbringen die meiste Zeit miteinander; dagegen können sich andere nicht riechen.

Dabei haben molekulargenetische Studien jüngst gezeigt, dass die Weibchen in diesen Frauengruppen nicht, wie vermutet worden war, miteinander nahe verwandt sind. Während sich bei anderen Tieren häufig Geschwister und andere nächste Verwandte gegenseitig helfen, ist der Verwandtschaftsgrad bei den Allianzen der Bonobofrauen unerheblich. Anders dagegen die Männchen, die zeitlebens in ihrer Geburtsgruppe bleiben und daher blutsverwandt sind. Doch sie unterhalten lediglich oberflächliche Beziehungen zueinander und können den »starken« Frauen nicht Paroli bieten, deren Zusammenhalt ein probates Mittel gegen die ansonsten übliche männliche Übermacht ist. Meist tauchen an den Futterplätzen zwar zuerst die Männchen auf, doch sobald Weibchen erscheinen, räumen sie die ergiebigsten Plätze. Bei den von Männchen dominierten Gruppen der Schimpansen ist so etwas, ebenso wie bei anderen Primaten, unvorstellbar. Bei den Bonobos dagegen können dank dieser Vorrangstellung des weiblichen Geschlechts die Weibchen sich und ihren Jungen Leckerbissen wie etwa große und reife Früchte oder die gelegentlichen Fleischrationen selbst erlegter Kleinantilopen sichern.

Entscheidend für die Frauen-Power in der Bonobo-Kommune ist die ungewöhnliche Sexualität dieser Affenart. Da ist die unter Tieren ungewöhnliche »menschliche« Stellung, in der sich Bonobos paaren, nämlich Gesicht zu Gesicht. Dies haben zwei deutsche Primatologen, Eduard Tratz und Heinz Heck, bereits in den 1950er-Jahren im Münchner Tierpark Hellabrunn beobachtet und – arg verklausuliert – beschrieben. Danach würden sich Schimpansen *more canum* (wie Hunde) paaren, Bonobos aber *more hominum* (auf Menschenart). Doch glaubte man anfangs, dies sei vielleicht nur bei Bonobos im Zoo so. Erst in den 1970er-Jahren wurde diese Eigenheit der Bonobos auch im Freiland entdeckt. In der Wamba-Region verlief immerhin jede dritte beobachtete Paarung in dieser angeblichen Missionarsstellung. Mittlerweile hat sich unter Primatologen die Erkenntnis durchgesetzt, dass sich Bonobos tatsächlich wie Menschen paaren. Ihre Genitalien sind dieser Stellung angepasst, denn Klitoris und Vulva liegen relativ weit vorn.

Doch damit nicht genug: Bonobos sind überdies bemerkenswert leicht sexuell erregbar – und sie verleihen dem in allen möglichen Positionen und Situationen Ausdruck. Vor allem die Weibchen sind deutlich länger sexuell tätig als bei anderen Schimpansen und ähnlich wie Menschenfrauen nahezu ständig sexuell empfänglich. Sexualität und Zeugung ist bei ihnen entkoppelt. Damit fällt, nach der Missionarsstellung, ein weiteres – wenngleich vermeintliches – Privileg des Menschen: Auch Bonoboweibchen sind außerhalb ihrer fruchtbaren Tage sexuell attraktiv und aktiv. Sie lassen sich sogar dann begatten, wenn sie schwanger sind oder ein Junges säugen. Dabei paaren sie sich allerdings nicht nur mit den Männchen der eigenen und fremder Gruppen – und das bis zu 50-mal am Tag und mit mehr als zehn verschiedenen Männchen –; vielmehr zeigen auch die Weibchen untereinander sexuelles Verhalten. Tatsächlich wurde beobachtet, dass praktisch jedes Gruppenmitglied mit jedem anderen geschlechtliche Kontakte hat, sogar Jungtiere mit den Erwachsenen.

Vor allem die Weibchen umarmen einander häufig mit Armen und Beinen und reiben dabei bäuchlings ihre Genitalien aneinander. Die Primatenforscher haben für dieses unter tierischen Primaten einzigartige Verhalten den Begriff des »GG-rubbing« geprägt und deuten es klar als sexuelle Handlung. Doch die Bedeutung für die Bonobogesellschaft wird von den Affenforschern zum Teil noch unterschiedlich interpretiert. Was die einen als Befriedigung homoerotischer Lust auffassen, sieht der aus Holland stammende und in den USA arbeitende Primatologe Frans de Waal eindeutig als Versöhnungsgeste und friedensstiftende Zärtlichkeit. Seiner Ansicht nach setzen Bonobos GG-rubbing und andere Arten sexueller Betätigungen wie Oralverkehr und Massieren der Genitalien gezielt ein, um spannungsgeladene Situationen zu entschärfen. Wie die gegenseitige Körperpflege dient auch dieses – nicht zwangsläufig zur Fortpflanzung führende – Sexualverhalten der Bonobos dazu, die Bindungen zwischen den Gruppenmitgliedern zu stärken und für Harmonie zu sorgen. Frans de Waal hatte beobachtet, dass Bonobos die intime Nähe häufig nach tätlichen Auseinandersetzungen suchen, etwa nach Streit um Futter oder Weibchen. Er glaubt daher, dass sie mit sexuell getönten Handlungen Zank und Streit vermeiden.

Frauenbündnisse und Sex ohne Fortpflanzung, aber dafür mit Hintersinn, ist demnach nicht nur dem *Homo sapiens* typisch. Sind Bonobos wegen ihres friedensstiftenden und konfliktabbauenden Sexes vielleicht sogar »die besseren Menschen«? Wohl kaum, denn durch ihre Freilandstudien wissen die japanischen und deutschen Biologen auch von verstümmelten Gliedmaßen und anderen ernsten Verletzungen unter Bonobos zu berichten. Am häufigsten trifft dies allerdings die Männchen, gegen die die Weibchen gemeinsam ihre Interessen durchsetzen; die Männchen werden dabei unterdrückt und sogar ernsthaft verletzt, obgleich sie einige Kilogramm schwerer sind. Auch zeigen Studien, dass an den 90 in Zoos gehaltenen Bonobos sämtliche schwerere Blessuren – darunter sogar herausgerissene Hoden – den Männchen widerfahren waren.

Ohne Zweifel verraten Bonobos viel Aufregendes über die soziosexuellen Wurzeln der Primaten. Doch erlaubt ihr Verhalten auch Schlüsse auf Ursprung und Entstehung unseres eigenen Verhaltens? Wissenschaftler streiten noch darüber, inwieweit das Verhalten der uns in genetischer Hinsicht eng verwandten Bonobos auch unserem biologischen Muster entspricht. Einige Anthropologen sehen im ständigen Sex eine Strategie des schwächeren Geschlechts. Auch bei Schimpansen bekommen paarungsbereite Weibchen von den Männchen eher begehrte Futterbrocken. Zusammen mit den jüngsten Studien an Bonobos schließen viele Forscher, dass sich beim Menschen die ständige Sexualbereitschaft der Frauen entwickelt haben könnte, weil auch bei unseren Ahnen Sex als Mittel zum Zweck diente und Menschenfrauen sexuell attraktiv wurden, um sich häufigen Zugang zur Jagdbeute der Männer zu verschaffen. Erlaubt ihr ausgeprägtes sexuelles Verlangen den Frauen, dem Mann gleichsam Befriedigung für eheliche Treue und väterliche Fürsorge zu bieten, wie Frans de Waal vermutet?

Zweifelsohne bietet das ausgesprochen promiske Verhalten der Bonobos für den patriarchalisch strukturierten *Homo sapiens* ein interessantes Modell. Modelle freilich sind vom Stand der Wissenschaft abhängig. Die Erforschung der Bonobos aber hat eben erst begonnen. Und so fragt Frans de Waal denn auch zu Recht, was wir wohl für die biologischen Grundlagen der Gesellschaft hielten, wenn die Forschung an Primaten sich bisher nur der Bonobos angenommen hätte.

Zweiter Streifzug:
Von Menschen, Milch und Menopause

Die 54 Fußabdrücke des Australopithecus afarensis

Aufrechten Hauptes auf einem wissenschaftlichen Trampelpfad

Fußspuren wecken die Phantasie. Fotografien jener Stapfen, die Neil Armstrong auf der staubigen Oberfläche des Mondes hinterließ, wurden zum Symbol für die ersten zaghaften Schritte der Menschheit hinaus ins Weltall. Spuren in einem Kosmos ganz anderer Art hinterließen vormenschenhafte Wesen vor etwa 3,6 Millionen Jahren in der Savanne von Laetoli in Ostafrika. Sie verewigten sich in einem der wohl faszinierendsten Zeugnisse der Hominidenforschung – einem aus 54 Fußstapfen bestehenden Trampelpfad.

In der weiten, von kleinen Flussläufen durchzogenen Ebene von Laetoli hinterließ eine aufrecht gehende Primatenspezies, die später dem durch das Fossil »Lucy« berühmt gewordenen *Australopithecus afarensis* zugeschrieben wurde, ihre Fußspur unter – zumindest für die Wissenschaft – denkbar glücklichen Umständen. Der in 20 Kilometern Entfernung gelegene Sadiman-Vulkan war damals ausgebrochen und hatte die Landschaft mit Asche wie mit einem schwarzgrauen Schleier bedeckt. Eine Serie von Eruptionen fiel mit dem Ende der Trockenzeit zusammen. Leichter Regen ließ die an Mineralien reichen Ascheschichten am Boden zu einem feuchten Zementbett werden, in dem Antilopen, Giraffen, Nashörner, Elefanten und andere Tiere ihre Spuren hinterließen wie heute cineastische Stars und Sternchen am berühmten Hollywood Boulevard. Zu den Stars der ostafrikanischen Szene wurde eine Gruppe aufrecht gehender frühmenschlicher Wesen. Wir wissen nicht, warum und mit welchem Ziel sie die weite Ebene durchquerten, bevor ihre Tritte aushärteten und unter nachfolgenden Aschewolken begraben und konserviert wurden.

Es gehörte zu den Sternstunden der Paläoanthropologie, der wissenschaftlichen Erforschung der Vor- und Frühmenschen, als im Sommer 1976 – wie so häufig in dieser Wissenschaft eher zufällig – ein Forscherteam auf die fossilen Tierspuren von Laetoli aufmerksam wurde. Dort im Norden Tansanias hatte Mary D. Leakey in den 1970er-Jahren in mehreren Grabungskampagnen eine ganze Serie von Hominidenfossilien gefunden. Zusammen mit ihrem Mann, dem amerikanischen Anthropologen Louis B. Leakey, war sie nach Ostafrika gekommen, wo ihr in der nahe Laetoli gelegenen Olduvai-Schlucht die ersten Aufsehen erregenden Entdeckungen fossiler Frühmenschen gelangen.

Die versteinerten Fußspuren in Laetoli jedoch sollten die Krönung des Lebenswerkes der 1996 verstorbenen großen alten Dame der Anthropologie werden. Zwei Jahre nach den ersten Funden entdeckte der amerikanische Geochemiker Paul I. Abell, der zusammen mit Mary Leakey die Laetoli-Tierspuren untersuchte, den versteinerten Abdruck eines etwa 20 Zentimeter langen menschlichen Fußes am Rand einer Erosionsrinne. Das Trittsiegel mit tief eingesenkter Ferse und den Abdrücken der Zehen lässt deutlich erkennen, wie der Fuß durch das volle Körpergewicht belastet worden war. Die weitere Grabung brachte bis 1979 zwei nebeneinander verlaufende Fußspuren, jene 54 Abdrücke, ans Tageslicht, die sich über fast 30 Meter verfolgen ließen – eine sensationelle Entdeckung, die damals um die Welt ging. Denn sie belegte erstmals zweifelsfrei, was man kurz zuvor für die fossilen Knochenfunde des *Australopithecus afarensis* vermutet hatte: Schon die Frühmenschen des Pliozän vor mehr als 3,5 Millionen Jahren waren wie der moderne Mensch aufrecht auf zwei Beinen gegangen, und zwar lange bevor unsere Ahnen zu Werkzeugherstellern wurden und sich das für den *Homo* typische vergrößerte Gehirn entwickelte. Nun ließen sich auch Informationen zu Gangart und Schrittweite von Hominiden ermitteln; Erkenntnisse, die allein aus fossilen Knochen nicht zu gewinnen sind. Die Laetoli-Stapfen hatten wie kaum ein anderer Fossilfund ein Fenster zur jahrmillionenlangen Frühzeit des Menschen aufgestoßen und den Blick freigegeben auf ein entscheidendes Kapitel der Menschwerdung.

Wissenschaftliche Zeichner haben die *Australopithecus-afarensis*-Gruppe von Laetoli anfangs meist als klassische Zweiergruppe dargestellt. So rekonstruierte John Holmes für ein Diorama im American Museum of Natural History in New York einen größeren Mann und eine kleine Frühmenschen-Frau. Der Zeichner Jay Matternes ließ diese auf einer Grafik für das *National Geographic Magazine* sogar noch einen Säugling auf der Hüfte tragen. Das einträchtige Miteinander dieses australopithecinen Paares, insbesondere die beschützerisch-besitzergreifende Geste des Mannes, der seinen Arm um die Schulter der Frau legt, blieb reine Spekulation. »Wir wollten nicht nur den Geschlechterunterschied bei diesen Frühmenschen betonen, sondern zugleich eine visuell möglichst attraktive Szene darstellen«, erklärt der als Kurator für Anthropologie am New Yorker Museum tätige Ian Tattersall. »Natürlich war uns klar, dass es nur eine von mehreren denkbaren Rekonstruktionen ist.«

Diese zeichnerische Wiederbelebung der Laetoli-Gruppe hat ihm nicht nur viel Kritik von Feministen eingetragen, die das unnötig paternalistische Szenario stört. Inzwischen zeigen minutiöse Studien der Fußabdrücke im Kontext der gesamten Fußspuren auch, dass nicht zwei, sondern drei Australopithecinen für diese Sternstunde der Menschheitsgeschichte verantwortlich sind. Die Trittsiegel der kleinen Fußspur stammen möglicherweise tatsächlich von einem etwa 1,2 Meter großen Weibchen oder einem Jugendlichen. Dagegen besteht die unmittelbar parallel dazu verlaufende größere Fußspur aus den Abdrücken zweier Hominiden. Genaue photometrische Vermessungsverfahren zeigten unlängst, dass ein etwa 1,5 Meter großer Australopithecine vorausgegangen war, während ein etwas kleineres zweites Individuum absichtsvoll in dessen Fußstapfen trat, vermutlich um die nassklebrigen und glitschigen Asche-Lagen leichter zu durchqueren. Der Verlauf der Fußspuren lässt keinen Zweifel daran, dass alle drei Frühmenschen ihre Schritte aufeinander abgestimmt haben, um dicht neben- bzw. hintereinander die möglicherweise für sie gefahrenvolle lichte Savanne zu durchqueren.

Mehr als drei Millionen Jahre überdauerten die Fußabdrücke dieser Australopithecinen unbeschadet in der Erde Ostafrikas. Nachdem sie Ende der 1970er-Jahre, durch Erosion freigelegt, entdeckt und vollständig ausgegraben worden waren, bedeckten die Paläoanthropologen sie anschließend wieder sorgfältig mit Flusssand, um sie vor den Tritten von Wildtieren und den grasenden Herden der Massai zu schützen. Zusätzlich bedeckten die Forscher die Trittsiegel mit einer durchsichtigen Kunststoffplane. Mit dem Erdreich wurden jedoch unbeabsichtigt auch die Samen von Akazien in die Fossilfundstätte eingetragen, die ideale Wachstumsbedingungen vorfanden. Die Akaziensamen keimten aus und wuchsen zu mehr als zwei Meter großen Bäumen heran, deren weit verzweigtes Wurzelwerk einige der Fußabdrücke durchdrang.

Als »eine der großen wissenschaftlichen Tragödien unserer Zeit« bezeichneten Wissenschaftler die drohende Zerstörung der Hominiden-Fußspur von Laetoli, auf die sie Anfang der 1990er-Jahre aufmerksam wurden. Tatsächlich hatte die Erosion nicht nur den ersten der 54 Fußstapfen freigelegt, sondern bis 1994 auch wieder zerstört. In mehrjähriger Arbeit rettete dann das dem Schutz von Weltkulturstätten verschriebene Getty Conservation Institute in Los Angeles den berühmten Fossil-Fundort. Nach sorgfältiger Dokumentation wurden die Fußspuren vor Ort vor weiterer Erosion und dem Durchwuchern mit Wurzeln durch eine aufwändige Einbettung in ein mehrschichtiges System aus Sand, atmungsaktiven Kunststoffplanen, Matten, so genannten Biobarrieren und schließlich Steinen geschützt – nachdem man sich dagegen entschieden hatte, die empfindlichen Fußabdrücke in der versteinerten Vulkanasche von Laetoli komplett in ein Museum zu bringen.

Ältester Ahne aus Äthiopien: Hominide aus Herto

Erfolgreiche Suche nach der hominiden Stecknadel im geologischen Heuhaufen

Längst waren sie auf den Geschmack gekommen. Der Genuss des Fleisches von Flusspferden und Antilopen zählte zweifellos zu den Höhepunkten im Leben unserer Ahnen aus Äthiopien; damals, in einer Zeit gewaltiger Vereisung, als im weiten Norden der Kontinent Europa unter mächtigen Gletschern begraben lag.

Verblichene Knochen eines *Hippopotamus*, eines Flusspferds, nebst aus der Erde aufragenden Steinwerkzeugen waren es schließlich, die Äonen später den amerikanischen Paläoanthropologen Tim White zu einem ungemein wichtigen Fund in der Afar-Region im Nordosten Äthiopiens führen sollten. Dieser Fund wirft einmal mehr neues Licht auf die Evolution unserer unmittelbaren Ahnen kurz vor deren Auszug aus Afrika. Freilich ist auch er nur ein Schlaglicht; und als solches soll darüber hier exemplarisch berichtet werden.

Nach langer Suche entdeckte Whites Grabungsteam Ende November 1997 in der Nähe des Dorfes Herto im äthiopischen Awash-Tal frühmenschliche Schädelknochen. Sie kamen gerade zur rechten Zeit, denn die Erosion durch Regen und eine unbarmherzig brütende Sonne hatten bereits einen Teil der aus dem Sediment herausragenden linken Schädelseite zerstört. Binnen einer Woche fanden die Forscher zwei weitere Schädel. In mühevoller Arbeit setzten sie diese aus jeweils knapp 200 Knochenfragmenten wieder zusammen, die auf rund 400 Quadratmetern verstreut gelegen hatten. Die Schädel stammen vermutlich von zwei erwachsenen Männern und einem sechs- oder siebenjährigen Kind. Wodurch sie einst umkamen, bleibt mysteriös. Doch ihr Tod und die besonderen Umständen am Awash-Fluss, der sich dort damals zu einem baumgesäumten Süßwassersee weitete, wurden zum seltenen Glückfalls der mit derartigen Fossilfunden nicht eben verwöhnten Frühmenschenforschung.

Erst nach mehr als fünf Jahren wahrer Knochenarbeit konnten Tim White von der Universität in Berkeley und seine Kollegen dann in zwei Arbeiten für das Fachmagazin *Nature* das Alter dieser Hominiden auf recht exakt 154000–160000 Jahre datieren. Damit waren es für einige Zeit die bis dahin ältesten Fossilien eines fast vollständig modernen Menschen aus Afrika. Inzwischen haben neuere Funde etwa in Marokko gezeigt, dass die ersten Vertreter von *Homo sapiens* bereits vor 300000 Jahren den afrikanischen Kontinent bis in dessen Nordwesten besiedelt hatten. (Im ersten Teil des Buches vom *Ende der Evolution* habe ich unter Verwendung der aktuellen Literatur dazu einen gerafften Überblick gegeben, auf den hier verwiesen sei). Zur Datierung bedienten sich die Forscher der so genannten Argon-Isotopen-Methode. Eine präzise zeitliche Einordnung solcher Funde mittels dieses bewährten Verfahrens, das den radiometrischen Zerfall von Argon-Isotopen bestimmt, ist heute Kernstück paläoanthropologischer Arbeit.

Obwohl inzwischen zahlreiche Fossilfunde zur Menschheitsgeschichte gerade aus dem Osten Afrikas bekannt sind, schließen die Herto-Hominiden eine breit klaffende Lücke im Fossilbeleg. Lange fehlten den Forschern gut erhaltene und datierte Funde afrikanischer Frühmenschen gerade aus der Zeit von vor etwa 300000 bis 100000 Jahren. Just zu dieser Zeit aber soll der moderne Mensch seine afrikanische Wiege verlassen und sich allmählich über die Welt ausgebreitet haben, wobei er andere Menschenformen verdrängte, die in früheren Wanderungswellen aus Afrika ausgezogen waren. Darunter hat wohl am meisten der Neandertaler in Europa gelitten, der schließlich vor rund 30000 Jahren spurlos verschwand; übrig blieben nur wir – der *Homo sapiens sapiens*.

Dass die Anfänge der Menschheit in Afrika liegen, wissen Anthropologen seit langem. In schöner Regelmäßigkeit werden alle paar Jahre, oft aber auch nur im Abstand von wenigen Monaten oder gar Wochen, neue – sogleich als »spektakulär« und »sensationell« etikettierte – Funde bekannt. Dennoch ist das Geschäft der Paläoanthropologen schwer. Zwar haben sie mittlerweile gelernt, wo und wie sie suchen müssen, doch noch mehr als bei anderen Tierformen machen sich menschliche Fossilien rar.

Mithin hat beinahe jedes auch noch so kleine Bruchstück ausgestorbener Hominidenformen Seltenheitswert. Statistisch kommt meist nur ein Zahn- oder Knochenfragment auf 100 Generationen unserer verstorbenen Ahnen. Im Vergleich zum monate- und oft jahrelangen systematischen Absuchen geologisch vielversprechender, durch Erosion freigelegter Sedimentschichten in den Halbwüsten-Regionen im nordöstlichen Afrika, wie sie Tim White und andere seit Jahrzehnten durchführen, wirkt die Suche nach der sprichwörtlichen Nadel im Heuhaufen geradezu wie ein kurzweiliger Zeitvertreib.

Kein Wunder, dass beinahe jeder neue Fund frühmenschlicher Versteinerungen als Sensation gefeiert wird. Meist belegen Paläoanthropologen die mühsam dem Staub der Jahrmillionen entrissenen Knochen zudem mit einem eigenen Namen. So auch im Fall der Herto-Menschen, die das Team um Tim White formal korrekt als *Homo sapiens idaltu* deklariert. In der Sprache der Einheimischen der äthiopischen Afar-Region bedeutet Idàltu »der Älteste«.

Während der tagtäglichen Augenblicksjagd von Nachrichtenagenturen und Medien sorgen derartige Fossilfunde meist nur für ein kurzes Aufflackern. Doch wie sich die neuen Mosaiksteinchen der Hominidenevolution in das Gesamtbild der Menschwerdung einordnen, zeigt sich auch den beteiligten Forschern oft erst nach jahrelanger vergleichender Untersuchung der Funde. Bei den *Homo-sapiens*-Fossilien aus Äthiopien dagegen waren sich die Wissenschaftler schnell einig. Chris Stringer vom Naturhistorischen Museum in London etwa hielt Tim Whites Entdeckung in Herto für sicherlich »einen der wichtigsten Funde des frühen *Homo sapiens* überhaupt«, da es sich, wenngleich nicht um die ältesten definitiven Spuren des modernen Menschen, so doch um ein wichtiges Zeugnis der Etappen der Menschwerdung handelt. Endlich habe man die lange gesuchte Verbindung sowohl zurück zu älteren afrikanischen Fossilien des archaischen Menschen als auch nach vorn zu den jüngeren Funden im Nahen Osten gefunden, etwa den auf 115 000 Jahre datierten Hominiden in den Höhlen von Skhul und Qafzeh in Israel. Damit kommt den Idàltu-Menschen eine echte Zwischenstellung zu.

Tatsächlich weisen diese eine Mischung aus eindeutig modernen Zügen und altertümlichen Schädelmerkmalen auf, die sie auch morphologisch als passables Bindeglied erscheinen lassen. So besaß der Herto-Mann mit einem Hirnvolumen von 1450 Kubikzentimetern bereits ein ähnlich großes Gehirn wie wir, ein flaches Gesicht mit nur noch mäßig gewölbter Stirn und zurückgebildeter Überaugenregion. Nur sein abgewinkelter Hinterkopf und weiter auseinander stehende Augen erinnern noch an archaische Ahnen.

Der Hamburger Anthropologe Günter Bräuer sah die Idàltu-Menschen deshalb direkt an der Schwelle zum modernen *Homo sapiens sapiens*. Ihm passte der Fund wunderbar in eine der Lieblingshypothesen der Paläoanthropologie. Nach der »Out-of-Africa-These« hat sich der moderne Mensch auf dem Schwarzen Kontinent, sehr wahrscheinlich irgendwo in Ostafrika zwischen Malawi und Äthiopien entwickelt, bevor er von dort aus zuerst den Nahen Osten und danach den Rest der Welt eroberte. Unter der Haut sind wir deshalb noch immer alle Afrikaner, davon ist Chris Stringer schon seit Jahren überzeugt. Nur in Afrika, so argumentieren die Befürworter der These vom afrikanischen Ursprung der heutigen Menschheit, findet sich im Fossilbeleg eine kontinuierliche Entwicklung hin zum *Homo sapiens sapiens*. Dagegen fehle diese bei in Europa und in Ostasien lebenden ursprünglicheren Menschenformen wie etwa dem Neandertaler. Damit widersprechen Forscher wie Bräuer und Stringer der so genannten »multiregionalen These«, die eine parallele Entstehung des modernen Menschen gleichzeitig an mehreren Orten der Erde annimmt.

Schützenhilfe hat die »Out-of-Africa-These« in den letzten Jahren mehrfach von Seiten der Molekulargenetik erhalten (siehe folgendes

Kapitel). Gleichzeitig haben molekularbiologische Vergleiche der aus fossilen Neandertaler-Knochen gewonnenen Erbanlagen ergeben, dass diese frühen europäischen Menschen nicht die Vorfahren der heute lebenden Menschen waren.

Unstrittig ist, dass Neandertaler gemeinsam mit dem *Homo sapiens* während vieler zehntausend Jahre weite Regionen Europas und des Nahen Ostens besiedelten. Der Vergleich einiger Abschnitte im Erbgut ließ Experten ausrechnen, dass sich die Evolutionswege des modernen Menschen und des Neandertalers bereits vor 600 000 Jahren in Afrika getrennt haben. Erst sehr viel später als die Vorfahren des Neandertalers drangen dann in einer weiteren Wanderbewegung auch die Vorfahren des modernen Menschen nach Norden vor. Möglicherweise geschah dies erst, als nach den Lebzeiten der Idàltu-Menschen dort im Norden auch die klimatischen Bedingungen endlich wieder günstiger wurden.

Schmelztiegel Europa
Oder: Das Wandern ist des Menschen Lust

In der Geschichte der Menschheit kam es mehrfach zu Wanderbewegungen, bei denen in kurzer Zeit und von einer vergleichsweise kleinen Menschengruppe ausgehend neue Siedlungsgebiete erschlossen wurden. Eine erste Wanderwelle brachte vor etwa zwei Millionen Jahren den *Homo erectus* nach Europa und anschließend bis ins fernste Südostasien. Danach machten sich vor etwa 170 000 Jahren Horden des *Homo sapiens* von Afrika aus auf den Weg, die in weniger als einem Jahrhunderttausend die Erde besiedelten.

Forscher um Svante Pääbo am Max-Planck-Institut für Evolutionäre Anthropologie in Leipzig haben zusammen mit schwedischen Genetikern der Universität in Uppsala anhand der bislang umfassendsten molekulargenetischen Vergleiche des Erbgutes heute lebender Menschen bestätigt, was bereits vor Jahren als »Out of Africa«-Hypothese für Aufregung in Wissenschaftlerkreisen sorgte. Sie verglichen das insgesamt 16 500 Basenpaare umfassende Genom der Mitochondrien von 53 Menschen unterschiedlicher geografischer Herkunft und Rasse – vom afrikanischen Kikuyu bis zum sibirischen Eskimo. Der letzte gemeinsame Vorfahre aller modernen Menschen dürfte demnach, so die jüngste Annahme, vor mehr als 171 500 – plus/minus 50 000 – Jahren in Afrika gelebt haben. Von dort wanderten unsere Ahnen via Arabien nach Asien und Europa aus, wo sie später andere Menschenformen wie etwa den Neandertaler verdrängten. Zudem deuten sämtliche derzeit verfügbare molekulargenetische Studien an, dass offenbar nur eine kleine Population von allenfalls 10 000 Individuen im fortpflanzungsfähigen Alter einst den Exodus aus Afrika wagte.

Eine weitere jüngst publizierte Studie an Y-Chromosomen von 1007 europäischen Männern wurde unter der Leitung von Luigi Luca Cavalli-Sforza an der kalifornischen Stanford-Universität durchgeführt. Der renommierte italienische Genetiker versuchte lange, unter anderem in seinem Buch *Verschieden und doch gleich*, die jüngste Evolutionsgeschichte der Menschheit zu rekonstruieren. Er konnte auf überzeugende Weise zeigen, inwieweit eine Synthese aus genetischen, linguistischen und archäologischen Daten die Siedlungsgeschichte des Menschen aufzudecken vermag. Da die Erbsubstanz in den Mitochondrien, die bisher in erster Linie untersucht wurde, stets nur mütterlicherseits vererbt wird, spiegelt das mitochondriale Genom auch nur die weibliche Seite der genetischen Geschichte der Menschheit wider. Die für Männer spezifischen Y-Chromosomen ergänzen mithin das Bild um die männliche Evolutionslinie.

Die Studie der Stanforder Forscher unter Federführung von Ornella Semino belegte dann, dass es in Europa wenigstens drei Einwanderungswellen gab. Diese konnten die Forscher durch einen linguistischen Vergleich, nicht nur mit den europäischen Sprachen, in Zusammenhang bringen. Die molekulargenetischen Datierungen stimmen zudem auch sehr gut mit bekannten archäologischen Befunden an Kunst- und Gebrauchsgegenständen frühmenschlicher Kulturen überein. So wanderten vor rund 40 000 Jahren Angehörige der so genannten »Aurignacien«-Kultur von Osten nach Europa ein. Diese Kultur war bereits vergleichsweise hoch entwickelt. Neben Werkzeugen aus Geweihen, Knochen und Elfenbein ist sie vor allem für ihre steinzeitliche Bilderkunst, etwa in französischen und spanischen Höhlen, bekannt.

Für diese erste Einwanderung fanden die Forscher auf dem Y-Chromosom eine spezifische typische Veränderung, den so genannten Marker m 173. Bislang war heftig umstritten, ob die Ahnen der paläolithischen Aurignacien-Artisten ursprünglich aus Europa, Asien oder dem Nahen Osten stammten; der genetische Marker weist eindeutig eine zentralasiatische Herkunft nach. Demnach besitzt etwa die Hälfte aller männlichen Europäer heute noch das genetische Erbe dieser Steinzeitkünstler.

Kurz nach deren Immigration, vor etwa 38500 Jahren, kam es zu einem deutlichen Anwachsen der menschlichen Population. Dass die Menschheit zahlenmäßig geradezu »explodierte«, wird auch durch die oben erwähnte Studie des deutsch-schwedischen Forscherteams am mitochondrialen Genom bestätigt. Dies dürfte vor rund 1925 Generationen geschehen sein, wenn man eine Generationszeit von 20 Jahren zugrunde legt. Vor rund 35000 Jahren hatte die Aurignacien-Kultur in Europa dann ihren Höhepunkt erreicht.

Dieser ersten Welle folgten vor rund 22000 Jahren Menschen der »Gravettien«-Periode aus dem Nahen Osten. Diese unterscheiden sich nicht nur in der Herstellung bestimmter Kunst- und Gebrauchsgegenstände deutlich von ihren einst zentralasiatischen Verwandten, sie ließen sich jetzt überdies durch einen weiteren genetischen Marker, m 170, auf dem Y-Chromosom kenntlich machen. Die Aurignacien-Kultur dominierte offenbar im Westen und Süden Europas, die Gravettien-Kultur dagegen im Osten und in Mitteleuropa. Während des Höhepunkts der letzten Vereisung in Europa zwischen 26000 und 16000 Jahren haben sich die Menschen, die den Aurignacien-Marker trugen, in eisfreien Refugien auf der Iberischen Halbinsel und in der heutigen Ukraine konzentriert; die Angehörigen der Gravettien-Kultur zogen sich auf die Balkanhalbinsel zurück. Nach dem Rückzug der Gletscher expandierten beide Bevölkerungsgruppen aus diesen Refugialräumen heraus. Diese rasche Ausbreitung nach der Eiszeit, so die Forscher um Ornella Semino und Luigi Luca Cavalli-Sforza, sei der Grund, warum heute die genetischen Marker jener beiden paläolithischen Kulturen im Erbgut der heutigen Europäer derart dominieren.

In einer dritten Einwanderungswelle kam es vor rund 9000 Jahren schließlich zur so genannten »neolithischen Revolution«, bei der sich Ackerbau und Viehzucht aus dem Zweistromland über Europa ausbreiteten. Doch überraschenderweise finden sich nur bei 20 Prozent der europäischen Männer Spuren der Y-Chromosomen neolithischer

Ackerbauern. Mit immerhin 80 Prozent der ausschließlich vom Vater auf den Sohn vererbten Y-Chromosomen stammt dagegen ein erstaunlich hoher Anteil von den älteren paläolithischen Ahnen der beiden früheren Besiedlungswellen.

Mithilfe der jüngsten genetischen Daten und der Verknüpfung archäologischer Befunde lässt sich somit die lange umstrittene Frage nach der Herkunft der Europäer beantworten. Europäische Männer verdanken die genetische Ausstattung ihres Y-Geschlechtschromosoms im Wesentlichen den altsteinzeitlichen Einwanderern. Während der Jungsteinzeit kamen dagegen nur vergleichsweise geringe genetische Einflüsse von Seiten der mesopotamischen Ackerbauern aus der Region des so genannten Fruchtbaren Halbmondes hinzu. Offenbar übernahmen die alteingesessenen europäischen Kulturen zwar die Ackerbau-Technologie von den mesopotamischen Neuankömmlingen, die lokalen Jäger-und Sammler-Gesellschaften Europas wurden aber von diesen neolithischen Einwanderern nicht ersetzt; vielmehr wurden Letztere im Schmelztiegel Europa gleichsam aufgesogen.

Überdies offenbaren die gefundenen neolithischen Gen-Marker sogar etwas von der Route, die die Einwanderer nahmen. Da sich die altsteinzeitlichen Marker stets häufiger im Norden Europas finden als im Süden, wo jungsteinzeitliche Marker überwiegen, vermutet Cavalli-Sforza, dass die Neueinwanderer aus dem Fruchtbaren Halbmond per Boot die Mittelmeerküsten entlanggefahren sind.

Auch andere Studien am mitochondrialen Erbgut weisen einen mit 80 Prozent hohen paläolithischen Anteil aus, gegenüber nur 20 Prozent Erbe der neolithischen Kultur. Allerdings ließ sich beispielsweise bei der mütterlicherseits vererbten mitochondrialen Erbsubstanz keine Konzentration auf Küstenregionen entdecken, was wiederum unterschiedliche Migrationsabläufe bei Männern und Frauen vermuten lässt. In der Regel dürften sich die Frauen damals den Familien ihrer Männer angeschlossen haben, während miteinander verwandte Väter, Söhne und Brüder häufiger geografisch eng benachbart lebten.

Bislang war lange umstritten, wie Europa einst zum Ackerbau gekommen war; ob es sich um eine Bauerninvasion aus dem Orient oder um eine Bildungsrevolution gehandelt hatte. Verschiedene Forschergruppen waren zuvor zu widersprüchlichen Ergebnissen gekommen. So hatten vor Jahren erste molekulargenetische Studien von Cavalli-Sforza gezeigt, dass Europäer und Bewohner des Nahen Ostens die gleichen Erbgut-Marker besitzen. Da deren Anteil von Ost nach West in Europa abnimmt, deutete dies auf einen deutlichen Einfluss der neolithischen Einwanderer an der genetischen Komposition der modernen Europäer hin. Andere Forscher hatten dagegen deutlich ältere genetische Marker gefunden, die nicht von den jungsteinzeitlichen Ackerbauern aus dem Nahen Osten stammen konnten. Die sich nunmehr abzeichnenden Hinweise auf mehrere Einwanderungswellen zeigt, warum sich diese Studien nicht widersprechen. Vielmehr verdanken Europäer – wenngleich mit unterschiedlichem Anteil – sowohl altsteinzeitlichen als auch jungsteinzeitlichen Einwanderern ihr genetisches Erbe.

Mit Pampelmusen-Hirn übers Meer
Begegnung mit einer neuen Menschenart in Indonesien

Die Sensation war perfekt. Ende Oktober 2004 verkündete ein Team australischer und indonesischer Paläoanthropologen, dass noch vor nur 18 000 bis etwa 13 000 Jahren auf der Insel Flores im östlichen Sunda-Archipel Indonesiens eine eigenständige Zwergmenschenart lebte. Mit einer Wuchshöhe von nur einem Meter war der Flores-Mensch *Homo floresiensis* so groß wie ein heutiges dreijähriges Kind. Sein Gehirn hatte ein Volumen von nur knapp 400 Kubikzentimetern – nicht mehr als das einer Pampelmuse. Nachdem der Gnom von Flores sofort weltweit auf den Titelseiten groß herausgekommen war, machte auch das amerikanische Fachblatt *Science* diese Entdeckung prompt zum zweitwichtigsten wissenschaftlichen Fund des Jahres 2004 – gleich nach der Erkenntnis, dass es einst Wasser auf dem Mars gegeben haben könnte.

Widerspruch ließ freilich nicht lange auf sich warten. Mehrere Forscher behaupteten, statt von einer neuen Art zeuge das in einer Höhle gefundene Skelett lediglich von einem zwergenhaften *Homo sapiens* mit einer pathologischen Veränderung. Diese soll angeblich verursacht worden sein durch die Krankheit Mikrozephalitis, die zu derartigen Schrumpfhirnen führte – ein Irrtum, wie sich kurz darauf herausstellte. Bereits im März 2005 erschien, ebenfalls in *Science*, eine Studie zum Gehirnvolumen der vermeintlichen Hominiden-Hobbits von Flores. Ein Team um die Paläoneurologin Dean Falk von der Florida State University in Tallahassee berichtete, dass das Typusexemplar LB1 des *Homo floresiensis* weder ein Pygmäe noch ein an Mikrozephalitis leidender Mensch war.

Vielmehr ähnelt sein Gehirnvolumen im Vergleich zur Körpergröße unseren bislang ausschließlich aus Afrika bekannten australopithecinen Vorfahren. Dagegen erinnert der Gehirnbau eher an den ebenfalls ausgestorbenen *Homo erectus*, einen Vorläufer des heutigen Menschen, der erstmals vor 1,9 Millionen Jahren Afrika gen Asien verließ. Am verblüffendsten aber ist, so der Bericht von Dean Falk, dass LB1 mit gut ausgebildeten Frontal- und Temporallappen Merkmale im Aufbau des Gehirns zeigt, die auf sehr weit entwickelte kognitive Leistungen schließen lassen. Mit anderen Worten: Die Flores-Menschen, die vor 13 000 Jahren zeitgleich – und möglicherweise gemeinsam mit dem modernen Menschen *Homo sapiens* – in Indonesien lebten, dürften trotz Zwergenwuchs und Miniaturgehirn durchaus geschickte Jäger gewesen sein.

Möglich wurde dieser Befund jetzt dank Computertomografie. Der Schädel von LB1 erwies sich als zu zerbrechlich, um ihn wie üblich innen mit Latex auszuformen und die Kontur anschließend für weitere Studien in Kunstharz auszugießen. Doch durch computertomografische Aufnahmen ließ sich das Schädelinnere virtuell rekonstruieren. Dieser gleichsam digitale Abguss förderte ein Gehirn mit einem Volumen von genau 417 Kubikzentimetern zutage und diente Dean Falk zum Vergleich mit Gehirnen von Menschenaffen, den ausgestorbenen Australopithecinen und *Homo erectus* sowie von Pygmäen und mikrozephalistischen Menschen. »Ich dachte anfangs, wir haben hier entweder ein normales Erwachsenengehirn in Kleinformat oder das eines Schimpansen vor uns«, gesteht Dean Falk. »Aber tatsächlich war es weder ein pathologisch verändertes Menschenhirn noch das eines Pygmäen.« Pygmäen haben trotz kleiner Gestalt ein großes Gehirn, denn erst wenn sich dieses bereits entwickelt hat, bleibt bei ihnen in der Pubertät das Körperwachstum aus. »*Homo floresiensis* ist definitiv etwas Neues!«, so ist Dean Falk überzeugt.

Die Hirngröße des Flores-Menschen ähnelt am stärksten jenen australopithecinen Ahnen, die mit »Lucy« vor mehr als drei bis vier Millionen Jahren in Ostafrika lebten. Doch im Aufbau gleicht sein Gehirn viel mehr dem des *Homo erectus*. Bisher galt die Größenzunahme bis auf im Schnitt 1350 Kubikzentimeter beim modernen Menschen als Voraussetzung für die Entstehung der menschlichen Kultur. Vor allem die vergrößerten Frontal- und Temporallappen, die beim *Homo sapiens* mit komplexem Verhalten wie Einsicht und planmäßigem Handeln verknüpft sind, lassen jetzt aber auch beim *Homo floresiensis* auf ähnlich kognitive Leistungen schließen.

Aufgrund seiner anatomischen Kennzeichen ist dieser Zwergmensch tatsächlich eine zweite, neue Art neben dem *Homo sapiens*. Bislang war die Paläoanthropologie stets davon ausgegangen, dass nach dem Verschwinden des Neandertalers in Europa der Mensch allein die Erde bevölkerte. Doch offenbar war unsere Gattung bis in jüngste Zeit vielgestaltiger und in ihrem umweltbedingten Anpassungsvermögen auch in körperbaulicher Hinsicht durchaus flexibler als bislang angenommen.

Für Evolutionsbiologen eröffnen die neuen Befunde zum *Homo floresiensis* wahrhaft spektakuläre Möglichkeiten, wenn es um die Rekonstruktion der verwandtschaftlichen Verhältnisse innerhalb der Hominiden geht. Zugleich rückt damit auch eine Erdregion wieder mehr in den Mittelpunkt des Interesses, die bereits mit dem ersten Frühmenschenfund eines *Homo erectus* in Asien durch den holländischen Arzt und Anatom Eugène Dubois 1891 den Schlüssel zur Aufklärung der Menschwerdung bereitzuhalten schien. Denn das indonesische Inselreich zwischen dem asiatischen Festland und Australien dürfte eine entscheidende Brücke und Filterzone zugleich bei der Ausbreitung des Menschen gewesen sein. Erst unlängst hatten sich lange zuvor entdeckte Hominidenfunde von Java sicher datieren und einordnen lassen. Sie belegen, dass der *Homo erectus* noch vor 25 000 Jahren auf dieser indonesischen Insel gelebt hat, obgleich auch der moderne Mensch vor mindestens 40 000 Jahren ebenfalls in diese Region vorgedrungen war.

Während sich das Interesse in Europa oftmals mit der Frage nach dem Schicksal des Neandertalers erschöpft und bei den meisten Forschern vor allem Afrika mit seinen zahlreichen Hominidenfunden im Vordergrund steht, werden die indonesischen Funde traditionell vernachlässigt. Doch könnten gerade die Hominidenfunde in der zerrissenen Inselwelt Indonesiens wertvolle Einblicke in die Evolutionsgeschichte der Menschheit liefern. Denn Geologen konnten nachweisen, dass teilweise abgelegene Inseln wie Flores und Timor sowie Australien niemals eine Landbrücken-Verbindung zu anderen Inseln oder zum asiatischen Kontinent hatten. Um diese zu besiedeln, mussten die ursprünglichen Menschen mithin über die Fähigkeit verfügen, Meeresstraßen und Ozeane zu überqueren. Auf dem Weg nach Flores waren selbst unter günstigsten Umständen gleich zwei Wasserstraßen, zwischen Bali und Lombok sowie zwischen Sumbawa und Flores, zu überwinden; via Timor war es nach Australien sogar noch beschwerlicher. Derartige Leistungen traute man bislang ausschließlich dem modernen Menschen zu, nicht aber *Homo erectus*.

Doch mehrere Befunde, die im vergangenen Jahrzehnt insbesondere in Australasien gemacht wurden, lassen die Schlussfolgerung zu, dass die kognitiven Fähigkeiten anderer Frühmenschen offenbar unterschätzt wurden. Demnach wäre bereits *Homo erectus* nicht nur unmittelbar nach seinem Auftauchen in Afrika vor zwei Millionen Jahren erfolgreich bis nach Südostasien gewandert. Er beherrschte außerdem das Feuer, nutzte Steinwerkzeuge – und könnte sogar meerestaugliche Wasserfahrzeuge gebaut haben, um abgelegene Inseln wie Flores zu besiedeln.

Die Untersuchung des nur pampelmusengroßen Gehirns des Zwergmenschen von Flores deutet jedenfalls darauf hin, dass er durchaus zur Herstellung von Werkzeugen, zur Beherrschung des Feuers und zur koordinierten Jagd auf große und gefährliche Beute – etwa auf die damals dort lebenden *Stegodon*-Zwergelefanten – befähigt war. Bislang wurden sämtliche Werkzeugfunde und andere archäologische Zeugnisse aus der Region automatisch immer dem modernen Menschen zugeordnet, unter der geradezu zwanghaften Annahme, allein *Homo sapiens* sei zu solchen Leistungen fähig gewesen. So hat unsere Gattung mit der Entdeckung auf Flores nicht nur zahlenmäßig Zuwachs bekommen. Offenbar war *Homo floresiensis* trotz Zwergwuchs und Miniaturhirn ein gewiefter Jäger, der Werkzeuge aus Stein fertigen konnte und Meere zu überwinden wusste.

Ob sich allerdings beide Menschenformen auf Flores tatsächlich begegnet sind und was bei solchen Zusammentreffen passierte – darüber lässt sich derzeit nur phantasievoll spekulieren. Doch Menschenkenner ahnen den Ausgang. Dass Flores der Ort eines evolutiven Dramas war, vermutete dann auch der britische Paläoanthropologe Paul Anthony Mellars von der Universität in Cambridge. Er glaubt, dass der nach Indonesien vordringende moderne Mensch *Homo sapiens* – ähnlich wie im Fall des Neandertalers – einen Krieg gegen die Insel-Zwerge geführt hat. Man müsse sich nur die Reaktionen von Menschen bei einer Begegnung vorstellen, meinte er in einem Interview, dann lässt sich leicht vermuten, dass *Homo sapiens* die kleinen Halbmenschen jagte, tötete und vielleicht sogar auffraß. Oder wurden sie vielleicht versklavt? Das sei keineswegs so absurd, meint Mellars, wie es auf den ersten Blick scheinen mag. Ein gutes Licht auf uns vermeintlich »weise Menschen« wirft auch dies freilich nicht.

Vom Siegeszug eines Sekrets
Warum wir die Muttermilch fremder Arten trinken

Wie wär's mit einem Schluck Milch? Allein das Wort klingt vielen nach nahrhafter Erfrischung. Bei anderen lässt der Gedanke an heiße Milch mit Honig lebhaft wohlig warme Erinnerungen wach werden. Was für die einen lediglich eine buchstäblich undurchsichtige Fett-Wasser-Emulsion, ist für andere das weiße Lebenselixier schlechthin. Als Muttermilch ist sie unsere allererste Nahrung – und als Kuhmilch vielen Menschen wichtiges Nahrungsmittel. Weltweit produziert die Landwirtschaft mehr als 500 Millionen Tonnen Milch pro Jahr. Dazu kommen Milcherzeugnisse wie Joghurt, Dickmilch, Kefir, Käse und Butter. Ganze Industriezweige leben vom weißen Wunderstoff.

In Europa, Nordamerika und Australien sowie Neuseeland ist es die Milch von Milchkühen, seltener auch Ziegen- oder gar Kamelmilch, während die Milch von Wasserbüffelkühen vor allem in Südostasien eine Rolle spielt. Aus reiner Gewohnheit wird bei uns Kuhmilch als die »normale« Milch angesehen. In der Tat käme kaum jemand auf die Idee, Pferdemilch anzubieten oder gar die von Hunden. Es wäre in jedem Fall eine Rarität – und ähnlich ergiebig wie beim sprichwörtlichen Mäusemelken.

Denn Milch ist von Natur aus ein ausgesprochen saisonales Produkt. So wie die Milchdrüsen der Menschenfrauen Muttermilch nur nach dem Gebären liefern, ist auch die Milch aller anderen Säugetiere eine Art »Start-up«: Sie dient ausschließlich der kurzfristigen Ernährung Neugeborener – nicht mehr, aber auch nicht weniger. Erst dank gezielter Züchtung gelang es dem Menschen über Jahrtausende, Milchkühe auf Spitzenleistungen zu trimmen. Heute geben robuste Kühe fünf Jahre lang Milch, Hochleistungskühe sind allerdings meist schon nach drei Jahren »ausgelaugt«. Zugleich ist die Milchleistung einer deutschen Durchschnittskuh in den letzten Jahrzehnten kontinuierlich gestiegen: Gab sie 1950 »nur« 3831 Liter, waren es 40 Jahre später bereits 5908 Liter. Milch marsch! – mag man da denken.

Quelle der durchaus ungewöhnlichen Säuglingsnahrung sind die so genannten Mammalorgane oder *Mamma*. Diese bei Säugern – vom Kuheuter bis zur Frauenbrust – gemeinsam gelagerten Milchdrüsen sind einst aus Sekret produzierenden, auf spezielle Weise umgewandelten Hautdrüsen entstanden. Kein Zweifel: Die Milchdrüse und damit Milch an sich sucht im Tierreich ihresgleichen. Zu Recht verdankt deshalb die gesamte Gruppe der Säugetiere diesen Milch produzierenden Mammaldrüsen ihren Namen – die *Mammalia*.

Ohne Drüsen keine echte Milch, weshalb wir uns diese evolutionäre Erfindung von Mutter Natur hier etwas näher ansehen wollen. Tatsächlich sind die Milchdrüsen etwas Besonderes. Während der Embryonalentwicklung werden sie lediglich in einem eng umgrenzten Bereich des Bauches ausgebildet, den so genannten Milchleisten; nur dort differenzieren sie sich zum Drüsenorgan. Am Anfang der Entwicklung zum Säugetier standen offenbar noch vergleichsweise einfache Verfahren zur Nahrungsaufnahme, denn die ursprünglich anmutenden Kloakentiere Australiens wie Schnabeltiere und Schnabeligel haben lediglich definierte Drüsenfelder, in denen die Milchdrüsen münden. Die »Säuglinge« dieser Monotremen lecken das milchige Sekret direkt von den Milchfeldern des Weibchens ab, weshalb sie streng genommen »Lecklinge« heißen müssten. Erst bei den beiden anderen großen Gruppen der Säugetiere, den Beuteltieren und den Plazentatieren, münden die einzelnen Milchdrüsen in speziellen Zitzen aus, die bei Menschenaffen und vor allem beim Menschen wenig charmant und anatomisch korrekt auch als Brustwarzen bezeichnet werden. Per kontraktilem Muskelsystem wird hier die Muttermilch regelrecht in den Mund der Säuglinge eingespritzt. Dieser Injektionsvorgang ist bei den im Meer lebenden Walen und Seekühen besonders ausgeprägt, um den unter Wasser saugenden Jungen das Leben zu erleichtern.

Auch Beuteltiere haben in Sachen Milchfluss so manche Besonderheit entwickelt. Bei ihnen bildet sich um die Zitzen herum nicht nur der namensgebende Brutbeutel; unmittelbar nachdem sich die Embryonen der Känguru-Verwandten erstmals an einer Zitze festgesaugt haben, schwillt diese knopfartig an und verwächst mit dem Mund des Säuglings – ein inniger Kontakt direkt an den Milchdrüsen, der erst nach mehreren Wochen Aufenthalt im Beutel wieder aufgehoben wird. So lässt die Natur den Boxenstopp bei Beuteltieren zur Dauereinrichtung werden.

Wer indes glaubt, nur die Weibchen der Säugetiere hätten Milchdrüsen, der irrt. Beim männlichen Geschlecht sind diese Drüsen allerdings nur rudimentär angelegt und nur einzelne Drüsengänge ausgebildet. Dagegen steht die Zahl der Zitzen bei den meisten Säugerweibchen in direkter Beziehung zur Anzahl der Jungen eines Wurfes. Zudem wachsen sich bei ihnen während der Trächtigkeit die Drüsengänge unter hormonellem Einfluss aus und verzweigen sich; ruhende Mammae dagegen haben deutlich weniger Drüsengänge.

Und schließlich noch ein letztes anatomisches Detail: Die Lage der Mamillen ist bei den einzelnen Säugetiergruppen durchaus verschieden. Als Säugling sollte man da schon genau wissen, wo man suchen muss. So sind die Milchdrüsenorgane beispielsweise bei Huftieren und Walen auf den Leistenbereich beschränkt. Brustständig dagegen sind sie bei Fledermäusen, bei Affen bis hin zum Menschen sowie bei Seekühen und Elefanten, während sie bei Raubtieren wie Hunden und Katzen rumpfständig liegen.

Für alle Säugetiere freilich gilt: Erst die Mischung macht's! Denn in den Mammalorganen wird ein ganz besonderer Cocktail gemixt. Milch besteht – vom hohen Wasseranteil einmal abgesehen – aus Fett, dem Eiweiß Casein und Kohlenhydraten. Dabei ist Milch nicht gleich Milch; bei jeder Säugerart hat die Milch ihre eigene chemische Zusammensetzung. Mit etwa 40 Prozent ist die Milch der Wale und Robben besonders fettreich und mit etwa elf Prozent zudem besonders reich an Eiweiß. Kuhmilch dagegen besteht zu 84–90 Prozent aus Wasser, einem meist zwischen 2,8 und 4,5 Prozent schwankenden Fettanteil (der vom Futterwert abhängig ist und in dem Vitamine wie vor allem A und D_3 gelöst sind) sowie einem Eiweißanteil, der bei 3,3–3,95 Prozent liegt. Hinzu kommen 3–5,5 Prozent Milchzucker und 0,7–0,8 Prozent Salze wie Kalzium, Phosphat und Kalium. In der Muttermilch des Menschen beträgt der Eiweißanteil 1,6 Prozent. Sie hat den geringsten Eiweißgehalt unter den Säugetieren, Kuhmilch ist drei- bis viermal so eiweißreich und enthält damit deutlich mehr des schwer verdaulichen Caseins. Überdies finden sich in der Milch der Kühe fünf- bis siebenmal mehr Mineralstoffe und ein hoher Kalziumanteil.

Wenn sich nun aber die Milch der einzelnen Tierarten chemisch so stark unterscheidet, ist es dann gut, diese einst speziell zur Jungenaufzucht produzierte Wunderdroge zu trinken, noch dazu als regelmäßigen Bestandteil unserer Ernährung? Unter allen Säugetieren dieser Erde ist allein der Mensch irgendwann dazu übergegangen, auch nach der Stillperiode Milch zu sich zu nehmen. Mehr noch: Er greift dazu auf die Säuglingsnahrung anderer Tierarten, insbesondere der Rinderkühe, zurück. Wie es dazu einst gekommen ist, weiß niemand ganz genau. Doch lange genug galt dieser ungewöhnliche »Milchraub«, der zoologisch gesehen fremde Arten zu Ammen werden lässt, uns Menschen als selbstverständlich.

Indes: Seit einiger Zeit regt sich vor allem in den Vereinigten Staaten (diesmal in der Rolle als vermeintlicher Vorreiter gesunder Ernährung) eine Bewegung, die die Milch von Kuh und Co. keineswegs mehr als gesundes oder gar perfektes Nahrungsmittel betrachtet. Zum einen stößt einigen inzwischen die Tatsache auf, dass nur der Mensch – genauer: insbesondere Weiße europäischer Abstammung – über die Babytage hinaus Milch trinkt, und zwar durchaus nicht aus einem falsch verstandenen Machowahn heraus. Mag andere das Milchtrinken für sich genommen kaum stören – inzwischen wird eine ganze Reihe von potenziellen Beschwerden und Erkrankungen auf den Genuss von Kuhmilch zurückgeführt. So sollen etwa Darmkoliken und -blutungen, Anämie und allergische Reaktionen bei Kleinkindern und Jugendlichen, aber auch Infektionen etwa mit Salmonellen oder Viren auf Milch und Milchprodukte zurückgehen. Bei Erwachsenen wird ebenfalls so ziemlich alles – von Arthritis und Allergien über Leukämie bis hin zu Krebs – von überzeugten Antimilch-Aktivisten mit dem übermäßigen Milchgenuss des Menschen in Verbindung gebracht. Die Konsequenz: Einige Amerikaner sind mittlerweile geradezu militante Nichtmilchtrinker geworden. Die Milch anderer Arten zu sich zu nehmen, lehnen sie aus ethischen und gesundheitlichen Gründen als verwerflich und schädlich ab.

Kein Zweifel: Auch Milch ist nicht mehr das, was sie einst mal war. Doch zum Stillen mit Muttermilch gibt es aus einer Reihe von Gründen keine wirkliche Alternative. Von den psychologischen Vorteilen für Mutter und Kind abgesehen, hat die Aufzucht mit der Muttermilch auch ganz handfeste biologische Vorteile. Über die Muttermilch wird das Immunsystem des Säuglings aufgebaut und gestärkt. Zudem ist diese spezielle Babynahrung optimal auf die besonderen Anforderungen des Säuglingswachstums abgestimmt. Beispielsweise geht ein Großteil der Nährstoffe beim neugeborenen Menschen in den energieaufwändigen Aufbau von Nervenzellen im Gehirn. Muttermilch enthält just jenes kritische Hirn-Baumaterial aus bestimmten Fettsäuren, das etwa der Kuhmilch in dem Maße fehlt. Sogar eine leicht erhöhte Intelligenz bei jenen Kindern, die mit Muttermilch aufgezogen wurden, wollen einige Forscher deshalb ausgemacht haben. Allerdings haben viele Studien gezeigt, dass auch in dieser besonderen Babynahrung Umweltgifte enthalten sind, die über die Nahrung von der Mutter aufgenommen und via Muttermilch weitergegeben werden.

Auf ähnlichem Weg finden immer mehr Stoffe ihren Weg auch in die Kuhmilch, die da nicht hineingehören. Um Spitzenerträge zu liefern, benötigen Milchkühe energiereiches Futter; zugleich werden – oft prophylaktisch – Medikamente mitverfüttert. So lassen sich Antibiotika und Hormone, die bei der Aufzucht und Fütterung von Kühen eingesetzt werden, später auch in der Kuhmilch nachweisen.

Die meisten Probleme verursacht aber der Milchzucker Lactose, das wichtigste Kohlenhydrat in der Milch. Frauenmilch enthält etwa fünf bis sieben Prozent, Kuhmilch etwa fünf Prozent Milchzucker. Während Säuglinge von der Natur mit dem nötigen Stoffwechselapparat ausgerüstet werden, um Milchzucker abzubauen und in Galactose und Traubenzucker zu spalten, verliert sich diese Fähigkeit bei vielen Menschen mit vier bis fünf Jahren weitgehend. Lactose ist chemisch ein recht klobiges Disaccharidmolekül, das sich in Wasser nur schwer löst. Um ins Blut überzugehen, muss es erst mithilfe des kohlenhydratspaltenden Enzyms Lactase in seine Monosaccharide Galactose und Glucose aufgespalten werden.

Die Antimilch-Fraktion argumentiert nun, dass hier die Natur eine deutliche Botschaft sendet. Denn wenn sich die Fähigkeit, Lactose abzubauen, nach den Säuglingsjahren auf natürlichem Wege verliert, dann kann dies nur heißen, dass ausschließlich Babys von Natur aus Milchtrinker sind. Tatsächlich ist etwa die Hälfte aller Menschen weltweit lactose-intolerant; sie vermögen nach dem Ende der Stillzeit Milchzucker nicht mehr ohne erhebliche Stoffwechselprobleme abzubauen. Rätselhaft ist für den Evolutionsbiologen dabei, warum sich ausgerechnet bei den weißhäutigen Menschen europäischer Abstammung diese juvenile Fähigkeit zum Lactoseabbau erhalten hat, während sie sich insbesondere bei den einst ursprünglich aus Afrika stammenden dunkelhäutigen Menschen nach der Säuglingszeit verliert. War es vielleicht im Laufe der Evolution gar ein adaptiver Vorteil, ein Leben lang Milchzucker spaltende Enzyme zu besitzen?

Die meisten Anthropologen halten die Entstehung pigmentarmer Haut beim Menschen inzwischen für eine evolutionär recht junge Erscheinung; vielleicht ist sie kaum mehr als einige zehntausend Jahre alt. In jedem Fall aber steht sie in Zusammenhang mit der Auswanderung des *Homo sapiens* aus Afrika während der letzten 100 000 Jahre und der Besiedlung von Regionen in höheren Breiten, wo es kälter ist und die Menschen sich an deutlich weniger hohe Sonneneinstrahlung anpassen mussten. Bleiche, weniger stark pigmentierte Haut erleichtert dabei die Produktion von Vitamin D, das wiederum für den Kalkaufbau in den Knochen unerlässlich ist. Doch dazu muss möglichst viel Hautoberfläche exponiert werden, was angesichts der Kälte in den nördlichen Breiten Europas während der Eiszeiten und aufkommender Fellkleidung kaum möglich war. Wer hier dank etwas bleicherer, weniger stark pigmentierter Haut mehr Licht für die Vitamin-D-Synthese zuließ, dem erging es insbesondere während der Wintermonate besser als seinem dunkelhäutigen Nachbarn. Über den vergleichsweise kurzen Zeitraum von nur ein paar hundert Generationen hinweg hat die Evolution auf diese Weise helle Haut entstehen lassen.

Was aber hat das mit Milch zu tun? Wer noch dazu in der Lage war, bei möglicherweise mangelnden anderweitigen Nahrungsquellen gerade im Winter, seinen Kalziumbedarf zusätzlich aus der Milch von Rinderkühen zu decken, der könnte durchaus einen entscheidenden Überlebensvorteil gehabt haben – sofern er diese Kuhmilch auch verdauen konnte. Vermutlich haben deshalb heute vor allem weißhäutige Menschen die besondere Fähigkeit, Lactose zu spalten, über ihre Stillzeit hinaus erhalten. Unter den so genannten Kaukasiern, also den weißhäutigen Menschen europäischer Abstammung, sind lediglich 20–40 Prozent intolerant gegenüber Lactose. Dagegen fehlt der durch den Sklavenhandel einst aus Afrika stammenden dunkelhäutigen Bevölkerung etwa der Vereinigten Staaten zu 90 Prozent die Fähigkeit zum Milchzuckerabbau. Asiaten liegen irgendwo dazwischen, während die Ureinwohner Amerikas Milch nach dem Ende der Stillzeit überhaupt nicht vertragen. Durchfall, Darmkrämpfe und andere Verdauungsprobleme sind die Folge – und das bei immerhin rund 50 Millionen Amerikanern.

Es ist mithin die wahrhaft wunderbare Fähigkeit des Lactoseabbaus, die vielen Menschen weltweit eine einst über die Stillzeit verlängerte Zusatznahrung verschaffte. Zoologen haben für das Phänomen, wenn sich ausnahmsweise embryonale und juvenile Eigenschaften und Merkmale auch im Erwachsenenstadium noch finden, einen eigenen Fachterminus parat: Als Neotenie bezeichnen sie, wenn sich etwa bei einigen Molcharten Merkmale der Amphibienlarve wie Kiemen und Flossensaum erhalten, obgleich die Tiere bereits geschlechtsreif werden. So gesehen wird der Genuss von Milch zur angewandten Zoologie – und zugleich zu einem Exkurs in die Geschichte der Menschwerdung.

Denken Sie an die verblüffenden Wege der Natur, wenn Sie demnächst Milch zum Kaffee geben oder sie über Ihr morgendliches Müsli schütten. Milch macht nämlich nicht nur müde Männer munter, sondern half möglicherweise einst dem Menschen evolutionär erst so richtig auf die Sprünge.

Unter Kannibalen: Metzger und Menschenfresser

Kannibalismus unter Menschen gilt vielen als unbewiesener Mythos

Das Dorf wurde zur Stätte eines grausigen Geschehens. Einst, im 12. Jahrhundert, war das Pueblo im heutigen Colorado im Mittleren Westen der USA ein blühendes Dorf. Dann, so belegen Funde menschlicher Knochen, wurde es urplötzlich zur Geisterstadt. Zugleich sind die Knochenfunde stummes Zeugnis einer kannibalischen Orgie von Menschen. Die Knochen von einem Dutzend menschlicher Körper tragen Kennzeichen dafür, dass Körperteile mit Messern abgetrennt und anschließend gekocht oder gebraten wurden.

Vielen Forschern reichen derartige Belege nicht aus, um tatsächlich den Verzehr anderer Menschen zweifelsfrei zu beweisen. Ein Team von Anthropologen um Richard Marler von der medizinischen Fakultät der Universität von Colorado in Denver fand in jenem Pueblo in Colorado weitere, durchaus spektakuläre Hinweise, die erstmals tatsächlich Kannibalismus auch beim Menschen belegen. Marler präsentierte biochemische Analysen von Kochgeräten sowie von menschlichen Kotproben, die bei archäologischen Grabungen gefunden wurden. Darin ließen sich Spuren menschlichen Myoglobins feststellen. Dieses Eiweiß findet sich ausschließlich im Herzmuskel und in den Skelettmuskeln von Menschen. Mit einer speziellen, auf menschliche Antikörper basierenden Nachweisreaktion für Myoglobin gelang es den Forschern, Spuren dieses Proteins in einem Kochtopf aus dem Pueblo in Colorado festzustellen. Offenbar war menschliches Fleisch gekocht worden, bevor die Bewohner das Dorf verlassen hatten.

Kritiker könnten einwenden, das Kochen menschlichen Fleisches selbst sei noch kein Beweis für den Verzehr von Mitmenschen. Doch in der Asche des Kochfeuers fand das Team um Marler überdies getrockneten, aber nicht verbrannten menschlichen Kot, der dort offenbar nach dem Verglimmen des Feuers abgesetzt worden ist. Im Kot fehlten pflanzliche Überreste; dagegen ließ sich darin ebenfalls Myoglobin nachweisen. »Also hat jener kotabsetzende Mensch zuvor menschliches Fleisch verzehrt«, so die Schlussfolgerung des Berichts von Richard Marler. Übrigens ist der archäologische Nachweis menschlichen Stuhlgangs gar keine Seltenheit. An der Ausgrabungsstelle des besagten Pueblos fanden sich 20 weitere Kotproben von Menschen des 12. Jahrhunderts, in denen indes kein Myoglobin nachweisbar war, ebenso wenig wie in den Stuhlproben von 29 gesunden Zeitgenossen der Forscher sowie bei zehn Patienten mit Darmblutungen, die zur Kontrolle untersucht wurden. Da der verwendete Antikörpertest sehr spezifisch menschliches Myoglobin nachweist, reagiert er auch nicht auf das verwandte Bluteiweiß Hämoglobin. Dieser ebenso überraschende wie überzeugende Nachweis von Muskeleiweiß im menschlichen Kot macht es letztlich höchst unwahrscheinlich, dass das Myoglobin anders als durch den Verzehr von Artgenossen in den Körper gelangte.

Obgleich Anthropologen in der Vergangenheit bei Ausgrabungen, aber auch bei zahlreichen Naturvölkern, wiederholt vielfältige Hinweise auf Kannibalismus beim Menschen entdeckt haben, ist dieser Fund nach Einschätzung der Experten der sicherste Hinweis darauf, dass Menschen nicht nur in extremen Ausnahmesituationen andere Menschen essen. Blutrünstige Kannibalen bevölkern die Weltliteratur, geistern durch Abenteuerromane à la Stevenson und sind Gegenstand kulturgeschichtlicher Betrachtungen über das angeblich Böse im Menschen. Seit langem gehört der Kannibalismus zu den kontroversesten Themen der menschlichen Kulturgeschichte. Dabei sei es verblüffend, so meint etwa der renommierte Evolutionsbiologe Jared Diamond von der Universität von Kalifornien in Los Angeles, mit welcher Vehemenz die Gegner der Kannibalismus-These bislang versucht haben, jeglichen Beleg zu negieren. Dies begründeten sie insbesondere mit dem Einspruch, dass die Anthropophagie – das Verspeisen von Menschen durch Artgenossen – lediglich auf Ausnahmefälle wie extreme Hungersituationen oder rituelle Praktiken etwa im Zusammenhang mit kriegerischen Auseinandersetzungen beschränkt sei. Einige Forscher bezweifeln nicht, dass es immer wieder einmal brutale Tötungen von Artgenossen gegeben hat; sie bestreiten jedoch, dass dies irgendetwas über die Ernährungsgewohnheiten des Menschen aussagt.

Diamond selbst war bei seinen Feldstudien 1965 auf Neuguinea mit kannibalischen Sitten eines der dortigen Volksstämme konfrontiert worden. Einer seiner einheimischen Begleiter war nach dem Tode des Schwiegersohns zum Dorf zurückgerufen worden, um dort an einer Art kannibalischer »Begräbniszeremonie« teilzunehmen, bei der der Leichnam von der Dorfgemeinschaft verzehrt wurde. Tatsächlich fragen sich Biologen angesichts des im Tierreich häufigen Kannibalismus, warum nicht auch der Mensch diese uns heute so barbarisch anmutende Quelle zur Ernährung genutzt haben sollte.

Vor einiger Zeit haben Paläoanthropologen dann deutliche Hinweise für Kannibalismus auch beim Neandertaler entdeckt. Zwar müssen nicht alle Neandertaler Kannibalen gewesen sein, doch detaillierte Studien an rund 100 000 Jahre alten Knochenfunden in der französischen Höhle von Moula Guercy belegen, dass zumindest einige es waren. Sie hatten sich in der Höhle im Rhone-Tal offenbar an mehreren Artgenossen gütlich getan und deren Knochen wie die anderer erbeuteter Wildtiere achtlos in der Höhle zurückgelassen. Höchst verräterische Schnittspuren und Kratzer von Steinmessern an menschlichen Knochen deuteten auf regelrechte Metzgerarbeiten am Menschen hin. Dabei hatten die Neandertaler vermutlich Fleisch, Muskeln und Sehnen von den Knochen getrennt und lange Röhrenknochen zertrümmert, um an das eiweißreiche Knochenmark zu gelangen. Die Forscher um Tim White und Alban Defleur vermuteten damals allerdings, dass Kannibalismus bei Neandertalern und ihren Vorfahren häufiger vorgekommen sein dürfte als beim modernen Menschen. Kritiker indes glauben, dass die Spuren an den sterblichen Überresten von Menschen nicht zwangsläufig etwas mit der Vorbereitung einer Mahlzeit zu tun haben müssen; vielmehr sehen sie darin Hinweise auf ein Bestattungsritual. So vermuteten einige Forscher im Fall des Neandertaler-Kannibalismus, dass die Menschenknochen bei der Vorbereitung der Totenbestattung sorgfältig vom Fleisch getrennt wurden und dabei Schnitte und Kratzer entstanden.

Die Funde in Colorado werden zweifelsohne dazu beitragen, Zweifel am kannibalischen Verhalten auch des Menschen auszuräumen. Jared Diamond ist sich sicher, dass der Verzehr von Mitmenschen ein einstmals weit verbreitetes Phänomen war. Denn die vielfältigen Hinweise bei Naturvölkern gerade des pazifischen Raumes zeigen, dass Kannibalismus wenigstens in einigen menschlichen Gesellschaften durchaus gängige Praxis gewesen sein dürfte. Dagegen scheinen sich insbesondere jene Kulturwissenschaftler westlicher Gesellschaften, die so gern an das Gute im Menschen glauben wollen, angeekelt nicht nur vom Kannibalismus abzuwenden, sondern auch von den vielfältigen und zunehmenden Indizien, die diese Seite menschlichen Verhaltens belegen.

Die Ökonomie der menschlichen Fortpflanzung

Evolutionsbiologen suchen nach den Ursachen menschlicher Besonderheiten

So manche Frau wird sich, nicht zuletzt aus regelmäßig leidvoller Erfahrung, gefragt haben, warum die Natur so offenkundig verschwenderisch mit ihren Ressourcen umgeht. Mit der Monatsblutung stößt der Körper der Frau Teile der von Blutgefäßen durchzogenen, mit Nährstoffen angereicherten und von Schleimdrüsen durchsetzten Uterusschleimhaut ab. Diese war zuvor unter dem komplexen hierarchischen Zusammenwirken verschiedener Hormone nach dem Follikelsprung in der Gebärmutter aufgebaut worden, um das befruchtete Ei aufzunehmen. Bleibt die Befruchtung aus, wird die Uterusschleimhaut abgebaut, um im anschließenden Menstruationszyklus erneut wieder aufgebaut zu werden.

Warum aber dieser zyklische Wechsel, der doch deutlich Nachteile mit sich bringt? Kurioserweise hatten sich lange weder Biologin noch Biologe diese offenkundige Frage nach dem evolutionären Sinn der Menstruation gestellt. Erst 1993 kam Margie Profet auf die Idee, dass die Menstruation auch einen kompensatorischen Vorteil bieten könnte, nämlich die effiziente Abwehr von Infektionen des Genitalsystems. Gebärmutter und Eileiter könnten durch die Menses gegen jene pathogenen Bakterien und Viren geschützt werden, die mit den Spermien gleichsam »huckepack« bis tief in den Genitaltrakt eingeschleust wurden. Indem die Frau regelmäßig infiziertes Uterusgewebe abscheidet, wird sie durch den Mann übertragene Keime wieder los, so Profets These. Die bei Menschen – im Vergleich zu anderen Primaten – sehr ausgeprägte Sexualität erhöht auch das Infektionsrisiko mit Pathogenen beträchtlich. Deshalb, so nahm Profet an, falle beim Menschen im Vergleich zu anderen Säugern auch die Monatsblutung ungewöhnlich massiv aus.

Die amerikanische Anthropologin Beverly Strassmann von der Universität von Michigan in Ann Arbor hat unlängst die Antipathogen-These ihrer Kollegin überprüft und konnte sie nicht bestätigen. Die Belastung des weiblichen Genitaltraktes mit Krankheitskeimen sei vor und nach der Blutung dieselbe, ein »entkeimender« Effekt der Menses nicht festzustellen. Auch falle die Menstruationsblutung weder bei einer tatsächlichen Infektion noch bei erhöhter Spermienmenge (und damit mehr potenziell transportierten pathogenen Keimen) stärker aus, was aber nach Profets Theorie zu erwarten wäre. Die Menstruation ist zudem nicht mit der sexuellen Aktivität der Frau korreliert, wie von Profet unterstellt. Und schließlich fördert das eisen-, aminosäure-, zucker- und eiweißhaltige Blut selbst das Wachstum von Bakterien (Blutserum wird daher auch als Zellkulturmedium verwendet). Statt also Infektionen zu verhindern, könnte die Monatsblutung diese sogar noch forcieren.

Beverly Strassmann schlägt deshalb eine alternative Hypothese vor, bei der die Stoffwechselökonomie im Vordergrund steht. Sie glaubt, dass das Uterusepithel abgestoßen beziehungsweise resorbiert wird, weil der 28 Tage dauernde zyklische Auf- und Abbau für den Organismus der Frau energetisch tatsächlich weniger aufwändig ist als das Endometrium ständig bis zur Einnistung eines befruchteten Eies gleichsam in einer stoffwechselaktiven Warteposition zu halten. Strassmann weist darauf hin, dass während der Degeneration der Sauerstoffverbrauch des Uterus-Epithels (als Maß der Stoffwechselkosten) nahezu um das Siebenfache zurückgeht. Der zyklische Sauerstoffverbrauch ist zudem an andere, ebenfalls während der Menstruation ablaufende Stoffwechselvorgänge im gesamten Körper gekoppelt. Bei der Frau ist die Stoffwechselrate während der Phase, in der die Follikel mit den Eizellen reifen, um wenigstens sieben Prozent niedriger als während der Sekretionsphase, in der sie sich zum Gelbkörper umwandeln und die Uterusschleimhaut zur Aufnahme des Eies bereit ist. Damit werde über vier Menstruationszyklen gerechnet Energie eingespart, die dem Energiewert von immerhin sechs Tagen Nahrung entspricht, so Beverly Strassmann.

Durch das zyklische Auf und Ab der Menstruation werden die Kosten der Fortpflanzung bei der Frau ökonomisiert. Zumindest bei den Wildbeuter-Vorfahren des Menschen dürfte es für die evolutive Fitness der Frau förderlich gewesen sein, auch während der Menstruation möglichst sparsam mit den Ressourcen umzugehen und dabei keine Stoffwechselenergie zu verschwenden. Denn Überleben und Fruchtbarkeit der Frau wurden während dieser Zeit maßgeblich durch die Verfügbarkeit der Nahrung bestimmt.

Um diese Hypothese zu stützen, hat Strassmann nicht nur die verfügbaren Befunde für menschliche Frauen zusammengetragen. Durch den Vergleich der Reproduktionszyklen bei Menschenaffen und anderen Primaten konnte sie ihre These noch weiter ausbauen. Strassmann vermutet, dass der energiesparende Menstruationszyklus des Menschen nicht nur altes Primatenerbe ist. Auch andere Wirbeltiere bis hin zu Eidechsen zeigen eine ähnliche zyklische Epitheltransformation, bei der die Uterusschleimhaut in Abwesenheit eines befruchteten Eies degeneriert. Bei Primaten wird der partielle Abbau des Endometriums meist von einer Resorption des Epithels begleitet, indem das zur Aufnahme des Eies aufgebaute und differenzierte Gewebe wieder zurückgebildet wird. Bei einigen Affenarten aber wird bis zu ein Drittel des Binde- und Uterusschleimhautgewebes als Menses ausgeschieden. Strassmann fand keine Hinweise dafür, dass die Menstruationsblutung bei diesen Arten als ökologische oder verhaltensbedingte Anpassung zu deuten wäre. Vielmehr seien die monatlichen äußeren Blutungen des Uterus-Epithels lediglich ein Nebeneffekt in der zyklischen und energiesparenden, aber nicht kompletten Resorption.

Denn im Vergleich zur Körpergröße anderer Primatenweibchen haben Menschenfrauen einen besonders großen Uterus mit reich entwickeltem Endometrium. Weil dieses umfangreiche Uterusgewebe und die damit verbundene, dort zirkulierende Blutmenge beim Menschen – und auch Schimpansen – während des Menstruationszyklus nun nicht mehr vollständig resorbiert werden kann, kommt es bei ihnen zu besonders ausgiebigen Monatsblutungen. Die meisten anderen Säuger dagegen resorbieren das Endometrium weitgehend ohne äußere Blutungen. Diese sind – schwacher Trost für Frauen – sichtbarer Ausdruck des biologischen Erbes der Primatenvergangenheit des Menschen, ebenso wie der besonderen physiologischen Zwänge, denen auch die Fortpflanzung der heutigen Frau unterworfen ist.

Allerdings dürfte sich das Reproduktionsmuster inzwischen beim modernen Menschen erheblich verändert haben. Nimmt man die letzten heutigen Jäger-und-Sammler-Lebensgemeinschaften zum Vergleich, hat die Zahl der Menstruationszyklen stark zugenommen. Vermutlich kam die Wildbeuter-Frau zum einen später zur Menarche und früher zur Menopause als heutige Frauen, zum anderen war sie entweder schwanger oder stillte ihre Kinder. Auch weil demnach die Menstruation bei der Frau in der Evolutionsgeschichte des Menschen ursprünglich keineswegs ein sehr häufiges und regelmäßiges Ereignis war, ist Margie Profets These unwahrscheinlich, dass die Monatsblutung zur Abwehr von pathogenen Keimen diente.

Ausgehend von früheren Studien, die Beverly Strassmann etwa an der Jäger-Sammler-Gesellschaft der Dogon im afrikanischen Mali machte, haben die beiden Mediziner und Evolutionstheoretiker Randolph Nesse und George Williams errechnet, dass eine Steinzeitfrau etwa die Hälfte ihrer 30 fruchtbaren Jahre stillend zubrachte und nicht viel mehr als 150 Menstruationszyklen erlebt haben dürfte. In ihrem Buch *Warum wir krank werden* versuchen die Evolutionsmediziner damit die Beobachtung zu erklären, dass eine Frau umso leichter an einer Krebserkrankung des weiblichen Genitalsystems erkrankt, je mehr Monatsblutungen sie hinter sich hat. Weil die etwa 300 oder 400 Zyklen bei heutigen Frauen zunehmend weniger durch Schwangerschaft und Stillzeit unterbrochen werden, könnten die mit der Menstruation verbundenen Hormonschwankungen und Gewebeveränderungen zu einer erhöhten Anfälligkeit für bestimmte Krebserkrankungen führen.

Evolution ist mithin überall – und der Mensch trotz aller modernen Neuerungen seines Lebenswandels ein Kind der Naturgeschichte.

Das rätselhafte Ende der Tage
Warum Großmutter doch die Beste ist

Nach der bereits vom britischen Naturforscher Charles Darwin vorgeschlagenen Evolutionstheorie sollte die Natur nur das fördern, was dem Überleben und letztlich der Fortpflanzung des Individuums dient. Auf dieser Grundlage entwickelte sich in den 1970er-Jahren die Theorie der Soziobiologie, die den evolutiven Gewinn in der Weitergabe eigener Gene sieht. Mit ihr hielt ein geradezu ökonomisches Kosten-Nutzen-Denken in der Biologie Einzug, das auch vor uns Menschen nicht Halt macht. Bestes Beispiel: Bei den Weibchen einiger Säugetierarten endet die Fruchtbarkeit abrupt mit dem Alter. Also begannen Biologen bald zu fragen, warum die Evolution dann beim *Homo sapiens* ein Leben über das Ende der Fortpflanzung hinaus fördert.

Obgleich altersbedingte Unfruchtbarkeit auch bei einigen anderen Säugern bekannt ist – etwa bei Affen, Nagern, Walen, Hunden und Elefanten –, leben insbesondere bei Menschen die Frauen im Alter viele Jahre, ohne sich fortzupflanzen. Innerhalb unserer Primatenverwandtschaft sind Menschenfrauen die einzigen, die sogar 40 und mehr Jahre nach der letzten Schwangerschaft leben können. Warum aber werden beim Menschen die Frauen so alt, ohne sich noch fortzupflanzen?

Die Menopause, von Evolutionsbiologen lange Zeit unbeachtet, gab plötzlich Rätsel auf. Seitdem suchen Evolutionsbiologen, darunter Mediziner ebenso wie Paläoanthropologen, vermehrt nach den Ursachen der Besonderheiten in der Fortpflanzungsbiologie vor allem von Menschenfrauen. Ursprünglich wurde das Ende der Reproduktionsfähigkeit bei Frauen für einen durch die Kulturentwicklung des Menschen bedingten Artefakt gehalten. Die Menopause, so nahm man an, tritt beim Menschen ähnlich wie bei Zoo- und Haustieren auf, weil Frauen dank der Segnungen der Medizin zunehmend über ihre natürliche Reproduktionsphase hinaus älter werden. Hingegen lässt ihre Fruchtbarkeit, ähnlich wie andere körperliche Fähigkeiten auch, mit zunehmendem Alter nach. Die Menopause wäre demnach der unkontrollierte Abbau einer zuvor vom Körper regulierten physiologischen Eigenschaft.

Diese so genannte »nicht-adaptive« Hypothese (dass die Menopause nur ein Nebenprodukt ohne Anpassungswert ist) ließ indes einige Fragen offen. So erklärt sie beispielsweise nicht, warum die Menopause bei Frauen um die 50 recht unvermittelt einsetzt, sich dagegen die Fortpflanzungsfähigkeit beim Mann im Alter später und allmählich verringert. Und warum setzt die Menopause bei Frauen so relativ früh ein? Während sich nämlich die *maximale* Lebenserwartung beim Menschen (etwa 115 Jahre) über Jahrhunderte nicht änderte, hat sich die *durchschnittliche* Lebenserwartung vor allem aufgrund verringerter Jugendsterblichkeit erhöht. Frauen werden also nicht unbedingt älter; es werden nur immer mehr Frauen alt genug, um das Phänomen Menopause zu erleben.

Zur Ehrenrettung der Omas traten unlängst die beiden amerikanischen Anthropologen Kristen Hawkes und James O'Connell von der Universität von Utah an. Sie erklärten das Ende der Tage damit, dass die Großmütter so ihre Energie nicht mehr in weitere Kinder, sondern in die Aufzucht ihrer Enkel investieren. Oder anders ausgedrückt: Die Menopause evolvierte beim Menschen, um die ausreichende Versorgung der Enkel mit Nahrung sicherzustellen. Großmütter werden alt, damit ihre Enkel genug zu essen bekommen.

Diese Antwort der Anthropologen auf die provozierende Frage nach der evolutiven Existenzberechtigung der Großmütter basiert auf Studien an der afrikanischen Jäger-Sammler-Gemeinschaft der Hadza, die im Norden von Tansania leben. Wie Kristen Hawkes – übrigens erstmals auf einem Treffen der American Association of Physical Anthropologists – berichtete, versorgen die Großmütter einer Hadza-Sippe ihre Enkel tatsächlich mit zusätzlicher Nahrung. Dadurch brauchen ihre Töchter die eigenen Kinder weniger lange zu stillen und können so während ihrer fruchtbaren Jahre mehr Babys in kürzeren Zeitintervallen austragen und aufziehen als ohne die Hilfe der Großmütter. Die durch mehr Nahrung gesteigerte Überlebenschance sowohl der Kinder als auch der Enkel wiederum ist unter evolutionsbiologischem Aspekt auch sinnvoll für die Großmütter. Auf diese Weise sorgen sie für die vermehrte Weitergabe ihrer eigenen Gene, die sie zur Hälfte mit den eigenen Kindern und zu einem Viertel mit den Enkeln teilen.

Nach Hawkes' »Großmutter-Hypothese« können tatsächlich nur jene Frauen für zusätzliche Nahrung sorgen, die nicht selbst ihre eigenen Kinder zu versorgen haben. Über den Vorteil des Helferverhaltens hat die Evolution mithin die Menopause und ein Weiterleben der Frauen nach dem Ende der eigenen Reproduktion gefördert.

Wie die Studie bei den Hadza zeigt, hängt die Gewichtszunahme der Kinder entscheidend vom Zeitaufwand ab, den ihre Mütter zur Nahrungssuche treiben mussten. Nach der Geburt eines Babys aber können Mütter nur noch deutlich weniger lange nach Nahrung auch für ihre bereits entwöhnten Kinder suchen. Hier halfen die noch immer agilen Großmütter – oft bereits weit in den Sechzigern – aus, indem sie selbst mehr Zeit mit der Suche nach Nahrung für ihre Töchter und Enkel verbrachten als jüngere Mütter.

Ein interessanter Nebenaspekt von Hawkes' Hypothese ist übrigens, dass demnach keineswegs – wie bislang allgemein angenommen – allein die oft tagelang jagenden Männer einer Jäger-Sammler-Gesellschaft die entscheidende Rolle bei der Versorgung der Sippe mit Nahrung spielen. Nach klassischer Vorstellung war die für den Menschen typische Familienstruktur im Laufe der Hominiden-Evolution entstanden, weil die Männer maßgeblich zur Ernährung der Frauen und Kinder beitrugen. Doch möglicherweise evolvierten sogar typisch menschliche Charakteristika – etwa die frühe Entwöhnung und dennoch lange abhängige Kindheit – nicht aufgrund der Versorgung der Familie durch die wenig verlässliche Jagd der Männer; vielmehr könnten sie entstanden sein aufgrund des regelmäßigen Zubrots, für das die Großmütter sorgten. Lob der Oma also? Immerhin: Mit Hawkes' neuer Hypothese könnte sich der Blick mancher Paläoanthropologen jetzt nicht allein den jagenden Männern, sondern endlich auch den sammelnden und vielleicht lange verkannten Großmüttern zuwenden.

Zu einem anderen Schluss kam indes ein Team um den amerikanischen Säugetierkundler Craig Packer von der Universität in Minnesota – diesmal allerdings aufgrund von langjährigen Beobachtungen an Affen und Löwen. Packer glaubt nicht an einen Anpassungsvorteil der Großmütter und an eine dadurch bedingte evolutive Verursachung der Menopause. Vielmehr sei das Ende der Reproduktion bei einigen Säugern – unter Einschluss des Menschen – tatsächlich ein Nebenprodukt des Alterns und somit eben doch nicht adaptiv. Die Auswertung von Daten, die über drei Jahrzehnte hinweg im Freiland erhoben wurden, zeigt seiner Ansicht nach, dass die Mütter sowohl bei Pavianen als auch bei Löwen lange genug leben, um das vor der Menopause letztgeborene Junge noch erfolgreich aufziehen zu können. Packers Team fand dagegen bei keiner der beiden Arten, dass ältere Weibchen nach der Menopause die Jungenaufzucht ihrer Töchter verbesserten. Pavian und Löwe leben mithin ohne den »Gute-Oma-Effekt«, der beim Menschen angenommen wurde.

Andere Verhaltensbiologen sind allerdings nicht überzeugt von der daraus abgeleiteten These Packers, die Menopause sei einzig eine Folge des Alters. Sie glauben vielmehr, dass die Menopause sehr wohl eine überlebensförderliche Anpassung ist. So wird beim Menschen die Ovulation der Frau mit 50 vielleicht auch deshalb abrupt eingestellt, weil nur so die Aufzucht auch des letzten Kindes gewährleistet ist. Da Kinder wenigstens bis zum Alter von zehn Jahren von der Mutter abhängig sind, sichert die Menopause, dass die Mutter noch etwa so lange lebt, bis auch ihr letztes Kind selbstständig und damit reproduktionsfähig wird. Das Ende der Tage wäre demnach eine Folge der langen Abhängigkeit des Nachwuchses beim Menschen. Es wäre damit zwar adaptiv – aber eben nicht geeignet zur Ehrenrettung der Omas. Indes hat Kristen

Hawkes mit ihrer »Großmutter-Hypothese« weitere Studien angestoßen; und die folgten auf dem Fuß.

Den jüngsten Zyklus in der Frage um die evolutiven Wurzeln und Wechselwirkungen der Menopause mit dem Verhalten und der Kultur des Menschen haben Anfang 2020 die beiden Anthropologinnen Megan Arnot und Ruth Mace vom University College in London eingeleitet. Der empirische Befund dieser neuesten Studie: Je mehr Sex Frauen haben, desto später setzt bei ihnen die Menopause ein. Und mit Sex ist hier keineswegs nur »sexual intercourse«, der klassische Geschlechtsverkehr gemeint; vielmehr kommt die Menopause auch bei jenen Frauen später, die sich generell häufiger für sexuelle Aktivitäten wie etwa Oralsex, Schmusen und Selbstbefriedigung begeistern konnten. Für ihren Körper scheint das Signal das gleiche zu sein: Sie hat noch Interesse am Sex, also bleibt er fruchtbar!

Woher die beiden Forscherinnen das wissen? Sie haben die Daten einer großangelegten amerikanischen Studie (Woman's Health Across the Nation) ausgewertet, bei der seit Ende der 1990er-Jahre an die 3000 Frauen im Alter zwischen 42 und 52 Jahren im Verlauf von einem Jahrzehnt Angaben zu ihrem Leben, Familienstand und ihrer Gesundheit machten. Und eben auch zur Frage, wie häufig sie sich Zeit für die verschiedenen Varianten von Sex nahmen. Die Auswertung zeigt, dass bei Frauen, die mindestens einmal pro Woche sexuell aktiv sind, mit einer um 28 Prozent geringeren Wahrscheinlichkeit die Menopause bereits zu jenem Zeitpunkt einsetzt wie bei den Frauen, die seltener als einmal monatlich Sex haben.

Die Erklärung der im evolutionsbiologischen Denken geschulten Forscherinnen: Eine Frau, die keinen Sex hat, kann folglich auch nicht schwanger werden. Da hat es dann evolutiv keinen Sinn mehr, dass ihr Körper noch in den Eisprung investiert. Und das passt nun wiederum sehr schön zur »Großmutter-Hypothese«; der zufolge ja die Menopause im Verlauf der Evolution entstand, damit ältere Frauen sich mehr um ihre Enkel kümmern. Den dabei anpassungsbedingten Hintergrund von mehr Sex müssen wir gleich noch erklären; zuvor aber werfen wir kurz einen Blick auf die mediale Aufnahme dieser jüngsten Studie.

Denn die Interpretation der amerikanischen Studiendaten durch die beiden Britinnen blieb bei deutschen Gynäkologinnen und Endokrinologinnen nicht unwidersprochen. Kaum war die Arbeit erschienen, hat die Deutsche Presseagentur, wie es gute journalistische Praxis ist, gleich einige Praktikerinnen in den Frauen-Praxen befragt. Und die gaben – weniger am evolutiven Blickwinkel orientiert, als mit dem Hier und Heute befasst – zu bedenken, dass ihrer Meinung nach vor allem genetische Faktoren, aber auch andere Einflüsse wie etwa Rauchen für den Zeitpunkt der Menopause verantwortlich seien. Auf diesen konkreten Zusammenhang hatten die beiden Forscherinnen am Anfang ihrer bei der Royal Society erschienenen Studie zwar explizit hingewiesen, aber auch darauf, dass diese Faktoren allein zur Erklärung der festgestellten Unterschiede beim Beginn der Wechseljahre keinesfalls ausreichten.

Was die Medienberichte zudem unterschlugen, ist nicht ohne Brisanz und Bedeutung, da sich darüber trefflich streiten lässt. Ausgangspunkt der Arbeit von Arnot und Mace war nämlich die gesicherte Beobachtung, dass bei verheirateten Frauen die Menopause deutlich später einsetzt als bei unverheirateten Frauen (egal, ob diese niemals verheiratet oder geschieden waren). Entscheidend ist offenbar, dass ehelich verbandelte Frauen zugleich auch mehr Sex haben als ihre ehelosen Geschlechtsgenossinnen. Auftritt Darwin: Sofern Menopause tatsächlich ein anpassungsbedingtes Phänomen ist, sollte ihr verzögertes Einsetzen irgendeine Art von Fitness-Vorteil bieten. Tatsächlich liegt der auf der Hand, reden wir doch über die Zeugung von Nachwuchs – und der ist bekanntlich die Währung der darwinschen Evolution. Wenn eine Frau mehr Sex hat, etwa wenn in einer festen ehelichen Verbindung ein Sexualpartner regelmäßig als Erzeuger verfügbar ist, dann erhöht sie dadurch die Chance einer Schwangerschaft, die wiederum für sie der direkte Fitnessgewinn in Form von eigenen Genen in der nächsten Generation bedeutet.

Solange also eine Schwangerschaft möglich und wahrscheinlich ist, lässt sich die Menopause und potentiell substituierende Hilfe als Großmutter – ergo der damit verbundene nur mehr indirekte Fitnessgewinn – getrost noch vertagen. Immerhin sind der Eisprung und die damit einhergehenden hormonellen und anderen körperlichen Veränderungen für die Frau durchaus ein energetisches und gesundheitliches Investment; auch dieser Einsatz will gut überlegt sein. Bei ohnehin wenig oder keinem Sex, sobald sie in die Jahre gekommen ist, und wenn kein Erzeuger zur Hand ist, fehlen dem Körper der Frau schlicht jene unsichtbaren, aber offenbar wirksamen Signale, die eine zukünftige Schwangerschaft wahrscheinlich machen. Daher wäre es für diese Frauen keine sinnvolle Anpassung, so schreiben unsere beiden britischen Autorinnen, weiterhin in einen Eisprung zu investieren. Ergo die Endstation der menschlichen Menopause.

Aus der Perspektive einer schnöden Fitness-Maximierungsstrategie ist es für Frauen sinnvoller, mit dem Kapitel Fortpflanzung und Fruchtbarkeit abzuschließen und fortan statt in eigenen Nachwuchs in den Nachwuchs des Nachwuchses zu investieren. So macht die Natur die Mutter irgendwann zur Großmutter. Umgekehrt macht es für eine noch immer sexuell aktive Frau auch sehr viel Sinn, solange es geht zu ovulieren; sprich Eier zu produzieren, wenn noch die Chance besteht, dass diese dann tatsächlich durch die Zuhilfenahme eines Mannes befruchtet werden. Kein Zweifel: Sex macht auch Spaß, aber er ist wie so vieles andere in unserem Leben, ohne dass wir es noch wissen, auch nur ein Faktor in Darwins genetischem Fitnessspiel.

Mit der Frage nach der Häufigkeit von Sex erscheint auch die Menopause in neuem Licht, jedenfalls aus evolutionsbiologischer Perspektive. Denn dass die sexuelle Aktivität von Frauen, die fest mit Männern liiert sind, durchaus mit dem Beginn ihrer Menopause zusammenhängt, erklärt sich erst im Kontext der »Großmutter-Hypothese«. Ihr zufolge ist die Menopause der Menschenfrauen einst entstanden, um einen fortpflanzungsbedingten Konflikt zwischen zwei weiblichen Generationen aufzulösen, indem sie nämlich den Großmüttern erlaubt, durch das Investment in ihre Enkel weiterhin einen wenn auch indirekten Fitness-Gewinn zu erzielen. Nur vor diesem Hintergrund lässt sich die Menopause als ein Spiegel des Sex- und Fortpflanzungsverhaltens einer Frau verstehen – und nicht nur als bloße Variable ihrer Physiologie und von weiblichen Stoffwechselvorgängen. Die Frage ist also, ob wir dazu neigen, mit Darwin natürliche Selektion auch bei unserer Fortpflanzung am Werk zu sehen oder den Körper der Frau nur natürlicherweise degradierenden Eizellen und den Folgen unterworfen wissen wollen.

Egal, wie wir uns entscheiden – eines ist sicher richtig: Die Sexualität von Frauen ist ziemlich komplex. Was wiederum nicht heißt, dass es nicht dennoch eine einfache evolutive Assoziation zwischen sexueller Aktivität und der Menopause gibt. Etwas irritierend ist allerdings, dass Großmütter selbst beim Sex der Ehepartner irgendwie mit im Bett sind. Wie auch immer: Bleiben wir gespannt, wie sich eines Tages vielleicht das Rätsel um das Ende der Tage lüftet.

Wo schauen Sie denn hin?
Von wählerischen Weibchen und Macho-Männchen

Bei ihm war es Liebe auf den ersten Blick: Wie sie da stand, mit schlanker und doch an den richtigen Stellen wohl gerundeter Figur. Sie sah ihn mit ihren großen, grünen Augen an – und offenbar gefiel auch ihr, was sie sah: seine hoch gewachsene Gestalt mit den breiten Schultern. Sie senkte leicht ihren Blick, als er zu ihr herüberkam und sie ansprach. Während sie sich unterhielten – später konnten sie sich nicht mehr erinnern worüber –, bewunderte er den leicht braunen Teint ihrer fast makellosen Haut. Sie nickte oft zu dem, was er sagte, und warf gelegentlich ihre vollen dunklen Haare zurück. Immer wieder glitt sein verstohlener Blick von Gesicht und Hals an ihrem Körper herab. Als sie ihn einmal dabei ertappte und er ihrem Blick standhielt, wurde beiden plötzlich klar, wie der Abend enden würde.

Längst sind jene Zeiten vorbei, als Männer die holde Weiblichkeit noch mit mehr oder weniger sinnvollen Taten – von aufreibenden Großwildjagden bis zu Kriegszügen – zu beeindrucken suchten. Die moderne Großwildjagd findet in Kneipen statt, Kriegszüge werden in Sportarenen verlegt. An diese banale Feststellung schließt sich die bittere Erkenntnis an, dass Sexualpartner oder gar erst Ehe»partner« nicht nur gemeinsame, sondern auch gegensätzliche Interessen haben – behaupten Evolutionsbiologen.

In Zeiten von Stammzellen- und Genomforschung ist die Biologie auch noch in andere, buchstäblich intimste Bereiche des Menschen vorgedrungen. Soziobiologen nehmen seit einiger Zeit unser Sexualverhalten unter die Lupe und vertreten die These, dass das, was wir tun, viel weniger von kulturellen Normen und Werten beeinflusst wird als vielmehr von unserem Erbgut. Heute malt die Denkschule der Evolutionspsychologie an den vielen Details eines modernen Bildes des menschlichen Verhaltens. Sie versucht, den biologischen Hintergrund zwischenmenschlicher Beziehungen aufzuhellen, und beurteilt dabei insbesondere jene Gefühle und Gedanken, Motive und Mechanismen, die uns ins Ehebett treiben – und wieder heraus. Dabei ist die gute Nachricht der Evolutionspsychologie, dass der Mensch zwar dazu konstruiert ist, sich zu verlieben, die schlechte Nachricht lautet indes: Offenbar ist es ihm nicht bestimmt, es auch zu bleiben.

Bereits der britische Naturforscher Charles Darwin hatte 1871 in seiner Theorie der »Damenwahl« – er nannte dies freilich noch *geschlechtliche Zuchtwahl* oder sexuelle Selektion – darauf hingewiesen, dass seine Beobachtungen an Tieren durchaus auch für den Menschen gelten. Ganz im Sinne Darwins lassen sich heute moderne Evolutionsbiologen dazu hinreißen, Männer als ein »enormes, von den Frauen betriebenes Zuchtexperiment« zu bezeichnen. Und mit Hinweis auf eine Fülle von Beobachtungen an Tieren wie Menschen vermögen sie tatsächlich deren sexuelle Vorlieben und Praktiken zu erklären.

Auch beim Menschen macht demnach eine genetische Kosten-Nutzen-Rechnung Frauen und Männer zu Partnern jener höchst ungleichen Allianz, die sie trotz widerstreitender Interessen kooperieren lässt. *Er* sollte unter bestimmten Bedingungen versuchen, mit mehr als nur einer Frau möglichst viel Nachwuchs zu zeugen. *Sie* sollte den Partner sorgfältig wählen und dann tunlichst eng an sich binden, um seine Mithilfe bei der Versorgung und Aufzucht des Nachwuchses zu sichern. Bei Tier wie Mensch sehen zwischengeschlechtliche Beziehungen daher aus, als seien sie von einem hart arbeitenden Team aus Bankiers, Ökonomen, Immobilienspekulanten und Werbefachleuten entworfen worden, meint etwa der Verhaltensforscher James L. Gould. Selbst dem Menschen ist es bislang nicht gelungen, sich bei Partnerwahl-Strategien und -Entscheidungen über die Natur hinwegzusetzen. Weiterhin herrscht Geschlechterkampf und Beziehungskrampf. In diesem Konflikt werden auf beiden Seiten geheime Waffen eingesetzt, regieren biologische Gesetze von Anbeginn die Partnerschaft.

Zwischen Trug und Treue pendeln daher die zwischenmenschlichen Beziehungen. Keiner kann ohne den anderen, selbst wenn Mann und Frau sehr unterschiedliche Ziele mit der Partnerschaft verfolgen. Warum, so muss man sich angesichts der ungleichen Interessen bei der Fortpflanzung fragen, gehen beide überhaupt längerfristige Bindungen ein? Und wie kam es zu dem verblüffenden Erfolgsprinzip der Partnerwahl, dass Männer mit dem werben, was Frauen suchen – und umgekehrt Frauen das zu bieten versuchen, was Männer anzieht?

Verhängnisvolle Affären zwischen Mann und Frau fangen bereits an, so meint der Humanethologe Karl Grammer, ohne dass die darin verwickelten Personen auch nur die geringste Ahnung davon haben. Er fand durch entsprechende Studien heraus, dass sich Mann wie Frau bereits in den ersten fünf Sekunden einer Begegnung – der berühmte »erste Blick« – über das Reproduktionspotenzial ihres Gegenübers ein Bild machen. Offenbar werden dabei in Sekundenschnelle biologisch »heiße« Körperpartien abgefragt. Mithilfe eines Eye-View-Monitors ließ sich feststellen, dass er und sie mit Blicken vornehmlich jene Körperpartien beim Gegenüber »abtasten«, und zwar kleidungsunabhängig, die wesentliche Informationen bieten. Männer haben dabei häufiger die mittlere und die untere Körperregion der Frau im Blick, Frauen dagegen die obere Region. Sie sucht also Blickkontakt, er sucht ihre Figur ab. Entspricht das Gesehene dem Suchbild, erfolgt die Annäherung.

Dabei bestimmt die Frau den Gang der Dinge. Die Welt ist eine Damenwahl – nicht nur bei Tieren, sondern auch beim Menschen. Frauen bestehen auf ausgesprochen sublime Art auf ihrem Wahlrecht, und zwar keineswegs nur beim Tanztee mit Tischtelefon. Indes steht den biologischen Tatsachen und objektiven Befunden der Forscher der subjektive Eindruck der Betroffenen gegenüber: Bei Umfragen meinten Frauen, dass sie nach wie vor diejenigen sind, die warten, bis der Mann die Initiative ergreift. Nach den Studien von Karl Grammer ist jedoch klar, dass tatsächlich die Frau das Werbeverhalten initiiert. Ohne ihr Signal wagt die Mehrheit der Männer keine Annäherung.

Grammer ließ Oberschüler – jeweils einen Jungen und ein Mädchen, die sich bis dahin nicht kannten – unter einem Vorwand in einem Raum allein und filmte dabei durch eine Einwegscheibe mit versteckter Kamera die Anatomie des Flirts. Es zeigte sich, dass das Werbeverhalten von den Frauen kontrolliert wird. Sie bestimmten bei den Versuchen allein durch Blickkontakt, Lächeln und Körperhaltung, wo es langgeht: Sie ermunterten entweder die ihnen fremden Männer zur weiteren Annäherung – und sei es vorläufig nur redenderweise –, oder sie blockten diese ab. Durch ihr nicht-sprachliches Interesse, das die Frau zeigt, beeinflusst sie den Mann.

Grammer fand zudem bestätigt, dass umgekehrt der Mann zur Selbstdarstellung neigt. Er redet nämlich umso mehr, je häufiger sie in den ersten drei Minuten nickt. Und je größer bei den Versuchen das Interesse der Männer an der Frau war, desto länger redete er über sich. Nicht nur der radschlagende Pfau versucht, Weibchen durch seine Pracht zu beeindrucken. Auch die Schwünge männlicher Skifahrer werden schwungvoller und betonter, wenn Frauen auf der Piste stehen. Und das ist nur ein Beispiel der Palette von Balzhandlungen beim Menschen. Denn wenn Mann gerade nicht durch Skifahrkünste oder Ähnliches beeindrucken kann, dann redet er wenigstens davon. Genau diese aktive Wahl der Frau und die Selbstdarstellung des Mannes sind jene Signale der Liebe, die der biologische Hintergrund voraussagt.

Wonach suchen Frauen und Männer? Welche Kriterien und Qualitäten entscheiden bei Kontaktaufnahme und Partnerwahl? Natürlich spielen Äußerlichkeiten eine Rolle – die Augen etwa, eine sexuell anziehende Figur, weiche Haut, die Stimme, das Haar oder ein bestimmter Duft; wir alle haben unsere Vorlieben. Doch diese sind nur das eine; zumal solche Vorlieben beim Menschen im Wesentlichen von nationalen und kulturellen Unterschieden abhängen. Das Entscheidende fand der amerikanische Psychologe David Buss an der Universität Michigan bei einem multikulturellen Vergleich in 33 Ländern, bei dem mehr als 10 000 Frauen und Männer nach ihren Vorlieben – etwa hinsichtlich

Einkommen, Intelligenz, Kreativität, Gesundheit, Ehrgeiz, Arbeitseifer – befragt wurden.

Dass es menschliche Grundgemeinsamkeiten, so genannte Universalien, gibt, die unabhängig vom jeweiligen Kulturkreis sind, haben Wissenschaftler seit Darwin vermutet. Buss hat sie gefunden, und zwar durch die simple Frage, worauf bei einem Partner Wert gelegt wird. Demnach bevorzugen – auf eine Kurzformel gebracht – Frauen Qualität und Männer Attraktivität. Somit klafft auseinander, was Frauen und Männer weltweit von ihrem Partner erwarten. Denn ungeachtet ihrer geografischen und kulturellen Herkunft – seien es Australier oder Zulu – schätzen Männer körperliche Attraktivität und Jugend ihrer Partner höher ein als Frauen. Die wiederum suchen meist nach etwas älteren Partnern mit guten Verdienstmöglichkeiten – sprich nach einem zuverlässigen Versorger. Während also ein hübsches Gesicht und eine aufregende Figur Männern in aller Welt den Kopf verdrehen, schauen Frauen eher aufs Geld.

Wenn der Einfluss des Kulturkreises angesichts solcher Universalien von »Attraktivität« und »Geld« eher in den Hintergrund tritt, dann spielt das gemeinsame Erbe – der biologische Imperativ – offenbar tatsächlich eine größere Rolle, als viele wahrhaben wollen. Darwin'sche Selektionsprinzipien dominieren mithin die Partnerwahl-Entscheidung des Menschen. Die Grundlage auch unserer Geschlechtergemeinschaft heißt Fortpflanzung der eigenen Gene.

Evolutionsbiologisch ergibt diese Suche nach Schönheit bei ihr und Finanzkraft bei ihm durchaus Sinn. Noch heute stellen solche Suchkriterien Anpassungen dar an die unterschiedlichen Erfordernisse der Fortpflanzung von Männern und Frauen. Ein vermögender Mann ist der bessere Versorger des Nachwuchses. Frauen wählen solche Partner, die bereit sind, möglichst viel in die Aufzucht des Nachwuchses zu investieren und sichern damit die Weitergabe ihrer Gene. Für ihn ist es wichtig, das Fortpflanzungspotenzial der Frau richtig einzuschätzen. Dabei ist körperliche Attraktivität offenbar der Schlüssel; denn glatte Haut, glänzendes Haar, Muskelspannkraft und andere Schönheitskriterien signalisieren Fruchtbarkeit. Alter, Krankheiten und andere Beeinträchtigungen spiegeln sich im Äußeren wider und signalisieren Gefahr für den zukünftigen Nachwuchs. Humanbiologen schließen daher heute auf einen angeborenen Sinn für Schönheit, der kulturelle Eigenheiten, Marotten und Launen überdauert hat.

Männer und Frauen mögen recht verschiedene Motive für ihre Partnerwahl haben, und doch wählen sie vornehmlich solche Partner, die ihrem eigenen »Marktwert« entsprechen. Anders ausgedrückt: Gleich und gleich gesellt sich gern! Die stabilsten Partnerschaften werden unter jenen Partnern verzeichnet, die in ihren Eigenschaften weitgehend übereinstimmen. Und je freier Menschen ihren Ehepartner zu wählen vermögen, desto höher sind diese Übereinstimmungen. Nicht nur die Studie von David Buss, sondern auch unsere Alltagserfahrung zeigt, dass etwa erfolgreiche Karrierefrauen kaum dazu tendieren, einen Obdachlosen zu ehelichen. Stets können solche Menschen am wählerischsten sein, deren Attraktivität und sozialer Status am größten ist. Ihre jeweiligen Vorlieben dürften Mann und Frau im Verlauf der Evolution an jede kommende Generation weitergereicht haben. Individuen, die mit solchen bevorzugten Eigenschaften – sei es nun Schönheit, Macht oder der Fähigkeit, wertvolle Ressourcen anzuhäufen – nicht in hervorstechender Weise aufwarten konnten, liefen immer Gefahr, im Lebensspiel den Kürzeren zu ziehen und sich mit weniger bescheiden zu müssen.

Das von David Buss aufgedeckte multikulturelle Muster sowie die von Karl Grammer beschriebenen Vorgänge bei der Partnerwahl spiegeln eine genetische Programmierung wider. Frauen versuchen seit Urzeiten vor allem bei knappen wirtschaftlichen Ressourcen ihrem Nachwuchs und auch sich selbst die bestmöglichen Überlebenschancen zu sichern. Daher bewerten sie noch heute den Verdienst höherrangig als andere Eigenschaften. Sie zwingen ihre potenziellen Partner damit zur Selbstdarstellung eben dieses Potenzials. Und dieses Potenzial heißt beim heutigen Menschen – mag uns dies auch nicht gefallen – Portemonnaie und Porsche, neuestes Handy und schickes Haus.

Da beim Mann die biologische Investition im Vergleich zu der der Frau gering ist (er könnte sich nach der Paarung davonmachen und ihr neben dem Aufwand von Schwangerschaft, Geburt und Stillen auch noch die spätere Aufzucht überlassen), erwarten Frauen *vor* der endgültigen Bindung verschiedene Vorleistungen der Männer. Nur wer solche Vorleistungen – Geld, Geschenke, Grundstück – bringt, ist auch nach der Zeugung noch bereit, in den gemeinsamen Nachwuchs zu investieren. Schon deshalb suchen Frauen nach sozialem Status, Männer nach Attraktivität. Für den Menschenmann kommt es darauf an, paarungswillige und attraktive Frauen zu überzeugen, dass er »eine gute Partie« ist, soll heißen, die Mutter und den Nachwuchs gut versorgen wird. Wer sich unter den Machos nicht als Versorger darzustellen weiß, ist – evolutionsbiologisch gesehen – schon tot.

Und damit wird auch erklärlich, warum junge Frauen sich nicht selten mit gänzlich »unattraktiven« älteren Männern einlassen. Beim Menschen macht Reichtum sexy. Dass die blutjunge Blondine den mickernden Millionär erhört, hat seine Wurzeln in eben jenem Prinzip, nach dem Weibchen für sich und den Nachwuchs die bestmögliche Ressourcensicherung erstreben. Frauen verzichten aus Sorge um die Zukunft ihres Nachwuchses durchaus auf so manches Schönheitsideal. Diese Konstellation ließ die 39-jährige Jacqueline Kennedy als Mutter zweier Kinder (zehn und sieben Jahre alt) nach der Ermordung John F. Kennedys den damals 62 Jahre alten Aristoteles Onassis heiraten. Im Idealfall (wohlgemerkt für die Frau!) ist der geehelichte Geldgeber dann nicht der Samenspender und »Gen-Geber«, sondern diesen Part übernimmt vielleicht der Gärtner. Dies ist der Stoff, aus dem die menschlichen Dramen der Weltliteratur à la Lady Chatterley sind.

Die Biologie des Seitensprungs
Warum Mann und Frau sich auch betrügen und trennen

Romantische Gedichte, phantasievolle Erzählungen und poetische Lieder – sie alle beschreiben die Partnerwahl beim Menschen. Die evolutionäre Wirklichkeit ist weitaus prosaischer, ja geradezu ernüchternd. Die Ehe ist ein Zweckbündnis im Dienste der Fortpflanzung, und Scheidung dient dazu, Verluste zu minimieren. Was immer wir tun, im Hintergrund spielt die Evolutionsbiologie ihr ebenso trickreiches wie schicksalhaftes Spiel. Selbst die Spermien haben in diesem Paarungsspiel buchstäblich ihren eigenen Kopf.

Seitensprung und Fremdgehen sind keineswegs eine Erfindung unserer vermeintlich unmoralischen Zeit, sondern – trotz aller vollmundiger Bekenntnisse und intensiver monogamer Bemühungen – ebenfalls biologisches Erbe, so behaupten Evolutionspsychologen. Prinz Charles tat es seinerzeit und Lady Di, Boris Becker und Bill Clinton – es passiert in den so genannten »besten Kreisen« – und ist keineswegs ein Privileg der Männer. Frauen gehen nur aus anderen Gründen, aber kaum weniger häufig, fremd.

Verhaltensforscher sehen im Seitensprung eine Fortpflanzungsmethode, die auf optimale Weise Nachkommen bringt. Denn Männer werden nicht allein als Versorger gewählt; ihre Erscheinung muss auch »gute Gene« versprechen. Nicht immer finden Frauen beides in einem Mann. Bei der Damenwahl des Menschen ist der Seitensprung deshalb inklusive. Auch den wählerischen Weibchen im Tierreich geht es darum, den genetisch »besten« Nachwuchs zu zeugen und ihn mit einem möglichst ressourcenreichen Männchen erfolgreich aufziehen. Dazu suchen die Weibchen meist den Schutz, die Ressourcen *und* die »besseren« Gene jener Männchen, die sich gegenüber Konkurrenten durchsetzen konnten und sich überdies mit auffälligem Verhalten, Farben oder Formen ins rechte Licht rücken. Aus der Sicht der Weibchen muss dabei nicht unbedingt derjenige, der die Ressourcen liefert, auch Erzeuger des Nachwuchses sein.

Immer wenn Verhaltensforscher bei ihren Beobachtungen im Tierreich auf den Umstand stoßen, dass ein Weibchen von mehreren Männchen besamt wird – und im Tierreich ist das vom wirbellosen Insekt bis zum Schimpansen der Normalfall – wittern sie neuerdings ein kurioses Phänomen: Spermienkonkurrenz. Demnach führen die Heere der Samenzellen im weiblichen Geschlechtstrakt regelrecht Krieg gegeneinander – auch beim Menschen. Denn Spermien sind vergleichsweise billige Massenware, Eier dagegen teure Güter, die es klug an den Mann zu bringen gilt.

Der Geschlechterkampf erreicht mithin offenbar selbst die intimsten Bereiche. Dank vielfältiger Studien an zahlreichen Tierarten – von Taufliegen und Libellen bis zu Gespensterkrabben und heimischen Singvögeln wie dem Trauerfliegenschnäpper – haben Verhaltensforscher herausgefunden, dass sich nicht nur die Männchen im direkten Kampf um Weibchen Konkurrenz machen. Vielmehr gehen sogar die Spermien miteinander um das Privileg ins Rennen, als erste (und damit einzige) ein Ei zu befruchten. Wer beispielsweise unter Taufliegen ein befruchtungsbereites Weibchen kurz vor der Eiablage begattet, hat die größten Chancen, Vater der Nachkommenschaft zu werden.

Wer unter den Spermien das Rennen zum befruchtungsbereiten Ei gewinnt, spielt auch beim Menschen eine wichtige Rolle. Warum geben Männer bei jedem Geschlechtsverkehr derart viele Spermien ab, dass damit – theoretisch – die weibliche Bevölkerung der Vereinigten Staaten zweimal befruchtet werden könnte? Nach der Überzeugung von Evolutionsbiologen ist jeder Tropfen maskuliner Essenz verwickelt in Kämpfe, Schlachten und vielfältige Scharmützel.

Erstmals 1989 sorgte der britische Evolutionsbiologe Robin Baker für Aufsehen, als er zusammen mit seinem Kollegen Mark Bellis an der Universität Manchester die Ergebnisse einer Studie zur Spermienkonkurrenz beim Menschen vorstellte. Ihr Befund: Die Samenfracht, die ein Mann bei der Kopulation abgibt, ist umso größer, je höher das Risiko ist, dass seine Partnerin fremdgegangen sein könnte. Baker und Bellis hatten 15 Versuchspärchen dafür gewonnen, über mehrere Monate die Ejakulate des Mannes mit Kondomen zu sammeln und zwecks Auszählung der Spermien den Forschern samt Fragebogen zu ihrem Liebesleben zu überlassen. Die Wissenschaftler fanden dabei eine enge Korrelation zwischen der Zahl der Samen, die pro Akt ejakuliert werden, und der Zeit, die ein Mann zwischen den Schäferstündchen mit seiner Partnerin gemeinsam verbrachte. Anders ausgedrückt: Je mehr Zeit die Frau allein war, desto größer war die Gefahr, dass ein anderer Mann »dazwischenfunkt«, und desto höher lag die Zahl der Krieger, die zum Spermienkampf ins Feld geschickt werden. Je häufiger und länger umgekehrt ein Paar zusammen ist, desto geringer ist die Gefahr für den Mann, mit fremdem Samen konkurrieren zu müssen. Es scheint, als treffe der Körper des Mannes noch während der Kopulation die Entscheidung, ob nun 100, 300 oder doch besser 600 Millionen Spermien die angemessene Truppenstärke ist. Offenbar regulieren Männer die Zahl der Spermien. Wie sie dies tun, ist gänzlich unbekannt; allein, dass sie es tun, scheint nunmehr sicher.

Auch beim Menschen, so ist Robin Baker deshalb überzeugt, spielt die Spermienkonkurrenz eine entscheidende Rolle für das Sexualverhalten. Vielfach überlassen Männer, die um die Gunst einer Dame konkurrieren, die letzte Auseinandersetzung ihren Ejakulaten. Vier Prozent aller Menschen, meint Baker, seien bei einem Krieg von Spermien unterschiedlicher Männer gezeugt; jeder 25. würde damit seine Existenz der Tatsache verdanken, dass das Sperma seines Vaters das eines anderen oder mehrerer anderer Männer im Genitaltrakt seiner Mutter niedergekämpft hat. »Der Wettkampf, der da im Körper einer Frau entbrennt, ist weder bloßes Glücksspiel noch reines Wettschwimmen. Er ist tatsächlich ein Krieg – ein Krieg zwischen zwei (oder mehr) Heeren«, so Baker, der in seinem Buch *Krieg der Spermien* die sexuellen Verhaltensweisen des Menschen unter diesem Aspekt durchmustert hat. Kein Wunder, dass der männliche Samen angesichts solcher Studien immer mehr in den Blickwinkel des wissenschaftlichen und öffentlichen Interesses gerät. Seien es künstliche Befruchtung, Samenbanken, Stammzellenforschung an Geschlechtszellen oder alarmierende Nachrichten über die zunehmende Verschlechterung der Samenqualität – das Thema ist seitdem in aller Munde.

Nehmen wir das letzte Beispiel: Normalerweise zählt ein Inseminat rund 300 Millionen Spermien; das sind pro Milliliter zwischen 40 und 120 Millionen (bei weniger als 20 Millionen pro Milliliter besteht kaum noch eine Chance auf eine erfolgreiche Befruchtung). Nun soll es weltweit zu einer kontinuierlichen Verschlechterung der Spermienproduktion gekommen sein. So berichteten schottische Forscher, dass sich bei Männern, die nach 1970 geboren wurden, rund 25 Prozent weniger Spermien fanden als bei Männern der Jahrgänge vor 1959. Auch dänische Forscher entdeckten, dass die durchschnittliche Spermienzahl fertiler Männer in den letzten 50 Jahren um 50 Prozent gesunken ist. Die Spermien seien im Stress, so das Fazit; dadurch nehme die Infertilität beim Mann zu. Ursache könnte eine durch vielfältige Gifte und andere schädliche Umwelteinflüsse gestörte Spermatogenese sein. Bereits die Verabreichung von Östrogen an schwangere Frauen kann die Entwicklung des Hodens im männlichen Ungeborenen schädigen. Neben Chemikalien und ionisierenden Strahlen kann auch der »moderne« Lebensstil eines Mannes – Stress, Nikotin, Alkohol, Kleidung – die normale Spermienreifung empfindlich stören. Setzt sich der Trend fort, droht eine Art »Ökokastration« des Mannes.

Bevor es so weit ist, zurück zum Seitensprung. Obgleich beide Partner unter den entsprechenden Umständen zum Seitensprung neigen, um ihre Gene möglichst effektiv an die nächste Generation weiterzugeben, tendieren eher Männer dazu, zusätzlich noch zu einer zweiten und dritten Frau, gar zu einem Harem zu kommen. Jede weitere von ihm geschwängerte Frau erhöht die Anzahl seiner Gene, die er in die nächste Generation schleust.

Während sich mit dem vergleichsweise geringen Aufwand der Männer deren Neigung sowohl zur Vielweiberei wie zum Seitensprung erklärt, sieht die Rechnung, die die Evolution der Frau aufmacht, gänzlich anders aus. Sie kann während ihrer aktiven gebärfähigen Zeit von etwa 25 Jahren kaum mehr als ein Kind pro Jahr haben, egal um wie viele Sexualkontakte sie sich auch bemüht. Für sie bedeutet mehr Sex nicht zugleich auch mehr Nachkommen. Das ist der eigentlich bedeutsame »feine« Unterschied im evolutiven Geschlechterkampf.

Bei Mann und Frau stehen Seitensprünge deshalb auf der Tagesordnung, weil sie versuchen, aus zur Schau gestelltem Wohlstand und Ressourcenreichtum sowie körperlicher Attraktivität jeweils das Beste zu machen. Beide Partner versuchen, wenigstens gelegentlich ihre Fortpflanzungschancen – zusätzlich zur bestehenden Paarbindung – weiter zu maximieren. Nicht wilde Lust oder die Suche nach dem extravaganten Abenteuer treibt sie in die Betten neuer Partner. Vielmehr versucht er unbewusst, sein Erbgut möglichst zahlreich zu streuen, und sie geht fremd, weil sie – nicht minder unbewusst – ihr Erbgut mit dem eines möglicherweise besseren Partners zu verschmelzen sucht. In den USA, wo nach einer Blutgruppenanalyse zu urteilen jedes zehnte Kind nicht vom Ehemann der Mutter stammt, fanden Psychologen etwas Verblüffendes: Wenn Frauen fremdgehen, tun sie es häufiger während ihrer fruchtbaren Tage; dann also, wenn die Wahrscheinlichkeit, beim »Fehltritt« auch noch schwanger zu werden, am größten ist.

Dass sie ihm Hörner aufsetzt, ist vom genetischen Standpunkt aus das Schlimmste, was ihm in einer Zweierbeziehung passieren kann. *Er* kann nur sichergehen, tatsächlich Vater eines Kindes zu sein, wenn *sie* ihm treu ist. Männer sind daher in der Regel bei einem Seitensprung der Frau unversöhnlicher als umgekehrt. In allen Kulturen, die den Ehebruch verurteilen – das zeigt nicht nur die Studie von David Buss –, wird das Fremdgehen der Frau stärker verurteilt als der Seitensprung des Mannes. Und zur Eifersucht neigen Männer stärker als Frauen. Da es ihr vor allem um die Versorgung der Kinder geht, ist das Sitzengelassen-Werden für sie eine größere Gefahr als ein Seitensprung und eine belanglose Affäre ihres Mannes. Auch wenn Frauen nicht gerade Beifall klatschen, wenn sie betrogen werden, scheint ihnen dies weniger zuzusetzen als umgekehrt den Männern, meinen Soziobiologen herausgefunden zu haben. Erst wenn Männer eine tiefe gefühlsmäßige Beziehung zu einer anderen Frau eingehen und für diese möglicherweise Ressourcen abziehen könnten, sollten Frauen aufs Höchste alarmiert sein.

Lebenslängliche Monogamie und Treue sind offenbar nicht die natürliche Fortpflanzungsstrategie des Menschen. Sobald er ausbrechen kann, tut er es – und unsere moderne Gesellschaft erlaubt dies Mann und Frau offenbar häufiger als je zuvor. Der Mensch scheint polygam veranlagt, so lässt sich schließen. Sein biologisches Erbe treibt den Mann zur gemäßigten Vielweiberei, die Frau zur Suche nach dem besten Vater und Versorger für jedes ihrer Kinder. Je nach Umfeld kann der Mensch offenbar zwischen monogamer und polygamer Paarungsstrategie wechseln. Er ist nur unter bestimmten ökologisch-ökonomischen sowie gesellschaftlich-kulturellen Bedingungen zur Monogamie bereit – einer Einehe freilich mit Hintertürchen, wie uns Ehebetrug, Prostitution und die Scheidungsquote beweisen.

Mit Trennung und Scheidung versucht stets wenigstens einer der Partner gewissermaßen evolutionsbiologische Schadensbegrenzung. Er kompensiert mit diesem Schritt jene Fehlentscheidung, die er mit der Bindung (und möglicherweise einer Heirat) traf, und macht zugleich den Weg frei für eine weitere Beziehung mit einem neuen, vielleicht »besseren« Partner. Aus evolutionsbiologischem Blickwinkel korrigieren sowohl Frauen wie Männer weitere genetische Fitness-Verluste, die entstünden, wenn sie weiterhin Zeit und Ressourcen in eine Beziehung mit unpassendem Partner investieren. Besser ein Ende mit Schrecken als ein Schrecken ohne Ende. Auch lässt sich jener »zweite Frühling«, bei dem nicht mehr ganz junge Männer ihre kaum weniger alten Gattinnen plötzlich gegen eine jüngere Frau eintauschen, als evolutionäre Masche deuten, mit der sie ihre Reproduktionsrate noch einmal steigern, bevor es zu spät ist.

Angesichts vergleichsweise kurzfristig wechselnder Partnerschaften – Stichwort »Lebensabschnittsgefährte« – und zunehmender Scheidungshäufigkeit haben wir heute zumindest in den Industrienationen mit zunehmender wirtschaftlicher Unabhängigkeit auch der Frauen so etwas wie eine »serielle Monogamie«. Der markige Spruch des Tycoons Paul Getty, nach dem eine lang andauernde Beziehung zu einer Frau nur etwas für berufliche Versager sei, bringt auf den Punkt, was Evolutionspsychologen uns unterstellen: Je höher der Sozialstatus des Mannes, desto eher sind Frauen bereit, sich mit ihm einzulassen.

Evolutionsbiologisch verhält sich der Mensch mustergültig; seine Partnerwahl und Fortpflanzungsstrategie läuft wie im Lehrbuch ab. Vielen kommen dennoch Zweifel daran, dass uns allein genetische Zwänge fest im Griff haben und wir bloße Marionetten der Evolution sind. Sind unsere Emotionen tatsächlich nur Adjutanten unserer tierischen Natur? Vermögen allein wissenschaftliche Rationalität und Logik die mysteriöse Liebe auf den ersten Blick zu erklären, die uns binnen Sekunden gefangen nimmt? Wer Zweifel hat, der hofft vielleicht auf die Wirkung von fünf Strategien, einer Art Gebrauchsanweisung für die Liebe in unserer Zeit, die der Berliner Wissenschaftsjournalist Bas Kast in seinem Buch über Liebe und Leidenschaft zusammengestellt hat: Zuwendung, Wir-Gefühl, Akzeptanz, positive Illusionen und Aufregung im Alltag. Ob's funktioniert?

Gleichsam als Gebrauchsanweisung erweist sich dagegen eine Studie, die wissen wollte, was Mann und Frau beim Sex bereuen. Amerikanische Psychologen hatten sich in ihrer Arbeit eigentlich mit den tiefen evolutiven Wurzeln unseres Sexualverhaltens und dem aktuellen Wandel beschäftigt; doch als sie ihre Befunde dazu 2013 veröffentlichten, griffen die Medien dankbar diese Reue-Frage auf – »sex sells«. So ging die Nachricht um die Welt, dass die Geschlechter auch mit unverbindlichem Sex sehr unterschiedlich umgehen.

Zwar gaben mit jeweils 56 Prozent gleich viele Männer wie Frauen an, ab und an Gelegenheitssex zu haben, doch offenbar schlagen sich anschließend die Frauen häufiger und heftiger mit Gewissensbissen herum. Während sie lockere Liebschaften und Seitensprünge oft bereuen, bedauern Männer vor allem die verpasste Gelegenheit, wenn es nicht dazu kommt. Wen wundert's noch? Denn dass Männer und Frauen gerade in Sachen Sex unterschiedlich ticken, haben wir mittlerweile verstanden. Und so waren auch die Antworten auf die Fragen, die die Forscher um Andrew Galperin und Martie Haselton von der University of California in Los Angeles ihren Probanden stellten, meist denkbar unterschiedlich, weil Männer und Frauen Grundverschiedenes bereuen.

Demnach ist der Verlust der Jungfräulichkeit an den Falschen für 24 Prozent der Frauen ärgerlich und für 23 Prozent, wenn sie einen Partner hintergangen haben, während es 20 Prozent ärgert, sich zu schnell immer neuen Partnern hinzugeben. Dagegen bereuen es 27 Prozent der Männer, wenn sie zu schüchtern für eine sexuelle Eskapade waren oder wenn sie in ihrer Jugend (23 Prozent) oder in ihrer Zeit als Single (19 Prozent) nicht besonders abenteuerlustig waren. Mit einem körperlich unattraktiven Partner Sex gehabt zu haben, finden 17 Prozent der Frauen hinterher schlimm; aber nur 10 Prozent der Männer plagt dann dieser Gedanke.

Bisher stand bei Sexualitätsforschern die Frage im Vordergrund, wie Menschen ihre sexuellen Entscheidungen fällen und was die sexuelle Attraktion ihrer Partner ausmacht. Jetzt traten erstmals auch negative Empfindungen rund um den Sex zutage. »Solche Emotionen können sehr wichtig für sexuelle Entscheidungen sein«, meinte David Buss, der auch an dieser Studie beteiligt war. Früher sei es für Frauen vor allem wichtig gewesen, den richtigen Mann zu finden; Schwangerschaft und Kindererziehung kosten Kraft und Zeit, wie wir gesehen haben. Dagegen spielt für Männer nach wie vor die entscheidende Rolle, ihre Gene an möglichst viele Nachkommen weiterzugeben. Wer hier nicht zum Zug kommt, den bestraft die Evolution. Kein Wunder also, dass Männer jede verpasste Gelegenheit, mit einer neuen Partnerin Sex zu haben, bedauern.

Mit den verlässlichen Mitteln zur Empfängnisverhütung muss Gelegenheitssex heute keine Konsequenzen in Form von Kindern mehr haben. Doch die Chance zum wiederholten One-Night-Stand ersetzt nicht, dass Frauen versuchen, den einen richtigen Mann zu finden, statt sich auf möglichst viele einzulassen. Die Ziele, die Frauen und Männern beim Sex verfolgten, hätten sich noch lange nicht verschoben, betonte Martie Haselton.

Die Emotionen und Entscheidungen für oder gegen Sex mit diesem oder jener liegen – wie so oft schon bei diesem Thema – tief in unserem evolutiven Erbe begründet; tiefer offenbar, als manchem lieb ist, der hofft, moderne kulturelle Veränderungen würden auch hier einen Sinneswandel bewirken. Und so wurde wenigstens in den Medien, die über diese jüngsten Befragungen berichteten, bedauert, dass in den Gefühlen der Menschen noch nicht angekommen sei, dass Sex auch einfach nur Spaß bedeuten kann. Aber so leicht ist das mit dem darwinschen Erbe offenbar dann eben doch nicht.

Dritter Streifzug:
Von Mammuts, Meteoriten und tierischen Machos

Die Mär von des Mammuts Wiederkehr

Lassen sich ausgestorbene Tiere durch Klonen wiederbeleben?

Nichts scheint mehr unmöglich in der schönen neuen Welt der Biologie unserer Tage. Da diskutieren Politiker etwa im Deutschen Bundestag darüber, ob embryonale Stammzellen nun »totipotent« oder doch nur »pluripotent« sind – und kurz darauf züchtet ein deutscher Biologe aus embryonalen Mäuse-Stammzellen funktionstüchtige Eizellen. Gleichzeitig zeigen japanische Forscher, dass prinzipiell auch Spermien aus Stammzellen gebildet werden können.

Da sollte doch – Michael Crichton grüßt aus dem *Jurassic Park* – die Wiederbelebung auch des ausgestorbenen Wollhaar-Mammuts nur noch als Kleinigkeit erscheinen. Diese riesigen Elefanten-Verwandten mit dem zotteligen Fell trotzten bis zum Ende der letzten Eiszeit der eisigen Kälte im sibirischen Norden. Nachdem sie 200 000 Jahre in großen Herden durch Nordeuropa, Asien und Nordamerika gestreift waren, machte ihnen das milder werdende Klima vor etwa 10 000 Jahren den Garaus. Wälder breiteten sich aus und verdrängten die Grassteppe als nahrungsspendenden Lebensraum der Mammuts; und sicherlich halfen auch Menschen auf der Jagd nach Fleisch und Fellen nach.

So lebt seitdem nur der Mythos Mammut weiter. Angeheizt wird er immer wieder einmal durch den Fund der sterblichen Überreste eines dieser Urtiere. Im Dauerfrostboden Sibiriens und Alaskas haben offenbar Dutzende Mammut-Kadaver mit Haut und Haaren die Jahrtausende weitgehend unbeschadet überdauert. Nachdem sie lange kaum mehr als Kuriositäten der Naturforschung waren, sind sie heute für wagemutige Forscher das Objekt der Begierde. Denn in den kaum verwesten Kadavern haben sich, so hoffen vor allem Molekulargenetiker, vielleicht sogar Spermien der Tiere erhalten. Ist damit das Wiederbeleben einer ausgestorbenen Tierart möglich – und nötig?

Die Frage lässt sich auf beliebig viele ausgestorbene Tierarten ausdehnen, etwa auf den vom Menschen ausgerotteten Tasmanischen Tiger oder den Beutelwolf. Im Zoo von Hobart starb 1936 das letzte Tier dieser Spezies. Nur Knochen und Fell sowie einige Bilder blieben erhalten. In Sydney wollten Molekularbiologen dann den Beutelwolf im Labor als geklonte Schöpfung wiederauferstehen lassen, indem sie seine Erbsubstanz zu rekonstruieren versuchten. Allerdings erwies sich die einzig bei Museumstieren noch verfügbare DNA als zu sehr fragmentiert und das Projekt wurde abgebrochen.

Buch und Film-Schocker *Jurassic Park* lebten von der Idee, Dinosaurier mittels deren Erbgut zu neuem Leben zu erwecken. Dazu müsste beispielsweise eine in Bernstein konservierte Stechmücke gefunden werden, die nach ihrer Blutmahlzeit am Dino in das klebrige Baumharz geraten wäre und aus deren Magen sich die Dino-DNA noch nach Jahrhundertmillionen isolieren ließe, um dann fehlende Genstellen mittels Reptilien- oder Amphibien-DNA zu ergänzen. Doch dass solches »genetical engeneering« tatsächlich in absehbarer Zeit möglich sein wird, bezweifeln viele Experten mit gutem Recht.

Freilich ist das weder beim Tasmanischen Tiger noch beim Wollhaar-Mammut das einzige Problem. Zuerst müssen Forscher das Genmaterial der jeweiligen Tierart in ausreichend großer Menge und gut konserviert vorfinden. Dieses Problem, die Jagd nach gut erhaltenen Überresten von Mammuts im sibirischen Permafrostboden, schildert der amerikanische Wissenschaftsautor Richard Stone, der selbst an zwei dieser Expeditionen ins ewige Eis Sibiriens teilgenommen hat, aus eigener Anschauung in seinem Buch *Mammut – Rückkehr der Giganten*. Eingebettet in eine moderne »Mammutjagd«, interessiert Richard Stone dabei das ungleich größere, aber weniger abenteuerlich-anschauliche Problem Nummer zwei, nämlich die derzeit unüberwindbaren gentechnischen Hindernisse und Risiken, leider nur am Rande. Eine Diskussion dieses »Klonproblems« würde die ungeheuren und kostspieligen Anstrengungen russischer, japanischer und amerikanischer Forscher auf der Jagd nach dem letzten Mammut durchaus in einem anderen Licht erscheinen lassen. So suggeriert Stone mit seiner Anregung zu einem *Mammut Park* irgendwo in der russischen Tundra, dass die Gentechnologen es schon richten werden, wenn sich nur klonfähige Spermien in einem Permafrost-Kadaver eines Mammuts finden ließen. Indes ist die Vorstellung von der Wiedergeburt des zottigen Urviechs derzeit tatsächlich ein (Alb-)Traum – faszinierend vielleicht, aber eben phantastisch.

Experten unter den Molekularbiologen, sofern sie nicht selbst zu sehr mit der Jagd nach Forschungsgeld und Ruhm in Sachen Mammut involviert sind, dämpfen die Euphorie ihrer Kollegen mit jener berufstypischen »Anything goes«-Mentalität. Was Richard Stone verschweigt: Nicht nur das Extrahieren von im Permafrost konservierten Spermien in ausreichender Menge klingt simpler als es heute noch ist. Oft müssen auch beim Klonen selbst Hunderte von Versuchen durchgeführt werden. Beim Klonschaf Dolly beispielsweise waren es 277 entkernte Eizellen und ebenso viele Zellkerne, die aus dem nur bruchstückhaft erhaltenen Erbgut erst einmal zusammengefügt werden mussten. Von den schweren Geburtsschäden selbst bei einer erfolgreich verlaufenden Schwangerschaft oder der Lebenserwartung des Klon-Nachwuchses ganz zu schweigen.

Noch eine weitere Hürde steht vor der Wiederauferstehung des Mammuts. Beim Klonen muss das (bislang ja noch nicht existente) Erbgut dieser Eiszeittiere erfolgreich mit einer Eizelle eines nahen lebenden Verwandten verschmolzen und von einer Leihmutter ausgetragen werden. Im Fall des Mammuts fällt die Wahl aufgrund der systematischen Stellung im natürlichen System auf den Asiatischen Elefanten; beim Tasmanischen Tiger wäre es ein anderes australisches Beuteltier, etwa der Tasmanische Beutelteufel. Indes bringt auch dieses Verschmelzen über Artgrenzen hinweg weitere Komplikationen mit sich.

Doch das Entscheidende ist: Wozu das Ganze? Wir vernichten überall auf der Erde, insbesondere im breiten äquatornahen Gürtel der tropischen Regenwälder, die biologische Artenvielfalt rücksichtslos und mit einer beispiellosen Ignoranz und Habgier durch das Entwalden ganzer Landstriche. Und auf der anderen Seite der Erde lässt Richard Stone in seinem Buch japanische und russische Forscher verkünden, sie wollten mit ihrem Projekt die geschrumpfte Artenvielfalt wieder vergrößern. Der Anspruch wirkt ungeheuer lächerlich, angesichts einer – geschätzten – Biodiversität von wenigstens acht oder neun Millionen Tier- und Pflanzenarten auf der Erde, von denen Biosystematiker lediglich ein Viertel wissenschaftlich beschrieben haben – und die in den Tropen täglich weiter vernichtet wird.

Ganz zu schweigen von der Frage, wo die geklonten Herden wollhaariger Giganten nach ihrer Wiederauferstehung leben sollen. Da sich der Mensch überall – auch in den Tundren der Nordhalbkugel – breit gemacht hat, fehlen dem Mammut geeignete Habitate. Weite Wanderungen, wie sie bei diesen Herdentieren üblich sind, wird man ihnen kaum erlauben können. Das Schicksal, in einem immer enger werdenden Lebensraum der mühsam erhaltenen Schutzgebiete eingesperrt zu sein, würden Mammuts dann mit ihren Elefanten-Verwandten in Afrika und Asien teilen; auch deren Tage in freier Wildbahn scheinen langfristig gezählt zu sein. Doch dies wäre im Fall des Mammuts in der Tat eine späte Sorge; noch sind sie nicht wieder am Leben.

Tödlicher Doppelschlag gegen Dinos

Brachte ein Meteoriteneinschlag tatsächlich das Ende der Riesenreptilien?

Puhh – das ging gerade noch mal gut! Am Morgen des 8. Dezember 1992 ist unser Planet haarscharf einem kosmischen Inferno entgangen. Mit einer Geschwindigkeit von 140 000 Kilometern pro Stunde raste damals der rund sechs Kilometer große Asteroid Toutatis in – wenigstens nach galaktischen Maßstäben – minimaler Entfernung von nur vier Millionen Kilometern an der Erde vorbei. Bereits kurz nachdem er gesichtet war, wurde Wissenschaftlern schnell klar, dass sein ungewöhnlich naher Vorbeiflug keine Gefahr bedeuten würde, doch nach ein paar Jahren soll Toutatis (benannt nach dem gallischen Gott des Schreckens und des Krieges) zurückkehren – und dann werden es nur noch 1,6 Millionen Kilometer sein.

Nicht immer freilich kommt die Erde derart glimpflich davon. In der Geschichte unseres Planeten haben solche »kosmischen Bomben« aus dem All die Evolution des Lebens möglicherweise sogar maßgeblich geprägt. Denn immer wieder kam es auf der Erde zu einem Massensterben der Tier- und Pflanzenarten von globalem Ausmaß. Das Ende der Dinosaurier am Übergang von der Kreidezeit zum Paläogen, die K/P-Grenze (früher Kreide-Tertiär- oder K/T-Grenze genannt) vor 66 Millionen Jahren, ist nicht nur das bekannteste und zugleich erdgeschichtlich jüngste Aussterbeereignis; es ist auch das am besten erforschte. Nicht nur, weil wir zur Linie der Säugetiere gehören, die damals glücklich überlebte, scheint nahe zu liegen, dass wir herausfinden wollen, was diesen Umbruch in der Evolution verursachte. Immerhin fielen damals zusammen mit den Riesenechsen mehr als die Hälfte aller Pflanzen- und Tierarten und bis zu 90 Prozent der Meereslebewesen einer weltweiten Katastrophe zum Opfer.

Hitzige Debatten gibt es nach wie vor um die Frage, wieso es wiederholt zu solchen Massensterben in der Erdgeschichte kam. Seit Jahrzehnten haben sich unter den dabei beteiligten Astro- und Geophysikern, den Mineralogen, Geologen und Paläontologen zwei Lager gebildet. Während die einen den Einschlag eines gewaltigen Meteoriten für das Artensterben am Ende des Erdmittelalters verantwortlich machen, favorisieren die anderen eine rapide Zunahme des Vulkanismus auf der Erde als Ursache für massive Umweltveränderungen, mit denen viele Lebewesen an Land wie im Meer nicht mehr mithalten konnten. In beiden Fällen, so die Überlegung, sorgte letztlich die Abkühlung der Atmosphäre, eine Art jahrelanger Weltwinter, für das Artensterben.

Eine wachsende Zahl von Forschern glaubt inzwischen an ein kosmisches Desaster als Auslöser solch einer Klimakatastrophe. Nach der brillanten Idee des Physik-Nobelpreisträgers Luis Alvarez, die er 1980 zusammen mit seinem Sohn Walter und seinem Kollegen Frank Asaro vorstellte, war auch vor 66 Millionen Jahren ein gigantischer Asteroid oder Komet mit rund zehn Kilometern Durchmesser mit einer Geschwindigkeit von mehr als zehn Kilometern pro Sekunde auf der Erde eingeschlagen. Die dabei freigesetzte Energie (gerechnet wird mit einer Sprengkraft, die 70–100 Billionen Tonnen TNT entspricht) soll Orkane und riesige Flutwellen, Wolkenbrüche sauren Regens und Feuersbrünste auf der Erde ausgelöst haben; durch eine dichte Staub- und Rußschicht wurde es anschließend für lange Zeit dunkel und bitterkalt.

Diese Meteoritentheorie stützt sich im Wesentlichen auf zwei Indizien. Zum einen fand sich weltweit in den Sedimenten just an der K/P-Grenze eine hauchdünne Lage mit ungewöhnlich hohem Anteil von Iridium, einem in der Erdkruste ansonsten seltenen Element, das aber in extraterrestrischen Himmelskörpern häufig vorkommt. Die Idee vom tödlichen Inferno aus dem All und der weltweiten Klimakatastrophe erhielt weiter Auftrieb, als Geologen 1990 endlich Spuren eines 180 Kilometer großen Meteoritenkraters auf der Halbinsel Yucatán in Mexiko fanden. Er wurde auf den Namen *Chicxulub* getauft – was in der Sprache der Azteken so viel wie »Schwanz des Teufels« bedeutet. Dieser größte Einschlagkrater auf der Erde ist zwar inzwischen beinahe vollständig von der Verwitterung wieder eingeebnet worden, doch Gesteinsproben aus dem Epizentrum des Kraters ließen sich eindeutig auf ein Alter von 66 Millionen Jahren datieren. Seitdem sehen viele im Chicxulub den Einschlagsort des kosmischen Lebenskillers. Vor allem die riesigen Mengen tonnenweise aufgewirbelten schwefelhaltigen Staubes sowie giftiger und klimawirksamer Gase dürften dafür gesorgt haben, dass sich der Himmel nicht nur monatelang, sondern vielleicht sogar über Jahrzehnte verdunkelte, die Temperaturen in den Keller sackten und die Erde in eine Art Kältestarre versetzten.

Auch die Verfechter der Vulkanismus-Theorie gehen von einer ökologischen Katastrophe aus. Dass speiende Vulkane das Klima verändern können, bewies zuletzt im Sommer 1991 der Ausbruch des Pinatubo auf den Philippinen. In die Stratosphäre geschleuderte Staubpartikel wanderten damals vom Wind getrieben monatelang um den Globus. Im Tropengürtel dämpften sie die Sonneneinstrahlung, wie Messungen des Wettersatelliten NOAA-11 ergaben. Ähnliche Auswirkungen auf das Klima kennt man auch von früheren Vulkanausbrüchen. Viele Geophysiker machen daher eine am Ende der Kreidezeit vermehrt feststellbare intensive Vulkantätigkeit als Auslöser eines ökologischen Dominoeffekts verantwortlich. Anstelle eines Meteoriteneinschlags sollen irdische Ursachen den Sauriern und Co. über längere Zeiträume hinweg den Garaus gemacht haben.

Bislang argumentierten die Forscher in beiden Lagern meist vehement gegen die jeweils andere Theorie (und viele Medien forcierten dies oft zur Kontroverse). Doch beide Theorien – Meteoriten-Einschlag oder verheerender Vulkanismus – schließen sich keineswegs aus, wie die Idee von Jon Hagstrum vom U. S. Geological Survey zeigt. Er kombiniert nicht nur beide Theorien, seiner Meinung nach lässt sich auch erklären, warum beide Erdhemisphären gleichzeitig betroffen waren.

Ein Meteoritentreffer im karibischen Raum könnte nämlich auf der gegenüberliegenden Erdseite – den Antipoden – eine Phase heftiger Vulkanausbrüche ausgelöst haben. Erst dieser Stereo-Effekt von Meteoriteneinschlag im Chicxulub plus nachfolgend lang anhaltender Klimaänderung infolge Vulkanismus auf den Antipoden könnte am Ende der Kreide das Aussterben der Arten verursacht haben. Hagstrum hat die Ausbreitung seismischer Wellen, die bei Erdbeben oder Explosionen entstehen, durch das Erdinnere hindurch untersucht. Dabei stellte er fest, dass die Erde selbst diese seismischen Wellen fokussiert, die durch Erdmantel und den äußeren Erdkern laufen, und ihre Energie an den jeweils gegenüberliegenden Punkten der Erdoberfläche wieder freisetzt. Auch der Aufschlag eines Meteoriten auf der Erde hätte – neben anderen verheerenden Folgen an der Erdoberfläche – im Erdinneren seismische Wellen ausgelöst. Von der Erdrinde reflektiert und dank ihrer Kugelgestalt gebündelt, könnten diese Wellen dann aufgrund ihrer enormen Energie beim Auftreffen dazu geführt haben, dass die gegenüberliegende Erdkruste aufschmolz und aufbrach. Dabei dürften gewaltige Magmamassen an die Erdoberfläche gelangt sein und zu einem gigantischen Vulkanismus mit riesigen Lavadecken geführt haben.

Zeugen solch eines Vulkanismus sind den Geologen etwa aus dem Westen Indiens bekannt. Die dortigen Lavafelder der so genannten Dekkan-Trapps sind vor 66 Millionen Jahren zeitgleich mit dem Aussterben der damaligen Flora und Fauna ausgeflossen. Ob sich solche Lavafelder stets als gleichsam erdgeschichtliches Gegenstück zu Meteoritenkratern nachweisen lassen, muss sich zukünftig zeigen. Erst dann könnten sie als direkte Nachweise für eine Doppelschlag-Theorie gelten.

So verlockend diese Theorie sein mag: Auch sie wird nicht das Ende des Rätselratens um das Aussterben der Dinosaurier bringen. Immer wieder werden neue Runden in der Debatte um die Ursache des Dino-Sterbens eingeleitet. So etwa auch mit der Idee einer globalen Brandkatastrophe, die die amerikanischen Forscher David Kring und Daniel Durda seinerzeit vortrugen. Sie haben – ausgehend von einem gewaltigen Meteoriteneinschlag im heutigen Chicxulub-Krater – das Szenario einer verheerenden Welle von Flächenbränden genauer untersucht.

Demnach wären vor 66 Millionen Jahren fast alle Wälder der Erde in Brand geraten, als sich die irdische Atmosphäre aufgrund von durch die Luft rasenden Trümmern extrem erhitzte und die Vegetation auf sämtlichen Kontinenten in Flammen aufgehen ließ. Weil diesen weltweiten Flächenbränden nur wenige Arten entkamen und in ihrer Folge ganze Ökosysteme zusammenbrachen, wurde erst der Meteoriteneinschlag zu jener verheerenden Umweltkatastrophe, der am Ende der Kreidezeit mehr als drei Viertel der Tier- und Pflanzenarten zum Opfer fielen.

Sicher aber erscheint inzwischen vor allem eines: Selbst ein noch so gigantischer kosmischer Einschlag löste nicht augenblicklich und unmittelbar jenes massenhafte Sterben auf der Erde aus, wie es das irdische Leben bis dahin noch nicht gesehen hatte. Vielmehr bewirkte der Chicxulub-Einschlag offenbar eine Kettenreaktion höchst unheilvoller und verheerender geologischer und ökologischer Folgen, die als Wellen der Verwüstung um die Welt gingen; erst diese haben für immer das Antlitz der Erde verändert.

Aufstieg und Untergang der Dinosaurier
Warum es die »Schreckensechsen« nicht mehr gibt, obwohl sie so erfolgreich waren

»Das muss ein Irrtum sein«, glaubten John Flynn und André Wyss anfangs noch, als sie die erste Hand voll steinalter Überreste von saurierähnlichen Lebewesen im ziegelroten Lateritboden auf Madagaskar entdeckten. Während ihrer Expedition durch den trockenen Westen der Tropeninsel fanden die beiden amerikanischen Paläontologen vom Field Museum of Natural History in Chicago erstmals Ende der 1990er-Jahre Fossilien von so genannten Prosauropoden. Diese fossilen Riesenechsen waren langhalsige, mehr als sechs Meter große Pflanzenfresser, die im Erdzeitalter der Trias vor 230 Millionen Jahren gelebt hatten.

Damit sind sie die ältesten Vegetarier und zugleich frühesten Zeugnisse der »Schreckensechsen«. Aus ihnen haben sich später die Sauropoden oder Elefantenfuß-Dinosaurier des Oberjura entwickelt, jene Pflanzen fressenden Giganten des Erdmittelalters, zu denen *Apatosaurus* und *Seismosaurus* in Nordamerika zählen. Oder auch der knapp 23 Meter lange und bis zu zwölf Meter große »Armsaurier« *Brachiosaurus brancei* aus Ostafrika, der heute im Berliner Naturkundemuseum zu bewundern ist – und der neuerdings korrekt als *Giraffatitan brancai* bezeichnet werden muss.

Mit den Prosauropoden der Trias begann die schließlich knapp 165 Millionen Jahre währende Herrschaft der Dinosaurier. Bis zu den genannten Funden hatten Forscher lange angenommen, dass die Vorfahren der Dinosaurier – die so genannten Thecodontier – erst am Ende der

Trias, vor etwa 215 Millionen Jahren, auftraten. Sie vermuteten damit, dass die Riesenechsen ihren unaufhaltsamen Aufstieg einem ähnlich katastrophalen Massensterben der Tier- und Pflanzenwelt am Ende der Trias verdankten wie es am Ende des Erdmittelalters in der Oberkreide stattgefunden hat und das die Dinosaurier ausgelöscht haben könnte.

Mit ihren spektakulären Funden aus der mittleren Trias vor 230 Millionen Jahren haben Flynn und Wyss nicht nur neues Licht auf die Evolution der Dinosaurier geworfen; zugleich stellten sie noch andere lieb gewonnene Vorstellungen zur frühen Evolution der Landtiere auf den Kopf. Zum einen war die evolutive Entfaltung der Dinosaurier am Ende der Trias bereits voll im Gange. Offenbar durch entsprechende Anpassungen vor allem in ihren Kauapparaten hatten sich damals schon längst verschiedene räuberische und Pflanzen fressende Saurierformen entwickelt. Neben den Prosauropoden zählten dazu etwa die gepanzerten Pflanzen fressenden Aetiosaurier sowie die 1991 in Argentinien entdeckten ältesten Raubsaurier *Eoraptor* und *Herrerasaurus*. Beide waren auf den Hinterbeinen laufende geschickte Räuber, wenngleich noch mit vergleichsweise ursprünglichem Knochenbau, die ihre Beute mit spitzen Zähnen und den gekrümmten Zehen der kurzen Vorderbeine zerrissen.

Zum anderen boten die Fossilfunde auf Madagaskar noch eine weitere Überraschung. Zusammen mit Prosauropoden waren vor 230 Millionen Jahren bereits die ersten Vorfahren der Säugetiere erschienen. Unter den säugerähnlichen Reptilien gab es ebenfalls Pflanzenfresser wie die Traversodontier (oder »Querzahnsaurier«), aber auch Fleischfresser wie die Chiniquodontier, aus denen sich später die echten Säugetiere entwickelten. Bis dahin hatten Wissenschaftler meist angenommen, dass sich die Säugetiere erst entfalteten, als die Dinosaurier am Ende der Kreidezeit gleichsam die ökologische Bühne frei machten; tatsächlich aber standen die frühesten Säugerahnen bereits in der mittleren Trias mit den Dinosauriern im ökologischen Wettstreit. Warum die erste Runde allerdings zu Gunsten der Riesenechsen ausging und sie die Säugetiere während des gesamten Erdmittelalters buchstäblich in ihren Schatten verbannten, ist den Forschern noch immer ein Rätsel.

Erst nach dem Aussterben der Dinosaurier vor 66 Millionen Jahren sollten die Säuger eine zweite Chance bekommen.

Auftritt und Abgang der Urzeit-Riesenechsen auf der Bühne des Lebens ähneln einer geradezu theatralischen Inszenierung, denn das Schicksal kaum einer anderen Tiergruppe auf der Erde ist derart von Massensterben geprägt worden. Zwar scheint nicht das Massensterben am Ende der Trias für ihr Erscheinen verantwortlich gewesen zu sein, wohl aber könnten sie ihren Aufstieg einem anderen einschneidenden Ereignis verdanken. Denn vor 251 Millionen Jahren, am Übergang vom Perm zur Trias und damit dem Beginn des Erdmittelalters, durchlief die Evolution eine ihrer folgenschwersten Krisen. Um Größenordnungen katastrophaler noch als der Faunenschnitt am Ende des Erdmittelalters, kam es an dessen Beginn zum Aussterben von neun Zehnteln aller damals lebenden Tier- und Pflanzenarten zu Wasser und zu Lande. Nie zuvor und nie danach war das irdische Leben dem Untergang so nah, davon sind Paläontologen überzeugt. Was indes das größte Sterben aller Zeiten im Perm auslöste und damit vielleicht den Weg für die Dinosaurier frei machte, ist weiterhin umstritten. Während einige Forscher einen weiteren Meteoriteneinschlag und dessen Folgen als Verursacher favorisieren, plädieren andere abwechselnd für globale Erwärmung, vergiftete Meere oder massenhafte Vulkanausbrüche, die mit giftigen Gasen und saurem Regen erhebliche Klimaveränderungen verursachten.

Noch rätseln Forscher, ob die Stunde der Dinosaurier tatsächlich mit jenem geologischen Jahrmillionen-Ereignis im Perm kam. Sicher ist nur: Das Schicksal, auszusterben, schwebte wie ein Damoklesschwert während des gesamten Erdmittelalters über den Dinosauriern. Doch sie überlebten die weiteren Faunenschnitte etwa am Ende von Trias und Jura. Mit Beginn der Kreidezeit könnten sie von der sich damals rasch entwickelnden und aufblühenden botanischen Vielfalt profitiert haben. Die plötzlich in Massen wachsenden Blütenpflanzen haben einer sich immer weiter auffächernden Vielfalt von Dinosauriern den Tisch gedeckt, die ihrerseits reiche Beute für räuberische Saurier wurden. Somit hätte die Pflanzenwelt der Kreidezeit ein evolutionsökologisches Wettrennen unter den Riesenechsen ausgelöst, bei dem die vergleichsweise winzigen, meist Insekten fressenden Säugetiere nur Zaungäste blieben.

Beinahe unbemerkt hat sich dank vieler neuer Ideen und vor allem durch den Einsatz neuer Techniken in den 1990er-Jahren so etwas wie eine stille Revolution in der Dinosaurierforschung abgespielt. Während die »Schreckensechsen« früher als tumb-tölpelhafte Tier-Titanen galten, die außer Fressen und Umbringen nichts konnten, sind die rund 100 professionellen Dinosaurierforscher, die es weltweit gibt, mittlerweile überzeugt, dass ihre Steckenpferde weder dämlich noch behäbig-kaltblütige Reptilien waren. Vielmehr sehen sie in ihnen auf wunderbare Weise in ihre jeweilige Umwelt eingepasste Lebewesen, unter denen es sogar solche mit ausgeprägtem Sozialverhalten und regelrechtem Gemeinschaftssinn gab. Denn ähnlich wie Vögel – mit denen einige von ihnen das Federkleid teilten – bebrüteten sie nachweislich ihre Eier und behüteten die Jungen.

Die vielen Rätsel um die 165 Millionen Jahre währende Dominanz der Dinosaurier zu ergründen, erscheint inzwischen weitaus spannender als die Frage, warum sie am Ende der Kreidezeit vor 66 Millionen Jahren dann schließlich doch ausstarben. Kaum mehr zu übersehen, sind dazu viele zum Teil biologisch bizarre Theorien vorgeschlagen worden: vom extraterrestrischen Impact-Event, für das in der Tat eine Fülle von Belegen spricht, bis hin zur Idee, dass die aufstrebenden Säugetiere den Dinosauriern die Eier buchstäblich im Nest wegfraßen, neue Pflanzen sie vergifteten oder neue Insekten ihnen tödliche Epidemien brachten. Allerdings: Die Diskussion um einen verheerenden Meteoriteneinschlag oder phasenweise erhöhten Vulkanismus mit globalen Folgen für das Klima förderte in den letzten Jahren kaum wirklich neue und entscheidende Fakten zu Tage. Während vor allem Astrophysiker und Mineralogen eine Katastrophentheorie verfolgen (siehe vorhergehendes Kapitel), ist vielen Geowissenschaftlern und vor allem den Evolutionsbiologen diese monokausale Erklärung des weltweiten Massensterbens viel zu simpel. Denn sie wird dem zu Wasser und zu Land zu beobachteten stufenweisen Artensterben am Ende der Oberkreide nicht gerecht.

Dagegen entdecken Paläontologen für sich zunehmend interessantere Themen. Was immer die Dinosaurier im geologischen Jahrhunderttausend-Ereignis der Kreide/Paläogen-Grenze dahinraffte – sie starben offenbar keineswegs nachfahrenlos aus. Vielmehr hinterließen sie eine Tiergruppe, die es an Formenreichtum und Vielfalt heute durchaus mit den Dinosauriern aufnehmen kann: Vögel nämlich sind, wie wir bereits gesehen haben, nach der Überzeugung vieler Forscher die wahren Erben der Riesenechsen des Erdmittelalters.

Paläontologen haben zudem begonnen, mit einer weiteren Lehrbuch-Legende aufzuräumen. Lange war angenommen worden, dass lediglich einige wenige nachtaktive Kleinsäuger den geologischen Supergau der Kreide/Paläogen-Grenze überlebten und Säugetiere angeblich erst im Eozän ihre evolutive Morgenröte erfuhren. Doch bereits vor mehr als 90 Millionen Jahren und damit noch im Schatten der Dinosaurier könnten es viele Säugergruppen – darunter auch unsere unmittelbaren Vorfahren, die Primaten – zur ersten Blüte gebracht haben.

Seite an Seite mit den Dinos

Auch die Urahnen des Menschen lebten zur Zeit der Dinosaurier

Das Szenario ist inzwischen ebenso bekannt wie vermutlich überholt: Nachdem die Erde vor 66 Millionen Jahren von einem gewaltigen Meteoriten nahe der heutigen mexikanischen Halbinsel Yucatán getroffen wurde, versinkt die Biosphäre in einer Art globalem Winter. Ein Großteil der bis dahin blühenden Tier- und Pflanzenwelt des Erdmittelalters fällt diesem irdischen Supergau zum Opfer – darunter vor allem auch die bis dahin dominierenden Dinosaurier. Übrig bleiben einige nachtaktive Kleinsäuger.

Erst jener Meteoriteneinschlag brachte die Wende und bereitete die evolutionäre Bühne für die Entfaltung der Säugetiere; so zumindest die bisherige Vorstellung. Zwar sind Säuger schon vor mehr als 200 Millionen Jahren entstanden; doch während zwei Drittel dieses unvorstellbar langen Zeitraums blieben sie buchstäblich im Schatten der Riesenechsen, und erst in der Erdneuzeit setzte ihre Blütezeit ein. So steht es in den gängigen Lehrbüchern und Lexika der Zoologie. Auch die Vorfahren unserer ureigenen Stammeslinie, der Primaten – oder »Herrentiere«, wie der schwedische Systematiker Carl von Linné sie einst taufte –, sollen erst während des frühen Tertiärs aus spitzmausähnlichen Insektenfressern entstanden sein.

Damals herrschten auf der Erde ausgeglichen warme Lebensbedingungen. Da die einschlägigen Fossilfunde just aus jener Zeit stammen, glauben die meisten Paläontologen bislang, dass die ältesten Primaten kaum mehr als 55 Millionen Jahre alt sind. Sie wären demnach Kinder des Kreide/Paläogen-Ereignisses.

Der britisch-amerikanische Anthropologe und Evolutionsbiologe Robert Martin widerspricht dieser Ansicht seiner Fachkollegen. Martin, der lange als Direktor der Wissenschaftsabteilung und Vizepräsident für Akademische Angelegenheiten am Field Museum of Natural History in Chicago tätig war, gehört zu den renommiertesten Säugetierforschern unserer Zeit. Nach wissenschaftlichen Stationen in Oxford, London und Yale ist er von 1986 bis 2001 auch Direktor des Anthropologischen Instituts und Museums der Universität Zürich gewesen.

Von Fachkollegen deshalb scherzhaft »Mister 90 Million« genannt, verficht Martin seit einiger Zeit eine zentrale These: Die den Menschen einschließenden Primaten entstanden bereits vor etwa 90 Millionen Jahren. Demnach lebten die Urahnen der Herrentiere schon seit der Kreidezeit Seite an Seite mit den Dinosauriern – und haben sich eben nicht erst nach deren Aussterben vielfältig entwickelt.

Martins Forschungen dazu lenken die Aufmerksamkeit auf eine ursprüngliche Primatengruppe, die kaum ein Zoologe näher kennt und die so eigentümliche Namen haben wie Kobaldmakis, Loris, Galagos oder Buschbabys. Meist sind sie klein, nur des Nachts aktiv und leben versteckt in den Regenwäldern der Tropen, die der Mensch allerorten rücksichtslos kurzfristiger Profitgier zum Opfer fallen lässt. Rund 350 Primatenarten haben Forscher mittlerweile entdeckt, die sie in sechs Hauptgruppen einteilen; eine dieser Gruppen stellen die großen Menschenaffen wie Gorilla und Schimpanse samt *Homo sapiens*.

Den Primaten gemeinsam ist, dass versteinerte Zeugnisse ihrer frühesten Vorfahren fehlen, insbesondere aus der fernen Zeit jenseits der magischen Grenze am Ende der Kreidezeit. Doch Urprimaten seien eben extrem schwer zu finden, so meint Martin, da sie auch als Fossilien klein und unscheinbar sind. Überdies gäbe es auf den von Primaten damals besiedelten Südkontinenten wie Indien, Madagaskar und Afrika kaum geeignete Sedimentgesteine aus jener fraglichen Zeit.

Und bei den wenigen bekannten Fundplätzen muss man schon das die gigantischen Dinosaurierknochen umhüllende Sedimentgestein durchsieben, wie dies der Paläontologe Wolf-Dieter Heinrich vom Berliner Museum für Naturkunde in mühsamer Feinarbeit getan hat, um überhaupt die winzigen Knochenfragmente von Säugern aus der Dino-Zeit zu finden. Tatsächlich entdeckte Heinrich auf diese Weise versteinerte Überreste von Säugern aus der oberen Jurazeit in dem buchstäblich im Schatten der Dinosaurier abgelagerten Gestein des ostafrikanischen Fundortes Tendaguru, dem auch der im großen Lichthof im Berliner Naturkundemuseum aufgestellte *Giraffatitan brancai* entstammt. Als *Tendagurodon janenschi*, *Staffia aenigmatica* und *Tendagurutherium dietrichi* beschrieben, sorgen diese frühen Säuger für Aufsehen in der Welt der Fossilkundler. Nur echte Knochen von Urprimaten aus der Zeit der Dinosaurier fehlen bisher noch immer. Ihr Fund wäre eine zoologische Sensation ähnlich der des ersten Neandertalers oder Urvogels.

Evolution findet eben meist irgendwo anders statt, kommentierte Robert Martin das chronische Fehlen von Primatenfossilien. In der Tat vermissen die Forscher nicht nur einzelne Seiten, sondern meist ganze Kapitel aus dem Buch des Lebens. Kaum mehr als drei Prozent aller einst lebenden Säuger sind überhaupt durch Fossilfunde bekannt, schätzt Robert Martin. Das gelte gerade auch für Urprimaten. Er spricht deshalb vom »schwarzen Loch der Evolution«. Immer wieder einmal, im letzten Jahrzehnt sogar verstärkt, werden Funde zur Primatenevolution gemacht, und stets mit dem obligatorischen Medienrummel um solche »bahnbrechenden« Befunde wird dann ein einzelner Backenzahn hier und ein Schädelknochen dort von potenziellen Urprimaten vorgestellt. Inzwischen machten Martins Kollegen Erik Seiffert und Elwyn Simons von der Duke University in Durham, North Carolina, im Fachblatt *Nature* mit knapp 40 Millionen Jahre alten Fossilfunden aus Ägypten von sich reden, als sie *Saharagalago* und *Karanisia* an der Wurzel der in Afrika lebenden Primaten aus der Gruppe der Lori-Verwandten platzierten. Allein dank dieses jüngsten Fundes hat sich das Alter der Lorisiformes schlagartig verdoppelt, die man bislang nur aus Schichten des jüngeren Miozäns kannte. Danach jedoch verliert sich die Spur der Urprimaten schnell im Dunkel der Evolution (eine Zusammenfassung des neueren Standes schildere ich im ersten Kapitel meines Buches vom *Ende der Evolution*).

Kein Wunder, dass kaum ein anderes Wissensgebiet von einer so lebhaften Uneinigkeit geprägt ist wie die Paläoprimatologie. Das chronische Fehlen von Fossilien und die Differenzen darüber, wie die wenigen bekannten Funde einzuordnen sind, sorgen immer wieder für Debatten um den Ursprung dieser uns in der Evolution nahe stehenden Säugetiergruppe. Robert Martin ist deshalb einen anderen Weg gegangen. Bereits in einer vor Jahren in *Nature* publizierten Arbeit hatte er postuliert, dass aufgrund seiner Berechnungen das eigentliche Erscheinen einer Tiergruppe um rund ein Drittel der bekannten Evolutionszeit rückdatiert werden müsste, ausgehend vom ältesten bekannten Fossilfund dieser Tiere. Damals schlug Martin vor, dass Primaten 80 Millionen Jahre alt seien; doch kaum ein Primatologe mochte ihm damals folgen.

Gleich mehrere molekulargenetische Arbeiten zur Stammesgeschichte und systematischen Verwandtschaft innerhalb der Säugetiere haben inzwischen – unabhängig von Fossilfunden und mathematischen Modellen – dieses hohe Alter der Primaten bestätigt. Molekulargenetiker wie etwa Ulfur Arnason von der Universität im schwedischen Lund ermittelten, dass die wichtigsten Aufspaltungen im Stammbaum der Säugetiere bereits im Erdmittelalter erfolgten und dass Primaten tatsächlich nicht 60 Millionen, sondern knapp 90 Millionen Jahre alt sein könnten.

Schützenhilfe hat Robert Martin auch von Biomathematikern um Simon Tavaré von der University of Southern California bekommen. Mittels statistischer Verfahren errechneten die Forscher in Zusammenarbeit mit Martin, dass Primaten durchaus bereits vor etwa 83–88 Millionen Jahren lebten. In diese Modelle gingen neben der Anzahl heute lebender Primatenarten und Annahmen zur durchschnittlichen Lebensdauer einer Säugerart (von rund einer Million Jahre) vor allem Daten sämtlicher bekannter Fossilfunde von Urprimaten aus allen Kontinenten ein. Demnach wären unsere Ur-Ur-Ur-Ahnen bereits tatsächlich rund 20 Millionen Jahre vor jenem faunenvernichtenden

Kreide/Tertiär-Einschlag – und damit Seite an Seite mit den Dinos – entstanden.

Sollte sich Martins »Ein Drittel mehr«-Regel allgemein auch für andere Stammeslinien als richtig erweisen, so wäre der Mensch selbst ebenfalls früher entstanden als vor den bislang meist angenommenen rund fünf oder sechs Millionen Jahren, die man derzeit unseren direkten Vorfahren zubilligt. Mit diesem Wissen ließe sich nicht nur in Afrika, sondern auch anderswo gezielter in entsprechend alten Schichten nach Fossilien suchen. Erst wenn wir sicher wissen, woher wir kommen und wann genau sowie unter welchen ökologischen Umständen unsere Evolutionsgeschichte begann, so meint Martin, werden wir auch unseren eigenen Ursprung verstehen.

Wer die Flügel abschafft, den bestraft das Leben

Die Ahnen der Riesenstrauße: Genomforschung am ausgestorbenen Moa

Die Wege der Natur sind mitunter wundersam. Zwar haben Vögel sicherlich nur einmal fliegen gelernt, zumindest einige ihrer Nachfahren aber haben es sich später offenbar wieder anders überlegt und just jene Eigenschaft wieder aufgegeben, die einst den Evolutionserfolg der Vögel bestimmte. So haben etwa Straußenvögel ihre Flügel im Verlauf der Evolution zu Stummeln reduziert. Ein tödlicher Irrtum der Evolution, so könnte man leicht vermuten, wenn man sich das Schicksal der ausgestorbenen Moas ansieht.

Um das Jahr 1300 starben diese riesigen flugunfähigen Strauße auf Neuseeland aus. Wenngleich Moas damit Geschichte sind, gelang es dennoch einem internationalen Team von Vogelkundlern und Molekularbiologen, zwar nicht die Tiere selbst wieder zum Leben zu erwecken, aber das komplette Genom der in den Mitochondrien gespeicherten Erbinformation der Moas zu entziffern. Damit eröffnet die Molekularbiologie einmal mehr ein Fenster zur Evolutionsforschung. Denn dank der Befunde am Moa-Genom wird die bisherige Vorstellung von der Verwandtschaft sämtlicher Straußenvögel korrigiert und die Frage beantwortet, wie flügellose Moas und die ebenfalls flugunfähigen Kiwis einst nach Neuseeland gelangten. Zugleich erlaubt der umfangreiche Datensatz aus dem Genom von Moa, Kiwi und Strauß auch Einblick in die ungewöhnliche Welt auf dem Urkontinent Gondwana am Ende der Kreidezeit, als die Dinosaurier noch nicht Geschichte waren.

Die bis zu fünf Meter großen Moas von Neuseeland waren nicht die einzigen flugunfähigen Giganten. Auf Madagaskar kamen einst bis zu drei Meter große und vermutlich etwa 500 Kilogramm schwere flugunfähige Riesenstrauße vor. Allein ihre 35 Zentimeter langen Eier wogen bis zu zehn Kilogramm. Erst Mitte des 17. Jahrhunderts starben diese Riesenstrauße Madagaskars aus. Die Madagaskar-Strauße wurden zusammen mit den Moas von Neuseeland lange für die nächsten Verwandten der ebenfalls auf Neuseeland lebenden, hühnergroßen Kiwis gehalten. Während die Moas ausstarben, überdauerten die nachtaktiven, waldbewohnenden Kiwis – das Wappentier der Neuseeländer – auf der isolierten Doppelinsel.

Knochen der mächtigen Moas hatte man bereits früher in Höhlen entdeckt; weitgehend unbeachtet staubten sie allmählich in zahlreichen Museumssammlungen überall auf der Welt ein, bis sie insbesondere von Alan Cooper gleichsam zu neuem Leben erweckt wurden. Ihm gelang es, aus bis zu 3000 Jahre alten Moa-Knochen noch Erbmaterial zu gewinnen. Da die Überreste der Moas in trockenen Höhlen auf natürliche Weise mumifizierten, wurden in den Knochen auch die sehr empfindlichen Nukleinsäuren konserviert. Erstmals 1992 konnte Cooper, damals noch an der Universität in Wellington, kleine Fragmente der mitochondrialen DNA der Moas isolieren und deren Sequenz bestimmen. Für eine sichere DNA-Analyse reichten diese Bruchstücke indes noch nicht aus. Also machte Cooper sich auf die erneute Suche.

Seine wissenschaftliche Detektivarbeit war natürlich nicht reiner Selbstzweck. Obgleich sie nur rund ein Dutzend Arten zählen, ist gerade die Verwandtschaft der Straußenvögel seit langem umstritten. Zoologen sahen es als erwiesen an, dass die Moas mit dem afrikanischen Strauß, dem Nandu oder Rhea der südamerikanischen Pampas sowie den australischen Laufvögeln Kasuar und Emu sehr nahe verwandt sind. Aufgrund ihres Knochenbaus im Schädel – insbesondere einem noch weitgehend nach Reptilienart gebildeten Munddach – und eines fehlenden Brustbeinkammes werden die Straußenvögel zu den so genannten »Ratiten« zusammengefasst. Diese heute flugunfähigen Vögel gelten als sehr altertümliche Vertreter der ansonsten fliegenden Zunft.

Und weil man diese ältesten Vertreter für eine Reihe von molekulargenetischen Datierungsversuchen auch bei vielen anderen Vogelarten und Wirbeltieren verwendet, gab es immer wieder heftige Diskussionen um Alter und Ursprung der Straußenvögel. Einige Forscher vermuteten, dass die Ahnen der Ratiten erst vor 50–60 Millionen Jahren gelebt haben; andere hielten Straußenvögel für stammesgeschichtliche Ur-Opas und schätzten sie auf mehr als 80 Millionen Jahre. Da eindeutige Fossilfunde aus dieser Zeit fehlen, sind Spekulationen an der Tagesordnung und Fakten rar.

Als sicher gilt, dass Moas und Kiwis dank der Insellage auf Neuseeland ähnlich sicher vor Konkurrenz und Feinden unter den Säugetieren waren wie die Beuteltiere in Australien. So konnten sich auf Neuseeland mehr als elf verschiedene Moa-Arten entwickeln. Ihre Bestände schrumpften und verschwanden schließlich ganz, als Neuseeland von Menschen – den Maori – besiedelt wurde. Und um der Geschichte der Moas noch ein weiteres Rätsel hinzuzufügen, gilt als umstritten, ob die Maori tatsächlich wesentlich zum Aussterben der Moas beitrugen oder ob diese, durch andere Faktoren verursacht, gewissermaßen evolutiv bereits auf dem absteigenden Ast waren.

Das Team von Alan Cooper analysierte das mit 16 997 Basenpaaren komplette ringförmig angeordnete Genom der Mitochondrien der beiden ausgestorbenen Moas *Emeus crassus* und *Dinornis giganteus*. Dazu erstellten sie außerdem eine etwa 1000 Basenpaare umfassende Sequenz der auf Madagaskar ausgestorbenen Riesenstrauße, die ebenfalls aus erhaltenen Knochen gewonnen werden konnte, und verglichen dies mit der Erbsubstanz aller heute lebenden Straußenvögel. Das Ergebnis: Kiwis sind nicht so eng mit den Moas verwandt, wie man lange dachte. Vielmehr stehen die kleinen Schnepfenstrauße Neuseelands den australischen und afrikanischen Straußen näher. Kiwis als die kleinsten Vertreter der Straußenfamilie sind demnach die Schwestergruppe ausgerechnet der großen afrikanischen Strauße, des australischen Emus – und überraschenderweise auch der Riesenstrauße von Madagaskar. Dagegen haben sich die Moas schon recht früh in der Evolution von diesen altweltlichen Laufvögeln getrennt. Am ursprünglichsten erscheint der südamerikanische Nandu oder Rhea: Seine Ahnen müssen bereits viele Jahrmillionen früher – vermutlich vor knapp 90 Millionen Jahren – auf dem einstigen Südkontinent von allen übrigen Straußenvögeln isoliert worden sein.

Hinter dieser Familienchronik verbirgt sich ein buchstäblich bewegendes Kapitel Erdgeschichte. Heute wissen Biogeografen und Geologen, dass sich der Atlantik vor rund 120 Millionen Jahren zwischen den Kontinenten Afrika und Südamerika von Süden her zu öffnen begann. Ähnlich wie bei einem Reißverschluss wanderte diese Öffnungszone aufgrund von plattentektonischen Vorgängen im Laufe der späteren Erdgeschichte immer weiter nach Norden. Der Atlantik wurde so noch im Erdmittelalter allmählich zu einem richtigen Ozean. Die Kontinente, die zuvor noch in einer großen Landmasse im Süden namens Gondwana zusammenhingen, entfernten sich immer weiter voneinander. Geologen nehmen an, dass zuletzt vor rund 80 Millionen Jahren eine Landverbindung zwischen Afrika und Südamerika bestand. Danach waren die an Land lebenden Tiere beider Kontinente endgültig voneinander getrennt.

Davon könnten auch die Vorfahren der südamerikanischen Nandus und der afrikanischen Strauße betroffen gewesen sein. Durch die endgültige Öffnung des Atlantiks und dem Aufbrechen der Landmasse Gondwana verloren sie in der oberen Kreide (vor etwa 73–78 Millionen Jahren) den Kontakt zueinander. Wie viele andere Tier- und Pflanzenarten beiderseits des neuen Ozeans durchliefen die Straußenvögel fortan auf jedem Kontinent ein ganz unterschiedliches evolutives Schicksal – was sich noch heute in ihrer Erbsubstanz widerspiegelt. Beim endgültigen Auseinanderbrechen des einstigen Superkontinents Gondwanaland auch in anderen Erdregionen wurden dann später weitere Evolutionslinien der Straußenvögel auf den auseinander driftenden Kontinenten voneinander isoliert, darunter sowohl die Riesenstrauße von Madagaskar als auch die Ahnen der Moas.

Wenn Moas und Kiwis nun aber gar nicht so nahe miteinander verwandt sind wie bislang angenommen, dann dürften flugunfähige Vögel gleich mehrfach unabhängig voneinander die Inseln Neuseelands besiedelt haben. Demnach hätten sowohl die Ahnen der Moas als auch der Kiwis zweimal unabhängig voneinander ihr Flugvermögen auf Neuseeland verloren. Moas repräsentieren eine frühe Besiedlungswelle vor über 80 Millionen Jahren, während die Kiwis erst in geologisch jüngerer Zeit – vor etwa 65–72 Millionen Jahren – dorthin gelangt sind. Kiwis wären demnach Spätankömmlinge, die auf Neuseeland gewissermaßen eine erst halb gefüllte Arche Noah vorfanden. Ihre vermutlich durchaus noch flugfähigen Vorfahren könnten die Insel auf dem Luftweg erreicht haben. Ähnlich wie zuvor die Moas verloren sie erst auf Neuseeland ihr Flugvermögen, wo es ursprünglich keine Bodenfeinde gab. Beiden könnten – heute weitgehend untergetauchte – Inselbrücken zwischen Australien und Neuseeland den Weg auf die spätere Doppelinsel ermöglicht haben.

Außerdem schlägt das Team um Cooper vor, dass auch die Riesenstrauße von Madagaskar diese Insel einst vor 80 Millionen Jahren über eine Inselbrücke über das heute versunkene Kerguelen-Plateau erreicht haben könnten – und zwar vom Osten des einstigen Riesenkontinents Gondwana aus. Nicht etwa Afrika, sondern die Region des heutigen Australien wäre demnach die Urheimat der Straußenvögel. Anders als bislang angenommen vermutet Cooper, dass sowohl der afrikanische Strauß als auch die Riesenstrauße von Madagaskar von uraustralischen Ahnen abstammen. Ihre spätere Heimat haben sie erst nach dem Auseinanderbrechen von Gondwanaland über gen Norden driftende Kontinentalschollen erreicht.

Irgendwann unterwegs ist dabei die Flugfähigkeit auch dieser Straußenvögel auf der Strecke geblieben. Auf Neuseeland haben inzwischen vom Menschen eingeschleppte Säuger, von Ratten bis zu Hunden, die Kiwis ebenso wie andere nur dort lebende Vogelarten an den Rand des Aussterbens gebracht. Zumindest langfristig erweist sich die Reduktion der Flügel und die Aufgabe der Flugfähigkeit als keine dem Überleben sonderlich förderliche Entwicklung. Wer unter den Vögeln die Flügel ablegt, so scheint es, den bestraft die Naturgeschichte – wenn auch spät.

Die »Pinguine des Nordens« oder: Warum der Riesenalk nicht mehr fliegt

Molekulargenetiker rekonstruieren die Evolution ausgestorbener Vögel

Der Riesenalk ist ein zoologisches Kuriosum – und das gleich aus mehreren Gründen. Er gehört zur ohnehin wenig bekannten und recht eigentümlichen Seevogelfamilie der Alken, die so merkwürdige Namen wie Trottellumme, Tordalk und Gryllteiste haben. Der Riesenalk ist zudem der einzige flugunfähige Vogel der Nordhalbkugel – und ausgestorben noch dazu. Bis ins 19. Jahrhundert brütete *Pinguinus impennis* noch auf abgelegenen Inseln im nördlichen Atlantik. Vom Menschen wegen des Fleisches, des Fettes und der Federn rücksichtslos abgeschlachtet, starb diese Vogelart 1844 unwiederbringlich aus. Ähnlich wie der Dodo auf Mauritius wurde der Riesenalk zum traurigen Symbol für den Umgang des Menschen mit der Natur – und zugleich zum Menetekel der Gefährdung isoliert brütender Meeresvogel-Populationen.

Für Evolutionsbiologen hält *Pinguinus* eine weitere Besonderheit parat. Ähnlich wie die Pinguine der Südhalbkugel konnten auch diese rund 75 Zentimeter großen Alken, die im Nordatlantik gleichsam die ökologische Planstelle der Pinguine einnahmen, mit ihren winzigen Stummelflügeln nicht mehr fliegen. Doch so tollpatschig Riesenalken an Land gewirkt haben mochten, so gewandte Schwimmer und höchst erfolgreiche Fischjäger waren sie unter Wasser. Wie es zu dieser Konvergenz – der parallelen Ausbildung bestimmter körperbaulicher Eigenschaften bei miteinander nicht näher verwandten Tierarten – kommen konnte, interessiert Zoologen seit Darwins Zeiten. Doch lange waren die Details der stammesgeschichtlichen Verwandtschaft dieser Meeresvögel ungeklärt.

Alken sind spezialisierte entenähnliche Seevögel mit meist schwarz-weißem Gefieder, stämmigem Hals, sehr kurzen schmalen Flügeln und weit zurückgesetzten Beinen. Ihr Flug ist schwirrend und wenig eindrucksvoll, ihre Landung mit den großen, seitlich weit abgegrätschten Füßen geradezu trickfilmreif. Im Meer ernähren sie sich von Schwarmfischen wie Hering, Sprotte, Sandaal und Dorsch oder aber von kleineren schwarmbildenden Planktonkrebsen. An Land, wo sie dank ihrer weit hinten eingelenkten Beine mehr oder weniger aufrecht watschelnd gehen, brüten sie gesellig in Kolonien, an steilen Hängen und Felswänden auf aberwitzig schmalen Felssimsen, von denen ihr eigenartig birnenförmiges Ei dennoch nicht herabrollt. Die Familie umfasst weltweit 22 Arten vor allem im nördlichen Atlantik und im Nordpazifik. Meist an den Küsten der nördlichen Meere brütend, verirren sich Alken hierzulande allenfalls gelegentlich im Winter an die Küsten von Nord- und Ostsee oder gar ins Binnenland; einzig auf Helgoland gibt es eine stattliche Kolonie von Trottellummen und als sehr seltenen Brutvogel auch vereinzelt einmal Tordalken.

Lange galt der Riesenalk als der eigentliche »Pinguin«, wobei allerdings umstritten ist, woher dieser Name ursprünglich stammt, der sich auch in seiner wissenschaftlichen Bezeichnung *Pinguinus* findet. Möglicherweise haben portugiesische und spanische Entdecker und Seefahrer die Bezeichnung für diesen eigenartigen Vogel vom lateinischen »pinguis« (fett, feist) abgeleitet, denn die ausgesprochen dicken Fettpolster unter der Haut der Riesenalken versorgten die ersten europäischen Seefahrer bei ihren Fahrten im Nordatlantik mit hochwillkommenem Proviant. Den Seeleuten zeigten die plötzlich im Meer um ihre Schiffe nach Fischen jagenden Riesenalken nicht nur an, dass sie endlich die reichen Fischgründe der Großen Neufundlandbank erreicht hatten; die hilflosen Brutvögel auf den steilen Inseln vor der Küste müssen ihnen auch wie ein Geschenk Gottes vorgekommen sein. Kurioserweise schien der tollpatschige und ob seiner Flugunfähigkeit leicht zu erbeutende Riesenalk just dort in besonders großen Kolonien zu brüten, wo Seefahrer neue Nahrungsvorräte für ihre langen Überfahrten aufnehmen mussten. Der französische Seefahrer und Begründer Kanadas, Jacques Cartier, verproviantierte auf Funk Island vor der Küste Neufundlands 1534 dank der reichen Kolonie brütender Seevögel erstmals seine gesamte Mannschaft mit Fleisch. Die Tiere wurden buchstäblich zusammen- und auf die Schiffe getrieben; was nicht gleich gegessen wurde, pökelte und bunkerte man ein.

Dem Riesenalk kommt mithin durchaus eine tragende Rolle bei der europäischen Besiedlung Nordamerikas zu, die er allerdings letztlich mit seinem Leben bezahlte. Je mehr sich der Mensch ausbreitete und selbst die entlegensten arktischen Regionen erreichte, desto mehr gingen die Bestände von *Pinguinus* zurück. Am 3. Juni 1844 wurde auf der Island vorgelagerten Insel Eldey das letzte bekannte Brutpaar erschlagen. Die Tiere verkaufte man an eine Apotheke in Reykjavík, die sie ausstopfen ließ. Heute existieren noch etwa 80 Bälge und 75 Eier des Riesenalks in verschiedenen Museumssammlungen.

Auf gewisse Weise »wiederbelebt« hat den Riesenalk jetzt ein Team von Molekularbiologen um den norwegischen Vogelkundler Truls Moum von der Universität Tromsö. An einem 1821 auf Island getötet Tier, dessen Balg am Naturhistorischen Museum in Reykjavík aufbewahrt wurde, fanden die Forscher ausreichend Gewebe, um eine DNA-Analyse durchzuführen. Das Tier war damals offenbar bereits mit der Absicht getötet worden, es aufzubewahren, denn es wurde umgehend kühl gelagert, abgebalgt und eingesalzen. Diesem Umstand verdanken es die Molekulargenetiker heute, dass sie aus einem drei Millimeter großen Stück einer Schwanzfeder sowie einem nur vier Milligramm wiegenden Hautfetzen vom Balg ein insgesamt 4200 Basenpaare langes Stück der Erbsubstanz gewinnen konnten. Mittels Computer ließen sich die ermittelten DNA-Sequenzen der verschiedenen Alkenarten des Atlantiks miteinander vergleichen und die Forscher konnten daraus ein Verwandtschaftsdiagramm errechnen. Demnach ist der nächste Verwandte des Riesenalks der heute im Atlantik lebende Tordalk.

Überraschenderweise, wenigstens für die Forscher, haben der große Fische jagende Riesenalk und der mit 40 Zentimetern nur mittelgroße

Tordalk einen gemeinsamen Vorfahren, und zwar den Plankton fressenden Krabbentaucher. Mit seinen nur etwa 20 Zentimetern bringt er es gerade einmal auf die Größe eines Stars und ist damit der kleinste Vertreter der Alken und der Meeresvögel überhaupt. Offenbar haben sich die Alken im Atlantik während ihrer Evolution in der Größe deutlich auseinander entwickelt. Erst dank dieser Trennung nach Körpergröße konnten sie dann verschiedene Bereiche des Nahrungsspektrums nutzen, ohne sich Konkurrenz zu machen.

Beim Riesenalken kam es während dieser evolutiven Anpassung an das Leben als Unterwasserjäger überdies zu einer ähnlichen Entwicklung wie bei den ebenfalls flugunfähigen Pinguinen der antarktischen Region. Um in den kalten Gewässern des Nordatlantiks und der Arktis zu überleben, haben sich Alken ebenso wie Pinguine eine dicke Unterhautfettschicht zugelegt, die ihren Körper isoliert. Doch besonders bemerkenswert ist, dass der Riesenalk fast doppelt so groß war (und somit auch größere Fische erbeuten konnte) wie andere heute lebende Alkenverwandten des Atlantiks, mit denen er einst Lebensraum und Nahrung teilen musste.

Doch mit der zunehmenden Körpergröße ging beim Riesenalk – wie auch parallel dazu bei den Pinguinen – der Verlust der Flugfähigkeit einher. Denn Vögel können nicht zugleich fliegen und gewandt unter Wasser jagen. Die heute lebenden Alken erscheinen im Vergleich zu den Pinguinen wie ein Kompromiss zwischen dem Erhalten der Flugfähigkeit und den Anforderungen der Unterwasserjagd in polaren Gewässern. Eine Ausnahme ist dabei allein der Riesenalk, was ihn zu einem bemerkenswerten Fall konvergenter Entwicklung von Meeresvögeln macht. Unklar ist den Biologen allerdings noch, warum im Nordatlantik mit dem Riesenalk nur eine einzige Meeresvogelart diesen Trend zu größeren Körpern und dem damit einhergehenden Verlust der Flugfähigkeit zeigt. Denn in der Südpolarregion sind bei diesem Prozess insgesamt sechs stummelflügelige Pinguingattungen entstanden.

Das an den Dodo erinnernde traurige Schicksal des Riesenalks hält somit für uns zwei Botschaften bereit. Da ist zum einen das klassische Beispiel für den Raubbau an der Natur durch menschliche Ausbeutung und die Erkenntnis, wie empfindlich vor allem Inselpopulationen auf Störungen ihrer Ökologie reagieren können. Zum anderen ist es die aufschlussreiche Konvergenz des *Pinguinus* mit den Pinguinen, zu der die Molekularbiologie jetzt mit der Aufdeckung der Verwandtschaftsverhältnisse atlantischer Alken ein weiteres Puzzleteilchen geliefert hat.

Wirkt bei Fisch und Fischverkäufer

Wie tropische Schnecken Fische fangen und was der Mensch davon hat

Vielen Urlaubern, die aus den Ferien am Meer zurückkehren, sind die Schalen von Meeresschnecken beliebte Erinnerungsstücke an die schönsten Tage des Jahres. Über die Tiere, die einst in diesen Schalen lebten, war auch Biologen lange nur sehr wenig bekannt. Unlängst nun haben Wissenschaftler herausgefunden, dass einige dieser Weichtiere, die Kegelschnecken, nicht nur ästhetische Reize bieten. Die Meerestiere liefern zudem überaus wirksame Medikamente für die Humanmedizin der Zukunft, darunter Mittel gegen Schmerzen und zur Behandlung von Schlaganfallpatienten.

Die bunt gefärbten und hübsch gemusterten Kegelschnecken der Gattung *Conus* leben meist in tropischen Meeren – von Mallorca über die Malediven bis nach Malaysia und Melanesien. Seit Beginn des 18. Jahrhunderts waren die farbenfrohen, wie aus Porzellan hergestellten Schalen dieser Weichtiere derart beliebt, dass dafür höhere Preise erzielt wurden als für so manches menschliche Kunstwerk. Bei einer Auktion 1796 in Holland wurde beispielsweise das Bild *Briefleserin am offenen Fenster* des holländischen Künstlers Vermeer für 43 Gulden ersteigert; dagegen erzielte ein einziges Exemplar der tropischen Kegelschnecke *Conus cedonulli* damals 273 Gulden.

Bis heute werden die Schalen der *Conus*-Schnecken unter Liebhabern verhältnismäßig teuer gehandelt. Darüber hat man die Erforschung der Biologie dieser Tiere lange vernachlässigt. Dabei sind gerade Kegelschnecken – unter Kennern als Coniden bekannt – überaus giftig und allein schon deshalb für den Menschen interessant. Erst in den letzten Jahren erkannten Fachleute, dass in den schönen Schalen gefährliche Tiere leben. Coniden sind gleichsam die »Giftschlangen des Meeres«. Rund 500 Arten leben weltweit in den warmen Meeren. Ganz ähnlich wie Schlangen an Land setzen auch Kegelschnecken ihr Gift ein, um damit Beute zu fangen. Im Unterschied zu vielen anderen Schnecken leben sie räuberisch. Etwa 50 Arten von ihnen sind – so erstaunlich das klingt – ausgerechnet auf Fische spezialisiert. Angesichts der sprichwörtlichen Langsamkeit von Schnecken waren auch Schneckenkundler überrascht zu entdecken, dass die oft faustgroßen Kegelschnecken sogar schnell bewegliche Fische zu erlegen vermögen, die so groß sind wie die Schnecken selbst.

Wie aber schaffen es diese eher behäbigen Weichtiere, agile Fische zu fangen? Kegelschnecken bedienen sich dabei eines – fast ist man versucht zu sagen: hinterhältigen, in jedem Fall aber wirkungsvollen Tricks: Zuerst legen sie einen Köder aus, dann harpunieren sie die angelockte Beute und schließlich lähmen sie sie mit einem höchst wirksamen Nervengift, um sie in aller Ruhe zu verspeisen.

Kegelschnecken bewohnen meist die Flachwasserbereiche der Korallenriffe, wo sie mit ihren bunt gemusterten Schalen und Weichkörpern gegenüber dem Untergrund meisterhaft getarnt sind. Am Vorderende des Kopfes haben sie eine ausstülpbare dünne Röhre, die sie wie einen sich windenden Wurm hin und her schwenken. Dadurch werden ihre Beutefische angelockt. Wenn ein Fisch nahe genug kommt, schießen die räuberischen Schnecken aus dieser Röhre einen winzigen Giftpfeil mittels eines hydraulischen Systems ab. Dieser Chitinpfeil besitzt Widerhaken wie eine Harpune. Er ist hohl und wird vor dem Abschuss mit einem wirksamen Gift aus einer Giftdrüse gefüllt. So injiziert die Schnecke das tödliche Gift in das Gewebe des Fisches, um diesen augenblicklich zu lähmen und zu verhindern, dass er flieht.

Die Purpur-Kegelschnecke *Conus purpurascens* des Indowestpazifiks verwendet gleich zwei überaus effektive Mechanismen: Zum einen erleidet der harpunierte Fisch einen toxischen Schock, zum anderen blockiert das Gift die Verbindung der Nerven zur Muskulatur und macht seine Flossen in Sekundenschnelle unbeweglich. Die Schnecke kann es sich einleuchtenderweise nicht erlauben, den Fisch lange herumzappeln zu lassen. Das würde andere Räuber anlocken und sie um ihre Beute bringen. Zudem stülpt *Conus*, wenn sie den Fisch im Ganzen verschlingt, einen Großteil ihres Vorderkörpers aus der schützenden Schale heraus und ist somit selbst für einige Zeit sehr verwundbar.

Seit längerem ist bekannt, dass das Gift der Weichtiere auch für den Menschen gefährlich werden kann – wie schon so mancher *Conus*-Sammler feststellen musste. Allerdings ist das Schneckengift im Verlauf der Evolution entstanden, um damit Beute zu machen (und dazu zählt der Mensch sicher nicht). Die Giftharpunen der Coniden entwickelten sich allmählich unter Umwandlung der einstigen chitinigen Radula, einem mit Zähnen besetzten Reibeband, mit dem ihre nächsten Verwandten meist pflanzliche Nahrung abraspeln (siehe S. 25). Wenn sich Kegelschnecken indes in Gefahr wähnen, etwa wenn sie von Schalen-Liebhabern eingesammelt werden, können sie ihre Giftpfeile auch gegen diese verschießen. Und das bleibt keineswegs ohne Wirkung, denn einige der Schneckentoxine, auch Conotoxine genannt, ähneln den Giften der Kobra und anderer Giftschlangen.

Eben jene Conotoxine könnten sich nun für den Menschen als sehr nützlich erweisen. Jüngste Forschungen haben gezeigt, dass sich aus demselben Gift, mit dem Kegelschnecken Fische lähmen, überaus wirksame Medikamente für die Humanmedizin herstellen lassen. Denn die Schneckentoxine blockieren bei Wirbeltieren – vom Fisch bis zum Fischverkäufer – die biochemische Kommunikation der Nervenbahnen. *Conus purpurascens* beispielsweise besitzt wenigstens drei paralysierende Toxine, die in die neuromuskuläre Reizleitung eingreifen. Dabei können etwa die Acetylcholin-Rezeptoren an den Knotenpunkten der Reizleitung (den Synapsen) blockiert werden. Oder aber die Informationsweiterleitung über die Kalziumkanäle wird unterbrochen; diese Kanäle sind in den Nervenbahnen gleichsam für die Datenübertragung verantwortlich, wie Forscher um Baldomero Olivera von der Universität von Utah in Salt Lake City herausfanden.

Olivera, der bereits als Kind in seiner philippinischen Heimat von Kegelschnecken fasziniert war, hatte als Erster erkannt, dass offenbar bei jeder der zahlreichen *Conus*-Arten vor allem des Indowestpazifiks die Zusammensetzung einzelner Komponenten der Conotoxine artspezifisch ist. Das Gift der Kegelschnecken ist ein Cocktail aus 50–150 verschiedenen aus Aminosäuren aufgebauten Komponenten. Jede dieser als Peptid bezeichneten Komponenten hat offenbar bei Wirbeltieren eine etwas andere spezifische Wirkung auf das Zusammenspiel von Nerven und Muskeln, denn die Peptide der Conotoxine binden in hochspezifischer Weise an Rezeptoren und Ionenkanäle der Nervenbahnen.

Damit eröffnet das Giftarsenal der Kegelschnecken gleich für zwei Forschungsrichtungen neue Wege: Zum einen lässt sich mit den aus den Schnecken gewonnenen Peptiden die Funktionsweise ausgewählter Bindungsstellen im komplexen neurophysiologischen Zusammenspiel erforschen, da diese sehr spezifisch an den Oberflächenstrukturen der Nervenzellen binden und dort wirksam werden. Die Peptide sind mithin ebenso spezifische Werkzeuge der biochemischen Forschung wie ein Sortiment Schraubenschlüssel unterschiedlicher Größe für einen Handwerker.

Zum anderen vermutet Baldomero Olivera, dass die Giftmischer unter den tropischen Schnecken den Pharmakologen gleich ein ganzes Arsenal medizinisch wirksamer Stoffe liefern könnten. Während Schnecken der gleichen Art, aber aus verschiedenen geografischen Regionen, stets die gleichen Peptide aufweisen, haben selbst Peptide mit ähnlicher Funktion bei unterschiedlichen *Conus*-Arten auch einen ganz anderen Molekülaufbau.

Mit der Erforschung der Conotoxine stehen die Pharmakologen zwar erst am Anfang, doch die ersten Tests haben bereits ergeben, dass einige der Schneckengifte als überaus wirksame Schmerzmittel eingesetzt werden können, wo etwa Morphium nicht mehr wirkt. Die Weltgesundheitsorganisation in Genf schätzt, dass täglich etwa drei Millionen Krebspatienten unerträgliche Schmerzen erleiden, ohne dass ihnen noch mit Morphin geholfen werden könnte. Conotoxine unterbinden beim Menschen die Weiterleitung der Schmerzsignale über das Rückenmark ins Gehirn. Auch Schlaganfallpatienten kann mit dem Gift der

Kegelschnecken geholfen werden, denn es unterbindet noch nachträglich die für das Hirngewebe schädlichen Prozesse und vermindert damit die fatalen Folgen einer Durchblutungsstörung.

Besonders interessant scheint den Experten das so genannte Omega-Conotoxin, das aus dem Gift verschiedener Kegelschnecken isoliert wurde. Ein 25 Aminosäuren langes Peptid aus *Conus magus* mit der Bezeichnung SNX-111 blockiert die Natriumkanäle der Nerven und damit auch die Weiterleitung von Schmerzimpulsen zum Gehirn. Ein nach dem natürlichen Vorbild synthetisch hergestelltes Peptid wurde in ersten klinischen Tests von der in Kalifornien ansässigen Neurex Corporation erprobt. Bei 21 von 32 Testpatienten, die auf Opiate nicht mehr ansprachen und deshalb mit konventioneller Schmerztherapie nicht mehr behandelt werden konnten, waren die Schmerzen nach der Injektion von SNX-111 vollständig verschwunden. Als Nebenwirkung wurde lediglich im Einzelfall eine vorübergehende Sehstörung sowie Schwindel festgestellt. Vor allem aber wurden selbst Patienten, die das synthetische Conopeptid neun Monate lang verabreicht bekamen, anders als bei Morphium nicht davon abhängig. Und weitere klinische Tests zur Wirksamkeit und Sicherheit solcher Schneckenwirkstoffe laufen.

Die tropischen Kegelschnecken liefern der Menschheit dank dieses Giftcocktails, mit dem sie Beute machen, möglicherweise die Schmerzmittel der Zukunft. Dazu jedoch muss auch verstärkt die Biologie dieser Schnecken untersucht werden. Denn um auf effektive Weise auch bei anderen der rund 500 Coniden-Arten weitere wirksame Stoffe zu finden, müssen Weichtierforscher und Zoosystematiker auf verlässliche Weise die Artgrenzen zwischen den oft weit verbreiteten Coniden abstecken. Dank des farbenprächtigen Schalenornaments sehen viele Coniden für den menschlichen Betrachter wie neue Arten aus, ohne sich biologisch wirklich als solche zu verhalten. Nur in echten Biospezies aber werden die Biochemiker und Pharmakologen auch neue, aus bislang unbekannten Peptiden zusammengesetzte Conotoxine erwarten dürfen. Einmal mehr zeigt sich am Beispiel der Kegelschnecken, wie wichtig zoosystematische Grundlagenforschung ist, um das Fundament für spätere – oft ungeahnte – Anwendungen zu legen.

Raue Sitten beim Riesenkalmar

Seltsames Paarungsritual bei Tiefsee-Tintenfischen

Wir fliegen zum Mond und schicken Sonden aus zur Erforschung des Weltraums, doch über die so genannte »inner space«, jene lichtlose Weite der Tiefsee, wissen wir noch immer wenig. Und nur spärlich bringen Expeditionen Licht in das Leben der Tiefseebewohner. Wo indes Erkenntnisse rlar sind, blühen die Mythen. Das ultimative Meeresungeheuer, verantwortlich für mehr Schauermärchen als irgendein anderes Geschöpf, ist der Riesentintenfisch *Architeuthis*.

Diese Tiere vom Stamm der Mollusca – und daher mit anderen Weichtieren wie Schnecken und Muscheln eng verwandt – sind ebenso riesige wie rätselhafte Bewohner der Tiefsee. Als »Riesenkraken« geistern sie durch zahllose Bücher und Filme. Von Jules Vernes *20000 Meilen unter dem Meer*, Herman Melvilles *Moby Dick* und Victor Hugos Roman *Die Arbeiter des Meeres* bis hin zum Filmschocker *Biest* haben sich viele an diesen sagenumwobenen Seeungeheuern versucht. Als »Wabbeliges, das einen Willen hat« und als ein »von Hass durchdrungener Schleim« beschreibt Victor Hugo den fürchterlichen Kraken aus der Meerestiefe. Den Griechen galt das Fleisch des Octopus als aphrodisisch, in Japan lieferte die imaginierte Lüsternheit ihrer vielarmigen Umschlingung Vorlage für berühmte Holzschnitte.

Wissenschaftler dagegen bemühen sich seit langem, Fabel und Fiktion von Fakten zu trennen. Denn das wahre Leben dieser Leviathane unter den Weichtieren scheint verblüffend und bisweilen bizarr genug, um die Phantasie anzuregen. Gesehen jedoch wurde das seltsame Wesen bislang nur tot oder sterbend; in ihrem natürlichen Lebensraum hat kein Mensch Riesentintenfische je beobachten können. Das versuchte auch der britische Tintenfischforscher Malcolm Clarke sein Leben lang vergeblich. Von seinen Kollegen ehrfürchtig »Captain Beak« genannt, war Clarke jahrzehntelang auf der Suche nach *Architeuthis*. Als Inspektor auf Walfangschiffen und -stationen tätig, hat er die Mägen getöteter Wale nach den Überresten von Riesentintenfischen durchsucht – und dabei zu Tausenden die papageienähnlichen Schnäbel von Tintenfischen studiert. Viele der Erkenntnisse, die man über ozeanische Tintenfische hat, beruhen auf der Auswertung solcher Funde.

Dabei muss man wissen: Innerhalb der Kopffüßer oder Cephalopoden, wie Tintenfische auch genannt werden, lassen sich zwei Gruppen unterscheiden: Neben den achtarmigen Kraken, beispielsweise *Octopus*, die meist am Meeresboden leben, gibt es zehnarmige Kalmare (als »Calamari« für viele ein kulinarischer Genuss), die das freie Wasser der Hochsee bevorzugen. Zwar existieren mit einem bis zwei Metern Körperlänge auch wahrhaft große Kraken, doch die Riesentintenfische aus Mythologie und Märchen sind genau genommen riesige Kalmare.

Architeuthis gehört unangefochten zu den Giganten unter den Tieren; nur einige Wale werden noch größer. Allein der Durchmesser seiner tellergroßen Augen mit bis zu 25 Zentimeter lässt dies erahnen; sie gehören zu den größten im Tierreich. Tatsächlich erreichen Riesenkalmare, wie man durch Messungen an gestrandeten Tieren verlässlich weiß, Körperlängen von bis zu 18 Metern – inklusive der acht Arme und der beiden Fangtentakel, auf die rund zehn bis zwölf Meter entfallen. Auch die übrige körperbauliche Ausstattung der Riesentintenfische ist imposant. Jeder der zahllosen Saugnäpfe des *Architeuthis* ist mit einem Kranz feiner chitiniger Zähnchen besetzt, mit denen die Tiere ihre Beute besser festhalten können. Um diese dann zu zerkleinern, besitzen sie einen kräftigen, bis zu 15 Zentimeter langen, papageienähnlichen Hornschnabel im tentakelumkränzten Maul.

So gigantisch die Abmessungen ihrer Körperteile, so gering ist das Wissen um die Kalmare der Tiefsee. Lange Zeit hatte man derartige

»Dinoteuthiden«, wie sie einst bezeichnet wurden, für Fabelwesen und die Erzählungen über sie folglich für Seemannsgarn gehalten. Walfänger hatten berichtet, dass sich in den Mägen von Pottwalen, die Tiefsee-Tintenfische zum Fressen gern haben, die Kiefer dieser Kopffüßer finden. Auch soll die Haut von Pottwalen angeblich tellergroße Narben aufweisen, die jene zahnkranzbesetzten Saugnäpfe der Riesenkalmare dort nach heftigen Kämpfen unter den Giganten hinterlassen. Allerdings sind die Saugnäpfe der *Architeuthis*-Arme meist nicht größer als drei Zentimeter im Durchmesser; nur die an den Tentakelspitzen erreichen ausnahmsweise einmal über fünf Zentimeter. In Zweier- oder gar Viererreihen geschaltet, werden die Saugnäpfe der Arme und Fangtentakeln so zur tödlichen Umarmung für die Beute.

Bis heute stammen biologische Daten über Riesentintenfische meist von gestrandeten Tieren. Trägt man Funde und Beobachtungen in einer Karte auf, zeigt sich, dass Riesenkalmare offenbar die kalten Gewässer der Nord- und Südhalbkugel bevorzugen, wo sie vermutlich in großen Tiefen von 300 bis über 1000 Metern leben. Dank gestrandeter oder gefangener Tiere weiß man zwar über die Anatomie von *Architeuthis* recht gut Bescheid, doch so gut wie nichts über seine Biologie. Nicht einmal was sie fressen ist ganz klar; denn die Mägen enthielten, sofern sie nicht leer waren, nur einen vom kräftigen Schnabel vorbereiteten Brei. Lauern die gewaltigen Mollusken ihrer Beute gemächlich in der lichtlosen Tiefe auf oder sind sie schnelle Überraschungsjäger? Sterben auch Riesenkalmare jung, wie die meisten Tintenfische schon nach nur drei Jahren, oder leben diese vermeintlichen Monster als Methusalem der Tiefsee? Und sind sie wirklich so selten oder verbergen sich gar Millionen Kalmare dort unten?

Der amerikanische Kalmarforscher Clyde Roper wollte 1997 endlich Antworten auf diese jahrhundertealten Fragen und rüstete die bislang teuerste Expedition aus. Finanziert wurde die *Architeuthis*-Jagd von National Geographic Television sowie vom Magazin dieser Institution. Ropers Team steuerte den Kaikoura Canyon vor der Küste Neuseelands an, denn in dieser Meeresregion waren zuvor mehrfach Riesentintenfische in Netze geraten. Außerdem ist der Meeresgraben bevorzugter

Treffpunkt von Pottwalen. Doch weder die in die Tiefsee abgesenkten Kameras noch jene, die man den Walen nach mühevollen Versuchen endlich auf dem Rücken montierte, lieferten die erhofften Bilder schwimmender oder gar mit Walen ringender Riesenkalmare, die allein die Millionen-Dollar-Ausgabe gerechtfertigt hätten.

Deutlich weniger kostspielig, dagegen aber umso verblüffender war unlängst die eher zufällige Entdeckung, dass Riesenkalmare offenbar einem recht bizarren Paarungsverhalten frönen. Man wusste, dass die Männchen von *Architeuthis* – ebenso wie viele andere Tintenfische, denen ein echter Penis als Kopulationswerkzeug fehlt – zwei ihrer Arme zu einem Begattungsorgan umgebaut haben. Mithilfe dieses so genannten Hectocotylus bringen Kopffüßer ihren in kleinen, röhrenförmigen Paketen, den Spermatophoren, verpackten Samen buchstäblich »an die Frau«. Den Hectocotylus, der bei *Architeuthis* anstelle von Saugnäpfen in Zweierreihen angeordnete wulstige Stempel besitzt, führen Tintenfisch-Männchen während der Paarung in die Mantelhöhle des Weibchens ein und transferieren so die Spermatophoren in unmittelbare Nähe des Zielorts, der weiblichen Keimdrüsen.

Dagegen bedient sich *Architeuthis* offenbar einer anderen, weniger »einfühlsamen« Technik. Ein etwa 15 Meter langer weiblicher Riesenkalmar, der Fischern vor der Küste Tasmaniens ins Netz ging, wies an zwei Stellen der unteren Fangarme, knapp 80 Zentimeter von seinem Mund entfernt, knapp einen Zentimeter große Verletzungen der Haut auf. Darunter fanden Forscher eine Spermatophore, deren fadenförmiges Ende noch aus der Wunde ragte. Ein Männchen muss dieses zwischen 11 und 20 Zentimeter lange Samenpaket dem Weibchen regelrecht unter die Haut injiziert haben. Bei der genaueren Untersuchung des Gewebes unter der Hautverletzung des Weibchens fanden sich schließlich sogar drei Spermatophoren, die eines oder mehrere Männchen dort während der Kopulation deponiert hatten.

Im Gegensatz zu anderen Tintenfischen, die Spermien oft über Monate in speziellen Samentaschen etwa im Mantelraum oder im Genitaltrakt speichern, scheint *Architeuthis* die gezielte Ablage direkt unter der Haut zu bevorzugen. Tintenfisch-Forscher spekulieren seit diesem

Fund, ob die Männchen des Tiefseegiganten möglicherweise ihre Kiefer oder die zähnchenbesetzten Saugnäpfe einsetzen, um kleine Wunden in die Haut ihrer Paarungspartner zu ritzen, in denen dann die Spermatophoren deponiert werden.

Ein bereits in den 1950er-Jahren vor der Küste Norwegens gefangener männlicher *Architeuthis* lässt außerdem ahnen, dass es bei den Paarungen im Dunkeln der Tiefsee wenigstens gelegentlich auch zu eigenartigen »Verfehlungen« kommen kann, denn das besagte Männchen trug gleich mehrere Spermatophoren unter der Haut der Fangarme und des Mantels. Entweder hat ein anderes, gleichzeitig um die Kopulation mit demselben Weibchen konkurrierendes Männchen diese Samenpakete fälschlicherweise bei ihm injiziert, oder aber jenes Männchen hat sich buchstäblich selbst in den Fuß »geschossen«, indem es im Eifer des Gefechts seine Spermatophore im eigenen Körper deponierte. Zugegeben: Beides wäre angesichts der vielarmigen Umschlingung bei einer Kalmar-Kopulation im Dunkeln nicht wirklich verwunderlich.

Das vor Tasmanien ins Netz gegangene Weibchen – mit etwa drei Kilogramm schweren, nur knapp 20 Prozent der Mantelhöhle einnehmenden Eierstöcken – war noch nicht geschlechtsreif. Die buchstäblich unter die Haut gehende Paarungsmethode der Riesenkalmare könnte zur Sicherung der Fortpflanzung dienen, da es möglicherweise in den lichtlosen Tiefen der Weltmeere nicht allzu häufig zur Begegnung potenzieller Paarungspartner kommt; daher könnten noch nicht geschlechtsreife Weibchen nach einer Kopulation auf diese Weise einen Samenvorrat so lange speichern, bis sie damit ihre Eier befruchten. Wie die Spermien dann allerdings aus dem Depot unter der Haut in den Geschlechtsgang der Weibchen und zu den Eiern gelangen, bleibt rätselhaft. Vielleicht setzen nun ihrerseits die Weibchen Kiefer oder bezahnte Saugnäpfe ein, um die Haut über den Spermatophoren abzuschälen. Oder die Spermien wandern durch die Haut des Weichtieres hindurch bis zu den Eiern. Rätsel genug haben sich die Riesenkalmare also noch immer bewahrt.

Wenn Blüten den Insekten das Lotterbett bereiten

Wie Pflanzen ihre Bestäuber locken, sie zum Sex verführen und betrügen

»Ladykiller« heißen im Barjargon jene fruchtigen Cocktails, deren oft unmerklicher Alkoholgehalt die Verführung durstiger Damen vorbereiten soll. Opfer ähnlich listiger Verführungskünste werden im Tierreich auch viele Insekten, die ihre Naschsucht zugleich in den Dienst der Fortpflanzung stellen. Einige Pflanzen bedienen sich dabei geradezu raffiniert gemixter Duftcocktails, um tierische Bestäuber anzulocken – und gehörig hinters Licht zu führen.

Es gibt kaum eine Pflanze, die nicht einen erheblichen Aufwand treibt, um die Bestäubung ihrer Blüten zu sichern. Bei Gräsern, Birken und Tannen macht's die Masse. Zum Leidwesen vieler Allergiker produzieren sie derart viel Blütenstaub, dass die vom Wind verfrachteten Pollenkörner sicher irgendwo auf eine weibliche Blüte treffen, die sie befruchten. Wer unter den Pflanzen beim Sex tierische Bestäuber vor den eigenen Karren spannt, kann zwar den Pollen bedarfsgerechter produzieren, muss den Liebeskurieren aber auch Labsal als Lohn für deren Mühe bieten. Viele Pflanzen offerieren daher etwa den Bienenboten süßen Blütennektar, um sie zum nimmermüden Anflug zu animieren. Andere laden die Pollen-Überträger mit einem unwiderstehlichen Äußeren zum Blütenbesuch. Sie gaukeln ihnen durch bunte Farbspiele oder Duftbuketts ein täuschendes Angebot in Sachen Fortpflanzung vor. Ein Musterbeispiel für derartige botanische Verführungskünste liefert die in Europa verbreitete Orchidee *Ophrys sphegodes*. Bereits 1745 war dem schwedischen Naturforscher und Begründer der Systematik Carl von Linné aufgefallen, dass die Blütenblätter der Spinnenragwurz – wie sie mit deutschem Namen heißt – in Form und Farbe das Aussehen bestimmter Bienen nachahmen. Doch offenbar genügt das attraktive Aussehen der Blüten allein noch nicht, um Insekten anzulocken.

Wie Florian Schiestl von der Universität Wien zusammen mit deutschen und schwedischen Kollegen herausfand, locken die Orchideen männliche Sandbienen zudem mit einem betörenden Duftstoffgemisch an. Dieser Sex-Cocktail gleicht erstaunlicherweise aufs Haar den Sexuallockstoffen weiblicher Sandbienen. Die Orchideen täuschen den Bienenmännchen damit eine Geschlechtspartnerin vor – und verleiten sie zur »Pseudokopulation«, einer Scheinhochzeit im Blütenbett. Während der Bienenmann sich mit der Blüte als vermeintlicher Bienendame zu vereinen sucht, deckt er sich mit Orchideenpollen ein, den er dann zur nächsten Pflanze trägt und diese dort begattet.

Die Duftstoffe der *Ophrys*-Orchidee, die über die wachsartige Oberschicht der Blütenlippe abgegeben werden, bestehen aus einer Mischung einfacher, unverzweigter Kohlenwasserstoffe. Nachdem es dem Forscherteam gelungen war, dieses Duftbukett chemisch zu zerlegen, konnten sie in Experimenten nachweisen, dass die Bienenmännchen durch den Sex-Cocktail aus den Blüten ebenso stark angelockt werden wie von den Duftstoffen der Bienenweibchen selbst.

Die Orchideen bauen mithin auf ihren Sexappeal, um sich bestäuben zu lassen, und gehen dabei gleichsam mit »fremdem« Parfüm hausieren. Während der Original-Duftcocktail der Bienenweibchen aus 15 wirksamen Verbindungen besteht, fanden die Forscher immerhin 14 dieser Verbindungen auch im Blütenextrakt der Ragwurz wieder. Da es sich um vergleichsweise einfache und in der Natur häufiger vorkommende Verbindungen handelt, überrascht nicht so sehr deren paralleles Auftreten bei Pflanzen und Bienen; vielmehr verblüfft, dass die Blütenduftstoffe bei der Ragwurz in just jenem Mischungsverhältnis vorkommen wie beim Sexuallockstoff der Sandbienen.

Diese pflanzliche Art des sexuellen Betrugs könnte entstanden sein, so vermuten die Forscher, als Orchideen durch zufällige Mutationen ein

Duftgemisch entwickelten, das auch weibliche Bienen in ihrer Chitinhülle produzieren. Ursprünglich kommen solche kettenförmigen Kohlenwasserstoffe in der wachsartigen Blüten- und Blattoberfläche der Pflanzen vor. Dort dienen sie dazu, das Verdunsten von Wasser zu vermindern. Von da sei es nur eine Serie kleinerer Schritte bis zum Anlocken von Bestäubern, glauben die Biologen.

Denn jene Pflanzen, deren Blüten ein Duftcocktail entströmte, der sich zunehmend dem der Bienenweibchen anglich, hatten gegenüber ihren Artgenossen einen Vorteil. Je ähnlicher und attraktiver die Duftstoff-Mischung wurde, desto mehr Insekten lockte sie an. Einmal angestoßen, wurde diese Entwicklung zur Befruchtung durch sexuelle Täuschung schnell zum evolutiven Selbstläufer, bis schließlich immer mehr Bienenmännchen auf den Duftcocktail aus der Blüte flogen.

Nun ist dieser pflanzliche Trick, tierische Bestäuber zu verführen, keineswegs ein Einzelfall. Während hierzulande meist die sprichwörtlich fleißigen Bienen oder andere Insekten als Bestäuber unterwegs sind, verlocken Pflanzen vor allem in den Tropen noch ganz andere Tiere mit geradezu raffiniert zu nennenden Finten zum Naschen. Dabei sind vor allem tropische Fledermäuse willige Helfer. Denn anders als uns Dracula-Legenden weismachen wollen, sind die wenigsten Fledermäuse tatsächlich Blutsauger. Vielmehr ernähren sich viele von ihnen von Nektar und bestäuben dabei wie Bienen Hunderte von Pflanzenarten. Deren Blüten sind auf die tierischen Besucher offenbar bestens vorbereitet.

Im Regenwald von Costa Rica entdeckten Dagmar und Otto von Helversen von der Universität Erlangen unlängst, auf welch verblüffende Weise Langzungen-Fledermäuse von den Blüten einer Lianenart angelockt werden. Nicht Farbe oder Duft betören diesmal die nachtaktiven Flattertiere; vielmehr werfen die Pflanzenblüten die von den Fledermäusen genutzten Ultraschall-Laute wie eine Art »akustisches Katzenauge« zurück. Einmal auf der richtigen Spur, gelang den Erlanger Forschern bald der Nachweis dieser bislang unbekannten Reflektorenwirkung von Pflanzenblüten. Wie sie bei der mittelamerikanischen Kletterpflanze *Mucuna holtonii* herausfanden, erwies sich eines der fünf Kronblätter, das an der Blüte senkrecht nach oben steht und daher auch »Fahne« genannt wird, als besonders wichtige Anflughilfe für naschsüchtige Fledermäuse. Auf der Oberseite des speziell geformten, knapp zwei Zentimeter langen Blütenblattes liegt ein kleines dreieckiges Grübchen, das den Fledermäusen zur Orientierung besonders wichtig ist. Die Helversens verstopften diese Vertiefung auf der Fahne mit kleinen Wattekissen – und leiteten die Fledermäuse prompt in die Irre. Fortan bekamen nur noch 17 Prozent der verstopften Blüten Besuch von Fledermäusen, während die Tiere sonst 66 Prozent aller Blüten dieser Pflanzenart anflogen. Offenbar wurden die Echolotrufe der hungrigen Fledertiere durch die Kissen oder gar das Entfernen der Blütenfahne nicht mehr adäquat reflektiert. Die Tiere flogen ziellos durch die Tropennacht und »überhörten« gleichsam die sich bietende Nahrungsquelle. Da in den Tropen viele Blütenpflanzen von Fledermäusen bestäubt werden, vermuten Forscher jetzt, dass solche akustischen Reflektoren auch bei anderen Pflanzen im Einsatz sind, um den Tieren den Weg zu weisen.

Pflanzen sind also durchaus auf vielfältige Weise erfindungsreich gewesen, um ihre Fortpflanzung mittels fremder Hilfe zu sichern.

Tierische Trophäenschau: Der Schönste kriegt die Fliege

Sexuelle Selektion bei tropischen Geweihfliegen

Erhobenen Hauptes betritt ein prächtiger Mehrender die Arena auf der Waldlichtung. Er ist nicht allein: Ein Rivale baut sich vor ihm auf, reckt den Kopf und streckt ihm die langen Spitzen seines paarigen Geweihs entgegen. Das Kräftemessen der Kontrahenten beginnt und ein Drama – so alt wie das männliche und weibliche Prinzip in der Natur – nimmt seinen Lauf. Geweih fliegt gegen Geweih, die Tiere verhaken sich, drängeln und stemmen sich mit ihren Köpfen gegeneinander, die Kopfwaffen gekreuzt. Die hellen Spitzen der Geweihenden blitzen auf, wenn die Tiere versuchen, sich in eine bessere Position zu bringen, bevor sie zur nächsten Attacke vorrücken. Mit aller Kraft und den Köpfen voran versuchen die Rivalen, den anderen zurückzudrängen und selbst gleichzeitig festen Stand auf den Beinen zu bewahren. Sekunden nur dauern die einzelnen Scharmützel, doch die Gegner sind beinahe gleich kräftig und treten immer wieder gegeneinander an. So ist das Ringen um Raum und Rang diesmal erst nach einigen Minuten entschieden. Überstürzt verlässt der Verlierer schließlich den Turnierplatz. Der Lohn des langen Kampfes lässt sich kaum überschätzen: Das siegreiche Männchen hat sein Revier behauptet, sich den freien Zugang zu Sexualpartnern und damit seine genetische Zukunft gesichert – keine Kleinigkeit in einer Welt, in der heimlich die Weibchen über Wohl und Weh walten.

So sehr die Szene an einen mitteldeutschen Wald erinnert, kein siegestrunkenes Röhren eines brünftigen Rothirsches zerreißt die Stille.

Denn diesmal ist der Kampfplatz ein mit Moosen und Flechten überzogener umgestürzter Stamm eines Baumes im tropischen Regenwald der Insel Neuguinea. Der vermeintliche Platzhirsch und Gewinner des stillen Kampfes um das Revier und zudem das Recht auf Weibchen ist – kaum 1,5 Zentimeter groß – ein Männchen der Geweihfliege *Phytalmia cervicornis*.

Mit ihrem schlanken Körperbau, den langen und schmalen Flügeln, dem lang gestielten Hinterleib und den langen, dünnen Beinen ähneln sie auffällig den Schlupfwespen aus der Gruppe der Ichneumoniden, mit denen sie jedoch nicht näher verwandt sind. Was sie an Größe gegenüber heimischem Rotwild entbehren, machen Geweihfliegen aus der Familie der Tephritidae für Entomologen – jene Zoologen, die von Berufs wegen Insekten erforschen – durch ihre biologischen Eigenheiten mehr als wett.

Da sind zum einen die bizarren Glanzpunkte der Gestalt: Anders als ihren Verwandten bei den Echten Fruchtfliegen wachsen den seltsamen Geweihfliegen lange Auswüchse aus dem Kopf. Bezogen auf die Größe ihres schlanken Körpers würden diese »Geweihe« jedem kapitalen Hirschbock zur Ehre gereichen. Während allerdings Rehbock, Rothirsch und Rentier die knöchernen Kopfwaffen als Fortsätze der Stirnbeine tragen und einmal im Jahr neu bilden, wachsen die geweihartigen Stangen den indomalaiischen *Phytalmia*-Fliegen zeitlebens aus den Wangen. Knapp unterhalb der großen bunt schillernden Facettenaugen setzen bei *Phytalmia cervicornis* lange gegabelte Spieße an. Bei der ebenfalls auf Neuguinea lebenden Art *Phytalmia alcicornis* ist das Geweih etwas kürzer, dafür aber mit den breiten, abgeflachten Schaufeln wie bei einem Elch ausgebildet. Nur Fliegenmännchen ziert dieser Kopfschmuck, der bei jeder der sechs bekannten *Phytalmia*-Arten etwas anders geformt ist.

Zum anderen sind da die Eigenarten in der Lebensführung: *Phytalmia*-Fliegen mit einem Kopfschmuck wie ein Edelhirsch haben eine Vorliebe für edle Hölzer, genauer: für vermoderndes Holz von Bäumen der Mahagoni-Familie Meliaceae. Sobald das zersetzende Holz die Fliegen anlockt, beziehen die *Phytalmia*-Männchen ihre Reviere auf dem

Stamm, die sie gegen Rivalen verteidigen. Jedes sich einstellende Weibchen wird eifrig umworben. Nach der Begattung deponieren die Fliegenweibchen ihre Eier unter der Borke umgestürzter Stämme oder herabgestürzter Äste jeweils einer oder einiger weniger Mahagoni-Baumarten. Die einzige außerhalb Neuguineas vorkommende Geweihfliege, *Phytalmia mouldsi*, die eine tropische Regenwaldregion im Norden der australischen Cape-York-Halbinsel bewohnt, sucht sich stets nur *Dysoxylum gaudichaudianum* als Wirtsbaum für den Larvennachwuchs aus. Der schlüpft im Schlaraffenland unter der Borke, wo er knapp drei Wochen bis zur Verpuppung vom verwesenden Gewebe des weichen Bastes lebt. Nach kaum zwei weiteren Wochen erscheinen die erwachsenen Fliegen, die sich neues Faulholz im tropischen Regenwald suchen.

Auf einem gestürzten Urwaldbaum im Norden Neuguineas sichtete einst auch der berühmte britische Naturforscher Alfred Russel Wallace die ungewöhnlichen Geweihfliegen. Er war dabei der Erste, der Mitte des vergangenen Jahrhunderts die bizarre Geweihbildung der *Phytalmia*-Fliegen entdeckte. Unterstützt von der Royal Geographical Society in London – dem Club britischer Weltenbummler und Naturforscher, der gelegentlich als das »Reisebüro des britischen Empire« tituliert wird –, war Wallace von 1854 bis 1862 in Südostasien zwischen Singapur und Neuguinea unterwegs. Nach England zurückgekehrt, verfasste er darüber 1869 seinen ausführlichen Reisebericht *The Malay Archipelago. The Land of the Orang-Utan, and the Birds of Paradise.*

Angesichts derart spektakulärer Tiere erwähnt Wallace die Geweihfliegen, die er während eines mehrmonatigen Aufenthalts auf Neuguinea beobachtete, nur am Rande – und beinahe widerstrebend. In seinem Bericht klingt stattdessen Enttäuschung über die wenigen neuen Insektenarten an, die er dort wegen eines Missgeschicks entdeckte. Alfred Russel Wallace war Ende März 1858 in Dorey Harbour gelandet – dem heutigen Manokwari im Nordwesten der Vogelkopf-Halbinsel. Es sollte sein einziger Aufenthalt auf jener riesigen tropischen Insel werden, die Biologen bis heute dank ihrer Vielfalt an Tier- und Pflanzenarten als Schatztruhe des Lebens gilt. Kurz nach seiner Ankunft verletzte sich Wallace beim Insektenfang im Unterholz des neuguineischen Urwaldes den Knöchel und musste, nachdem sich die Wunde im Tropenklima entzündet hatte, wochenlang beinahe gehunfähig ruhen. Wild entschlossen war er fast ans Ende der Welt gesegelt, um vor allem die Fauna der von Europäern bis zu diesem Zeitpunkt nur äußerst selten erreichten Tropeninsel zu erkunden, einzufangen und ins Mutterland des britischen Königreichs zurückzusenden. Und nun fand sich Wallace plötzlich zur Tatenlosigkeit in einer kleinen Hütte verdammt, just in einem Land, »in dem mehr fremdartige und neue und schöne Naturobjekte vorkommen als in jedem anderen Teil des Globus«. Wallace wusste, dass er in seinem Leben nicht noch einmal in diese Region kommen würde. In dieser Zeit entstanden seine Notizen über jene »höchst merkwürdigen und neuartigen gehörnten Fliegen«, von denen er schließlich während seines Aufenthalts bis zum Juli 1858 vier Arten sammelte, darunter auch *Phytalmia cervicornis*, deren Geweih so lang wie der übrige Körper ist, und die Elchgeweihfliege *Phytalmia alcicornis*.

Wallace entdeckte sie auf den vermodernden Stämmen umgestürzter Bäume, notierte, wie sich die Männchen bei ihren Duellen in typischer Pose auf ihren Vorderbeinen aufstellen und Kopf an Kopf duellieren. Später fügte er seinem Reisebericht eine Zeichnung bei, die alle vier Fliegenarten in natürlicher Größe und Haltung zeigt.

Noch im selben Jahr sandte Wallace seine Fliegenbeute nach London an den britischen Insektenkundler William Wilson Saunders, der sie im Mai 1859 in London anlässlich einer Zusammenkunft der Entomologischen Gesellschaft als Vertreter der von ihm zugleich neu benannten Insektengattung *Elaphomyia* vorstellte. Doch Saunders' Bericht ereilte das Schicksal ungezählter biologischer Neuentdeckungen. Er und mit ihm Wallaces Geweihfliegen wurden Opfer der unerbittlichen Regeln zoologischer Nomenklatur. Pech für Saunders war, dass ihm jemand zuvorkam – der deutsche Entomologe Adolf Gerstaecker, Kurator am Naturkundemuseum in Berlin. Der hatte nämlich zur selben Zeit von einem Sammler ebenfalls aus Neuguinea zwei Fliegenarten erhalten. Gerstaecker waren sofort die seltsamen, von der Kopfoberseite entspringenden paarigen Anhänge der Fliegen aufgefallen, »bei der einen in Gestalt von weit abstehenden Ohren, bei der anderen in Form eines Hirschgeweihes«. Bereits im Juni 1860 veröffentlichte Gerstaecker in der *Stettiner Entomologischen Zeitung* eine 40 Seiten umfassende Abhandlung über einige für die Wissenschaft neue Fliegen, darunter auch die beiden Geweihfliegen *megalotis* und *cervicornis* aus Neuguinea, für die er extra eine neue Gattung – eben *Phytalmia* – schuf.

Saunders in London blieb diese Arbeit offenbar verborgen. Sein eigener Bericht erschien erst am 4. November 1861 in den *Transactions* der Entomologischen Gesellschaft in London. Da dies als offizielles Veröffentlichungsdatum des Namens *Elaphomyia* gilt, hat Gerstaeckers ein Jahr zuvor publizierte *Phytalmia* nach der Prioritätsregel zoologischer Nomenklatur den Vorrang. Mit seinen Namen gelten auch die von Gerstaecker beschriebenen – und noch immer im Berliner Naturkundemuseum hinterlegten – Typen der beiden Geweihfliegenarten aus Neuguinea als gültiges Referenzmaterial. So entging nicht nur Saunders in diesem Fall der Ruhm des wissenschaftlichen Erstautors einer neuen Insektengattung – gleichsam der Adelsstand für Biosystematiker –, auch die von Wallace gesammelten Geweihfliegen verpassten die Ehrung, fortan als gleichsam heilige Typusexemplare im Olymp musealer Sammlungen zu rangieren.

Eine weitere Verfehlung hat Alfred Russel Wallace selbst zu verantworten: Mit den Geweihfliegen hatte er 1858 in Neuguinea die Chance seines Lebens zu einer weiteren epochalen Entdeckung – dem Phänomen der sexuellen Selektion, der »geschlechtlichen Zuchtwahl«, wie es später heißen sollte. Nicht dass Wallace nicht auch so einer der maßgeblichsten Naturforscher des 19. Jahrhunderts wäre, doch er blieb der ewige Zweite und stand stets im Schatten des »Newtons der Biologie« – von Charles Darwin. Immerhin hat Wallace – unabhängig von, aber doch zeitgleich mit Darwin – kurz zuvor die »natürliche Selektion«, die Auslese durch die Umwelt, als entscheidenden Mechanismus der Evolution erkannt. Beide Naturforscher publizierten daraufhin 1859 ihre Theorie der »natürlichen Zuchtwahl«. Damit verhalfen sie der Mitte des 19. Jahrhunderts in der Luft liegenden Überzeugung von der gemeinsamen Abstammung aller Lebewesen und vom allmählichen Wandel der Arten zum Durchbruch. Wallace wurde zudem durch seine Beobachtungen vor allem im indomalaiischen Inselreich zum Begründer der Biogeografie, derjenigen biologischen Disziplin, die die Verbreitung von Tieren und Pflanzen beschreibt und erklärt.

Somit als kreativer Denker und Forscher ausgewiesen, hat sich Wallace indes – trotz der zwangsweisen Denkpause im neuguineischen Dorey – offenbar niemals die alles entscheidende Frage vorgelegt, warum Geweihfliegen eigentlich jene bizarren Körperanhänge wachsen. Kein Satz findet sich in seinen Schriften, mit dem er versucht, dem Geheimnis der *Phytalmia*-Fliegen auf die Spur zu kommen, obgleich er vermerkt, dass allein die Fliegenmännchen diese Kopfbildungen besitzen. Bis heute lässt das Rätsel solch »luxurierender Anhänge« den Verhaltensbiologen und Evolutionsforschern keine Ruhe.

Natürlich könnte man es sich mit einer Antwort leicht machen: Demnach sind Hirschgeweih und das »Geweih« der *Phytalmia*-Fliegen analoge Konstruktionen. Die Natur führt uns hier das Paradebeispiel ähnlicher, aber unabhängiger Erfindungen vor, die selbst bei so verschiedenen Tieren wie Hirschen und Fliegen dem gleichen Zweck dienen – den ritualisierten Kämpfen. Doch mit Ausnahme der breiten Schaufeln von *Phytalmia alcicornis* nutzen die Fliegen beim Kräftemessen nicht ihr Geweih selbst, sondern vielmehr den vorspringenden Vorderrand ihrer Kopfkapseln. Warum also diese an sich doch eher hinderlichen Bildungen? Bringen so seltsame Körperanhänge wie Geweihe oder die langen Schwanzschleppen von Pfau und Paradiesvogel den Männchen im Darwin'schen Überlebenskampf nicht nur reichlich Nachteile?

Es war Darwin selbst, der diese tierische Trophäenschau in seinem 1871 erschienenen Buch *Die Abstammung des Menschen und die geschlechtliche Zuchtwahl* als Teil eines Schönheitswettbewerbs erklärte, bei dem die Weibchen Jury und Hauptgewinn zugleich sind. Er erkannte, dass im Tierreich nicht alle Männchen die gleiche Chance haben, sich mit einem Weibchen zu paaren. Nicht selten werden die kräftigsten Männchen bevorzugt. Doch keineswegs herrscht das Recht des Stärkeren. Meist überlässt die Natur den Weibchen die Qual der Wahl. Dieses Phänomen der Partnerwahl sei, so erklärte Darwin, die eigentliche Raison d'être des farbenprächtigen Pfauenschwanzes, des weit ausladenden Hirschgeweihs und der Farben- und Formenfülle, mit der sich die Männchen im Tierreich schmücken – von der Fliege bis zum Vogel, vom Fisch bis zum Frosch, ja bis hin zum Menschen. Erst die sexuelle Selektion durch die Weibchen macht Männchen zu Machos und zwingt sie zu permanenter Selbstdarstellung, um Weibchen zu becircen und Konkurrenten zu beeindrucken.

Mit dieser bis heute kontrovers diskutierten These stellte Darwin der von ihm und Wallace entdeckten natürlichen Selektion eine zweite überaus wirksame Evolutionskraft gegenüber. Die Umwelt – etwa Klima, Krankheiten und Feinde – ist nur ein Teil des Darwin'schen Überlebenskampfes; der andere heißt Sex. Maßgeblich hängt der Fortpflanzungserfolg – und um den geht es letztlich in der Natur – davon ab, wie gut »Mann« sich in der Damenwelt verkaufen kann. Dieses universelle Phänomen dürfte auch Darwins viktorianischen Zeitgenossen nicht unbekannt gewesen sein. Alfred Russel Wallace jedoch blieb das Prinzip der Damenwahl nicht nur bei den Geweihfliegen Neuguineas verborgen, er mochte Darwin zeitlebens nicht bei dessen Idee einer Auswahl durch die Weibchen folgen. Vielleicht wollte er einfach nicht glauben, dass ausgerechnet Weibchen eine derart entscheidende Funktion in der Evolution ausüben. Während Wallace davon abriet, das gerade entdeckte Prinzip der natürlichen Auslese wieder zu unterminieren, versuchte Darwin mit den ständig steigenden Ansprüchen der Weibchen auch jenes »Luxurieren« bei vielen Tieren zu erklären. Er war damit seiner Zeit weit voraus und unterstellte den wählerischen Weibchen einen wie auch immer gearteten »Sinn für Ästhetik«, für den es jedoch faktisch keinen Beleg gab – und bis heute gibt.

Erst 1930 gelang es dem britischen Genetiker Ronald Fisher, Darwins These der Geschlechterwahl durch eine mathematische Theorie zu untermauern. Doch bis noch vor zwei Jahrzehnten fehlten detaillierte Beobachtungen und vor allem experimentelle Belege an lebenden Objekten, die die sexuelle Selektion als einen wesentlichen Evolutionsfaktor und eine wahrhaft innovative Kraft bestätigten. Derzeit ist die sexuelle Selektion eines der am meisten untersuchten und zugleich fruchtbarsten Forschungsgebiete der Evolutionsbiologie.

Die jüngsten Studien machen klar: Wenn es um den Kopfschmuck des Fortpflanzungspartners geht, haben die Weibchen selbst so unterschiedlicher Tiere wie Rothirsch und Geweihfliege den gleichen exaltierten Geschmack. Dabei dienen den Weibchen Größe und Pracht der Körperanhänge als Gradmesser der genetischen Tauglichkeit potenzieller Sexualpartner. Tatsächlich signalisiert derartiger Zierrat besondere genetische Qualitäten der Männchen. Weil sie stets die prächtigsten Männchen mit den auffälligsten, längsten und kräftigsten Körpermerkmalen wählen, wird deren vorteilhafte genetische Information an die jeweils nächste Generation weitergegeben. Die Auswahl der Weibchen begünstigt somit Eigenschaften, die ihren Trägern wiederum einen Vorsprung beim Schönheitswettbewerb verschaffen. Dies führt über Generationen zu immer luxurierenderen Strukturen. Ein Jahrhundert nach Darwin erklären Evolutionsbiologen die sexuelle Auslese durch die Weibchen deshalb als einen eskalierenden Selbstläuferprozess, der sich – durch bestimmte Vorlieben seitens der Weibchen in Gang gesetzt – mit eigener Dynamik verselbstständigt und immer mehr aufschaukelt, bis er so bizarre Körperanhänge wie die Geweihe von *Phytalmia* hervorbringt.

Was lange wie eine bloße Laune der Schöpfung erschien, ist für viele Tiere tatsächlich Überlebensnotwendigkeit. So fand der Insektenkundler Gary Dodson von der Universität in Florida, der auf Neuguinea und in Australien Geweihfliegen erforscht, dass stets die größten Männchen von *Phytalmia* auch den kräftigsten Kopfschmuck haben; mickerige Männchen bringen es dagegen zu kaum mehr als Beulen an der Kopfkapsel. Entsprechend eindeutig ist das Signal, und zwar nicht nur für die Weibchen. In Experimenten an *Phytalmia mouldsi* vergrößerte Dodson einigen Fliegenmännchen künstlich das Geweih, indem er ihnen kurzerhand Geweihstücke anleimte; daraufhin gewannen diese Männchen mehr Kämpfe gegen Konkurrenten, die sich von der Attrappe ihres Gegenübers beeindrucken ließen. Umgekehrt kappte er einigen Fliegen den Kopfschmuck, woraufhin diese deutlich häufiger von Rivalen aus dem Revier auf einem vermodernden Baumstamm vertrieben wurden. Diese Bäume mit ihrem verrottenden Holz sind es, die paarungsbereite *Phytalmia*-Weibchen zwecks Eiablage anfliegen. So kamen durch Dodsons Zutun unversehens selbst zuvor im Zweikampf unterlegene Männchen zu Paarungen und letztlich Nachwuchs. Männchen mit reduziertem Kopfschmuck gingen diesmal bei den Weibchen leer aus.

Nach der Paarung mit dem Revierinhaber, der erfolgreich alle Rivalen vertreiben konnte, legen die *Phytalmia*-Weibchen die von ihm befruchteten Eier ab. Sie werden dabei sorgsam vom Männchen bewacht. Schließlich muss der Fliegenmann sichergehen, dass ihm nicht in letzter Sekunde doch noch ein Konkurrent in die Quere kommt und ihm den Fortpflanzungserfolg und seine genetische Zukunft streitig macht. Denn auch bei diesen Fliegen gilt: Wer zuletzt kommt ... Die Fliegenweibchen speichern den Samen oft mehrerer Paarungspartner in so genannten Spermatheken, bei *Phytalmia* dreien an der Zahl. Überhaupt ist der weibliche Geschlechtsgang dieser Fliegen ein kleines Wunderwerk der Natur. Denn befruchtet werden die Eier in einer Befruchtungskammer am Ende der Spermatheken mit dem Samen des jeweils letzten Fliegenmanns. Der tut also gut daran, nach Kampf und Kopulation das Weibchen so lange zu bewachen, bis es »seine« Eier besamt und abgelegt hat.

Aufforderung zum Seitensprung
Wenn Nachtigallen nächtens pfeifen

Ob es noch die Nachtigall ist, die da singt, oder schon die Lerche, hat nicht nur Shakespeares Helden Romeo und Julia verwirrt. Bislang war auch Vogelstimmenforschern rätselhaft, warum Nachtigallen des Nachts singen – und nicht wie alle anderen Singvögel nur am Tag.

Bekanntlich dient der Gesang von Vogelmännchen sowohl dazu, potenzielle Paarungspartner anzulocken, als auch dazu, Konkurrenten tunlichst fern zu halten. Von den in Mitteleuropa beheimateten Singvögeln sind Nachtigallen – ebenso wie ihre nordöstlich von Elbe und Spree lebende Zwillingsart, der Sprosser – die einzigen, die nicht nur tagsüber ihre Gesänge hören lassen. Bei Sprosser und Nachtigall ist der Gesang besonders nachts, wenn es stiller ist als am Tag, weit zu hören, wie selbst Großstädter etwa in den Grünbezirken Berlins wissen, die im Frühsommer davon gelegentlich aufgeweckt werden. Selbst andere in der Nachbarschaft singende Vögel, etwa Rohrsänger und Heckenbraunellen, stellen ihren Gesang ein, wenn die Nachtigall-Verwandten einmal tagsüber ihre lauten und überaus variantenreichen Strophen zum Besten geben.

Warum diese mit den Drosseln verwandten Singvögel aber vor allem nächtens singen, haben Verhaltensforscher der Universität Bielefeld untersucht. Dazu analysierten sie die Gesangsaktivität und Strophenstruktur von Männchen, bevor diese sich mit einem Weibchen verpaarten. Beim Vergleich mit dem Gesang von Nachtigallen, die bei den Weibchen letztlich keinen Erfolg hatten, zeigte sich, dass beim Paarungsspiel dieser Vögel offenbar vor allem die typischen Pfeifstrophen der Männchen eine wichtige Rolle spielen. Im Unterschied zu anderen Gesangsteilen wiederholen die nächtlichen Sänger bei diesen Strophen pfiffartige Elemente auffällig häufig. Wie wir aus eigener Erfahrung wissen, sind Pfiffe aufgrund ihrer akustischen Eigenschaften besonders gut dazu geeignet, über größere Entfernungen gehört zu werden.

Vor allem jene Nachtigallmännchen, die sich später in der Brutsaison erfolgreich mit einem Weibchen verpaarten, hatten zuvor in ihrem Nachtgesang besonders viele Pfiffe eingebaut. Dagegen wies der Gesang der später unverpaart gebliebenen Männchen deutlich weniger Pfiffe auf. Damit sehen die Bielefelder Forscher ihre Vermutung bestätigt, dass Nachtigallen insbesondere mithilfe ihres Nachtgesangs versuchen, Weibchen anzulocken. Wer dabei viel pfeift, wird offenbar nicht nur besser gehört, sondern schließlich auch erhört.

Die Wahl der Weibchen hat allerdings auch ihre Tücken. Denn die erfolgreichsten Sänger unter den Nachtigallen sind zugleich auch jene, die das Pfeifen selbst nach der Verpaarung mit einem Weibchen nicht lassen können. Kaum haben die Weibchen ihre Eier gelegt und zu brüten begonnen, nehmen ihre Männchen erneut die nächtlichen Pfeifkonzerte auf. Wie die Bielefelder Forscher herausfanden, singen die bereits verpaarten Nachtigallenmännchen dabei sogar noch intensiver als zu Beginn der Brutsaison, wenn sie noch kein Weibchen für sich begeistern konnten.

Nun könnte man vermuten, dass die verpaarten Nachtigallen dies tun, um etwaige Konkurrenten und Nebenbuhler von Revier und Weibchen fern zu halten. Doch wäre es unter evolutionsbiologischen Überlegungen einleuchtend, wenn sie tunlichst dann besonders eifrig singen, solange die Weibchen noch nicht ihre Eier gelegt haben. Bis dahin nämlich besteht für sie noch die Gefahr, dass ihr Weibchen von einem fremden Männchen begattet wird – und der dem Revierinhaber somit gleichsam fremde Eier unterschiebt.

Dass Nachtigallen ihre Gesangsaktivität aber nach der Verpaarung und mit der Eiablage der Weibchen sogar noch steigern, erklären die

Verhaltensforscher anders. Ihrer Hypothese nach dient dieses erneute Pfeifkonzert dazu, nun zusätzlich auch noch andere, bisher unverpaarte – oder gar bereits verpaarte – Weibchen aus der Umgebung anzulocken. Mit den nächtlichen Pfiffen sollen diese zu so genannten »außerpaarlichen Kopulationen« verführt werden, wie Zoologen dieses uns moralisch verwerflich vorkommende Verhalten neuerdings wertneutral auszudrücken versuchen – obgleich doch auch die Nachtigall nur allzu menschlich erscheint – und ihr Fortpflanzungsverhalten eine durch die Evolution geformte und obendrein erfolgreiche Strategie darstellt.

Der König der Diebe oder: Wie Man(n) zum Pascha wird

Bei Löwen jagen die Weibchen und halten den Haremschef aus

Sie galten lange als die wahren Könige unter den Tieren. Tatsächlich wirken die mähnenumkränzten Löwenmännchen imposant – und einen Harem haben sie auch noch. Doch die Pelzträger leben dennoch nicht im Paradies. Zoologen haben die Legende vom »König Löwe« als solche enttarnt. Dabei ließ auch das Image vom Löwenmann als faulem Pascha, der seine Frauen auf die Jagd schickt, um sich dann als Erster am Riss satt zu fressen, regelrecht Haare.

Oft sind es bekanntlich die Löwinnen, die einzeln oder gemeinsam zu zweit oder dritt auf Jagd gehen, um Beute für das Rudel zu machen. Und meist sind es die Männchen, die sie dann von der erfolgreich erlegten Beute verjagen. Immerhin rund zwei Drittel seiner Nahrung verschafft sich der Löwenmann derart mit Gewalt. Dennoch sind Löwen keineswegs grundlos oder gar aus Faulheit despotische Patriarchen, für die sie immer gehalten wurden. Vielmehr unterliegt gerade die prächtige Mähne der Männchen gleich mehrfachen und dabei zudem widerstreitenden evolutionären Zwängen. Einmal mehr ist es die im Tierreich allgegenwärtige Damenwahl, die der Natur die Richtung vorgibt.

Ob Safari, Zoobesuch oder Tierfilm – beim schnellen Betrachter bleibt kein Zweifel: Der mit dem zotteligen Kopfschmuck muss das Oberhaupt der Familie sein. Tatsächlich zeigen Freilandstudien, dass ihr Pelzschmuck, der von hellblond bis tiefschwarz variieren kann, dem Löwenmann als Sexsymbol dient. Im tansanischen Serengeti-Nationalpark etwa stehen Löwinnen nachweislich auf Männchen mit möglichst dunklen Mähnen. Wie die beiden amerikanischen Forscher Peyton West und Craig Packer von der Universität von Minnesota in St. Paul herausfanden, werden regelmäßig Mähnenträger mit der dunkelsten Haarpracht als Paarungspartner bevorzugt.

Die genaue Auswertung ihrer Daten aus drei Jahrzehnten Feldbeobachtungen ergab buchstäblich Haarsträubendes. Denn offenbar gilt Löwinnen die Dunkelheit der Mähne als Anzeiger für besonders potente Partner. Dass die Damen damit richtig liegen, zeigten dann Bluttests eben jener Löwenmänner. Stets waren die bevorzugten Mähnenträger auch die genetisch tauglichsten Löwen im Umkreis, wie ein Vergleich ihrer biologischen Eigenschaften bestätigte. Denn die Männchen mit der dunkelsten und längsten Mähne waren die am besten ernährten und wiesen die höchsten Testosteronwerte auf. Ein Mehr des männlichen Geschlechtshormons lässt sie offenbar nicht nur besonders gut bei Löwendamen ankommen, es erlaubt ihnen auch, sich gegenüber Konkurrenten zu behaupten. Die machten in der Regel einen größeren Bogen um den Pelzprotz, wenn die Mähne möglichst dunkel war.

Löwenmänner, die besonders lange Zotteln tragen, haben zudem noch einen ganz handgreiflichen Vorteil bei den nicht eben seltenen Kämpfen mit anderen Männchen, denn lange dichte Haare schützen die Tiere vor Hieben mit den krallenbewehrten Pranken der Rivalen. Schließlich fanden die Forscher auch heraus, dass die Männchen mit dem dunkelsten Kopffell am längsten lebten und somit mehr Zeit hatten, sich zahlreich fortzupflanzen. Demnach gilt unter Löwen: Zeig mir deine Mähne, und ich sag dir, wer du bist. Oder: Das Fell bestimmt das Sein.

Doch die Zottelpracht birgt auch Nachteile. Je länger und dunkler die Mähne, desto mehr setzt den Männchen die sengende Sonne im äquatorialen Afrika zu. Den an sich bevorzugten Mähnenträgern wurde in der Studie schneller heiß – und darunter litt dann auch die Qualität ihrer Spermien, die bei Säugern allgemein recht hitzeempfindlich sind. Zwar versuchten die Löwenmännchen dem beizukommen, indem sich ihre Mähne in den heißesten Monaten etwas ausdünnte und kürzer wurde, doch so ganz ließen sich die Nachteile einer wilden Haarpracht nicht ausgleichen.

Beim Vergleich mit Löwengruppen aus anderen Regionen Afrikas stellten die Forscher fest, dass es aufgrund der Hitze offenbar sogar einen regelrechten Trend zur »Kurzhaarfrisur« bei Löwen gibt. Während im besonders heißen äquatornahen Tiefland Männchen mit kürzerer und dünnerer Mähne leben, wird diese umso dunkler und dichter, je weiter entfernt vom Äquator und je höher das Revier der Tatzentiere liegt. Die Löwen schmücken sich – dem Geschmack der Weibchen folgend – offenbar vor allem dort mit einem besonders majestätischen Pelz, wo es die afrikanische Hitze am ehesten zulässt. Sonst würde ihr Sperma kümmern – und von verringerter Zeugungskraft hätten auch die Weibchen auf lange Sicht nichts, testosterongetriebene Potenz hin oder her.

Somit stecken Löwen gewissermaßen in einer evolutiven Zwickmühle. Um ihren Fortpflanzungserfolg zu sichern, sollten jene Männchen, die in genetischer Hinsicht und insbesondere aufgrund ihres höheren Testosteronspiegels – im Wortsinn – das Zeug dazu haben, den Löwinnen ihre besonderen Qualitäten mittels eindrucksvoller Mähne avisieren. Doch was sie bei den Damen als potente Paarungspartner ausweist und ihnen auch bei Rivalenkämpfen nützt, das macht sie unter der sengenden afrikanischen Sonne mürbe. Die Mähne müsste eigentlich weg.

Denn wenn Löwenmännchen selbst auf die Jagd gehen, vermögen sie nur halb so viel Körperwärme an die Umgebung abzuführen wie die Löwinnen. Das entdeckten Wissenschaftler mithilfe der Infrarot-Thermografie. Da wundert es nicht, dass der Löwenmann lieber im Schatten liegt als auf die Jagd zu gehen. Fast könnte man meinen, die Löwenweibchen hätten sich den Pascha gewissermaßen selbst herangezogen – dank ihrer Bevorzugung möglichst dunkler und zotteliger Mähnenträger als Erzeuger ihres Nachwuchses. Am Image des faulen Haremschefs jedenfalls sind sie – evolutionsbiologisch betrachtet – offenbar nicht ganz unschuldig.

Bereits in der Anfangszeit einer soziobiologischen Betrachtung, also seit den 1970er-Jahren, spielten die Zwänge rund um das Fortpflanzungsverhalten von Löwen eine wichtige Rolle. Bis dahin hatten Biologen meist noch angenommen, das Verhalten von Tieren diene dem Erhalt der jeweiligen Art. Das erwies sich aber als Irrtum, je mehr man Männchen und Weibchen auch ein und derselben Tierart und vor allem bei der Fortpflanzung als Partner mit durchaus widerstreitenden Interessen ansah. Von Löwen hatten Feldforscher bereits lange zuvor immer wieder berichtet, dass die Männchen gelegentlich den Nachwuchs der Löwinnen töteten. Da das verständlicherweise kaum der Arterhaltung dient, erklärten selbst renommierte Fachleute wie der Verhaltensforscher Konrad Lorenz die Kindestötung im Tierreich als krankhaftes und fehlgesteuertes Verhalten – gleichsam zum Unfall der Natur. Doch wie häufig in der Biologie erwies sich das scheinbar Unnormale als der Regelfall, sobald man es aus anderer Perspektive betrachtete.

Die Soziobiologie beschäftigt sich mit den evolutionären Ursachen und Regeln des Zusammenlebens bei Tieren. Wie bei einer Kaufmanns-Rechnung fragt sie dabei nach dem jeweiligen Kosten-Nutzen-Verhältnis, und zwar getrennt für Männchen und Weibchen, wobei sich der Erfolg für beide über die jeweilige Fortpflanzung feststellen lässt. Damit wird der Nachwuchs zur Währung, die Zahl der Jungen zur Zahlungseinheit. Im Fall der Löwen zeigte sich, dass die Männchen unter einem enormen evolutiven Erfolgsdruck stehen. Nur wenn sie einen Harem für sich erobern können, kommen sie überhaupt zur Paarung. Meist gelingt ihnen dies nur, wenn sie einem älteren und schwächeren Männchen dessen Harem abjagen. Oft arbeiten dabei zwei jüngere Männchen, etwa gemeinsam umherstreifende Brüder, zusammen. Gegen sie hat selbst ein an sich stärkeres Männchen über längere Zeit keine Chance. Die neuen Haremsherrscher haben dann ihrerseits nur wenige Jahre Zeit zur Fortpflanzung, bis sie dasselbe Schicksal ereilt und sie von einem oder mehreren stärkeren Rivalen beerbt werden.

Und eben weil ihre Zeit derart knapp ist, müssen sich die neuen Haremsbesitzer bei den gerade eroberten Weibchen beeilen. Ihr erster Akt scheint uns dabei brutal. Tatsächlich kommt es zur Kindestötung im Löwenrudel immer dann, wenn ein Männchen den Harem neu übernommen hat. Dies dient zwar in der Tat keineswegs dem Erhalt der Art, doch es kommt dem neuen Herrscher gewissermaßen bei der eigenen Gewinnmaximierung im Gen-Wettlauf zugute. Wo es um die Weitergabe der eigenen Gene an die nächste Generation geht, stören die Jungen des Vorgängers. Jeder neue Haremsbesitzer tötet diese scheinbar rücksichtslos, um so seine eigenen Fortpflanzungschancen zu erhöhen, denn nur wenn die Weibchen keine Jungen säugen, werden sie schnell wieder trächtig. Statt also noch länger in den Nachwuchs eines anderen zu investieren, zwingt die Kindestötung des neuen Löwenmännchens die Weibchen dazu, nun rasch dessen Nachwuchs aufzuziehen.

Auch bei Löwen sind Männchen und Weibchen mithin Partner einer oft unbequemen Allianz. Weibchen bevorzugen mit ihrer Wahl der dunklen Mähne solche Männchen-Signale, die diesen ganz erhebliche Kosten verursacht, etwa bei der Regulation ihrer Körpertemperatur, frei nach dem Motto: Wer schön sein will, muss leiden. Die Männchen ihrerseits erweisen sich als evolutionäre Egoisten, wenn es darum geht, ihre eigenen Gene an die nächste Generation weiterzugeben – selbst wenn dabei der Nachwuchs jener Löwenweibchen dran glauben muss, die sich für ihn auf die Jagd machen.

In der Gemeinschaft mit anderen schlägt der Egoismus des Einzelnen mitunter merkwürdige Kapriolen. Doch erst in diesem Kontext ergibt auch die Wahl der Weibchen durchaus Sinn. Sie können am meisten Vorteile von jenen Männchen erwarten, deren lange und dunkle Mähne genetische Fitness verrät, weil diese sie und ihre gemeinsamen Jungen am besten gegen andere Männchen verteidigen. Da Rivalen erst einmal die Jungen im Harem umbringen, sichert nur ein starkes Männchen in bester Verfassung das Überleben aller im Rudel. Dafür wird der Pascha, dem es in der Sonne leicht einmal zu warm wird, wohl in Kauf genommen.

Epilog – Vom Verschwinden der Arten und der Krise des Jahrhunderts

Die enorme Fülle und Vielfalt der Tier- und Pflanzenarten ist der größte und der wahre Reichtum, den wir auf diesem Planeten haben; und zwar nur auf diesem Planeten. Doch wir Menschen plündern diesen einzigartigen biologischen Schatz, ohne den unsere Ökosysteme nicht funktionieren. Auf diese Ökosysteme sind wir alle angewiesen; wir verdanken ihnen unsere Nahrung, unser Wasser und vieles mehr.

Derzeit befinden wir uns bereits mitten in einem massenhaften Artenschwund. Tatsächlich kündigt sich das größte Artensterben seit dem Untergang der Dinosaurier vor 66 Millionen Jahren an. Damals dürfte ein zufälliges und seltenes extraterrestrisches Ereignis – der Einschlag eines Meteoriten auf der Erde – die entscheidende Rolle gespielt haben. Diesmal indes sind wir der Meteorit. Und während alle vom Klima reden, findet noch weitgehend unbemerkt jenes vom Menschen verursachte Artensterben statt. Doch diese »Defaunation« des Anthropozäns – die Entleerung der Tierwelt in der Menschenzeit – ist der neue Klimawandel: eine weitere große Bedrohung der Menschheit. Noch können wir gegensteuern, müssten dafür aber schnell unser Verhalten ändern.

Earthrise. Oder Glücksfall Erde

Als der amerikanische Astronaut William Anders vor einem halben Jahrhundert, am Heiligabend 1968, mit der Apollo-8-Mission in 780

Kilometern Höhe den Mond umrundete, sah und fotografierte er erstmals den Aufgang der Erde über dem Mond. Das Bild »Earthrise«, der Anblick unseres Heimatplaneten aus dem Weltall, wurde zum Symbol für die Fragilität und die Isolation der Erde im Kosmos. Dieser Blick markiert zugleich den Beginn eines neuen Umweltbewusstseins. Vielleicht beeindruckt uns das Bild dieser kleinen blauen Murmel vor dem unendlichen Schwarz des Universums bis heute auch deshalb so sehr, weil uns dabei klar wird, dass wir Erdlinge nur diesen einen Planeten haben. Selbst wenn Menschen irgendwann einmal zum Nachbarplaneten Mars fliegen, zum Leben haben wir nur diesen einen Planeten Erde, den wir schützen und erhalten müssen.

Später kommentierte William Anders: »Wir flogen hin, um den Mond zu entdecken. Aber was wir wirklich entdeckt haben, ist die Erde.« Der Blick vom Mond zurück hat indes nicht nur die Sicht der Menschheit auf unseren Heimatplaneten verändert. Er führt uns einen einmaligen kosmischen Glücksfall vor Augen: dass allein die Erde genau in der richtigen Entfernung zwischen den terrestrischen Körpern innen und den gasförmigen Planeten weiter draußen in unserem Sonnensystem diesen Stern umrundet.

Diese Perspektive auf die Erde hält zudem ein Paradoxon bereit: Wir geben Milliarden Dollar dafür aus, zu Mond und Mars zu fliegen, um dort nach Spuren etwa von fossilem Wasser zu suchen. Dagegen haben wir auf der – eigentlich falsch benannten – Erde (deren Oberfläche zu 70 Prozent vom Wasser der Weltmeere bedeckt ist) nicht nur die Ozeane mit ihren Tiefen noch gar nicht hinreichend erkundet. Tatsächlich leben wir auf einem noch weitgehend unbekannten Planeten, den wir in biologischer Hinsicht noch keineswegs hinreichend kennen. Der Großteil irdischer Tier- und Pflanzenarten ist bisher noch unentdeckt und unbekannt, wissenschaftlich weder benannt noch beschrieben. Das gilt zwar kaum noch für die auffälligen Wirbeltiere wie Vögel oder Säugetiere, umso mehr aber für das Heer eher unscheinbarer Wirbelloser – etwa der Gliedertiere wie vor allem Insekten, aber auch der Spinnen, Krebse oder Schnecken. In erster Näherung sei beinahe jedes Tier ein Insekt, so das Bonmot der Biosystematik angesichts der tatsächlichen

Artenfülle just jener Arthropoden. Aktuelle Schätzungen gehen von acht Millionen Spezies aus; gerade einmal ein Viertel dieser ungeheuren Vielfalt von Tier- und Pflanzenarten wurde bislang erfasst; wobei Bakterien und andere Mikroben hier gar nicht berücksichtigt sind. Diese Biodiversität indes ist im globalen Maßstab bedroht.

Von der Eintagsfliege der Evolution zum größten Raubtier

Wir Menschen sind gleichsam die Eintagsfliege der Evolution, ein vergleichsweise junger Neuzugang in der Erdgeschichte. Seit wenigstens 550 Millionen Jahren gibt es die fossile Überlieferung des Lebens, vor 15 Millionen Jahren entstanden die ersten Ahnen jener Menschenaffen, die vor fünf Millionen Jahren aufrechtgehen lernten und deren Evolution schließlich vor zwei Millionen Jahren zu unserer Gattung *Homo* führte. Wir selbst, *Homo sapiens*, sind vor 300 000 Jahren in Afrika entstanden; vor etwa 70 000 Jahren haben wir unseren Heimatkontinent verlassen, in kürzester Zeit einen Großteil der Erde besiedelt – und uns inzwischen zum größten Raubtier und gefährlichsten Plünderer dieses Planeten entwickelt. Wo immer wir je hinkamen, haben wir die Fauna und Flora der Kontinente massiv verändert, haben dabei vor allem in Australien und auf dem amerikanischen Doppelkontinent sogar die größten jemals in der Erdneuzeit lebenden Säugetiere und Vögel – darunter Mammut, Mastodon und Moa – in einer Art »Blitzkrieg« ausgelöscht.

Seit langem schon greift der Mensch in die natürlichen Prozesse der Erde ein; er hat sich zum Beherrscher der Welt aufgeschwungen und ist inzwischen zum entscheidenden Evolutionsfaktor geworden; zum stärksten Treiber geologischer und biologischer, insbesondere ökologischer Prozesse auf der Erde. Wir dominieren zwei Drittel der Landoberfläche der Erde; wir nutzen sie für unsere Städte und Siedlungen, unsere Industrieanlagen und Verkehrswege, vor allem aber für unsere landwirtschaftlichen Nutzflächen, um Nahrungsmittel oder Energiepflanzen anzubauen und für unsere Nutztiere. Wir überfordern dabei unsere Umwelt, an Land wie zu Wasser; und weil wir überall auf der

Erde ihre Lebensräume zerstören, im Kleinen wie im großen Stil, ist das Überleben vieler Tier- und Pflanzenarten gefährdet, denen wir schlicht keinen Raum mehr lassen. Die Plünderung der Rohstoffe und Übernutzung der biologischen Reserven vernichtet direkt oder indirekt zahllose Lebewesen.

Das Ausmaß, in dem dies geschieht, berechtigt dazu, von einem ganz neuen Erdzeitalter zu sprechen – dem Anthropozän. Diese Menschenzeit, so der Vorschlag von Geowissenschaftlern, soll das Holozän beenden – die Nacheiszeit, die vor etwas mehr als 10 000 Jahren begann. Dauerhafte Signaturen des Menschen, so argumentieren sie, markieren längst diesen Übergang. Ähnlich wie das extraterrestrische Iridium (das sich ansonsten nur in Meteoriten findet) jenen katastrophalen Einschlag markiert, der vor 66 Millionen Jahren mit dem Ende der Kreidezeit auch das Ende der Dinosaurier besiegelte und zugleich zum letzten der bekannten Massenaussterben von Arten während der Erdgeschichte führte, so markiert etwa der sprunghafte Anstieg von radioaktivem Material wie Plutonium aus oberirdischen Atombombenversuchen oder der ansteigende Kohlendioxidgehalt in der Atmosphäre ein dauerhaftes geochemisches Signal. Erdgeschichtlich mag das Anthropozän bislang nur ein Wimpernschlag sein, faktisch aber hinterlässt der Mensch spätestens seit Mitte des 20. Jahrhunderts in beschleunigter Weise eine Vielzahl auch geologisch markanter Signaturen, darunter Unmengen von Baustoffen wie Beton, Zement und Ziegel, aber auch Aluminium, Plastik und Geräte – eine »Technosphäre« von 30 Billionen Tonnen, die – wenn gleichmäßig verteilt – mit 50 Kilogramm auf jedem Quadratmeter des Planeten lastet.

Als eine weitere markante Signatur verursacht der Mensch nun eines der größten Artensterben. Zwar gab es einschneidende Massensterben wie am Ende der Kreidezeit bisher wenigstens fünfmal in der Erdgeschichte; diesmal aber verursacht allein der Mensch das sechste massenhafte Artensterben – mit ähnlich katastrophalen Ausmaßen und Auswirkungen. Bei den vorangegangenen natürlichen Massenaussterbe-Ereignissen wurde in erdgeschichtlich kürzester Zeit jeweils ein Großteil der Tier- und Pflanzenwelt vernichtet, die Evolution änderte gleichsam ihre Richtung. Auch diesmal haben Schwund und Sterben globale Ausmaße, jedoch passiert es auf einem ohnehin dicht von Menschen besiedelten Planeten mit vielfältigen ökologischen Abhängigkeiten in funktionierenden Lebensräumen und darin eingepassten lebenswichtigen Artengemeinschaften.

Das sechste Artensterben – eine Krise von globaler Dimension

Gegenwärtig verlieren wir überall auf der Erde auf dramatische Weise Biodiversität – jene biologische Vielfalt auf verschiedenen Ebenen, von der genetischen Konstitution einzelner Populationen über die Vielfalt der Organismenarten bis hin zu den Lebensgemeinschaften ganzer Ökosysteme. Bald werden in der Natur nicht nur die großen charismatischen Tierarten wie Tiger und Löwe, Leopard und Jaguar oder Elefanten und Nashörner ausgestorben sein. Längst sind in Afrika und Asien etwa die Bestände der Großkatzen ebenso wie der imposanten Großsäuger zusammengebrochen. Oft gibt es von ihnen nur noch Restbestände, in denen die letzten ihrer Art ums Überleben kämpfen.

Doch längst geht es nicht mehr nur um die sogenannten »Flaggschiffarten« des Naturschutzes, sondern um das Verschwinden einer Vielzahl von Arten und vor allem ihrer Bestände und Vorkommen. Diese Schwindsucht der Artenvielfalt beginnt unmittelbar von der eigenen Haustür, im eigenen Garten und in unserer Kulturlandschaft, wo massenhaft Vögel und Insekten verloren gehen. In Deutschland sind davon nachweislich drei Viertel aller Fluginsekten betroffen; diese aber sind Nahrung etwa der Vögel. In Europa verschwanden deshalb in den letzten vier Jahrzehnten allein 300 Millionen Acker- und Wiesenvögel; in Nordamerika dürften es sogar drei Milliarden (!) Vögel vor allem in landwirtschaftlich genutzten Flächen und in den Siedlungen sein.

Ebenso betroffen vom allgemeinen Artenschwund sind Forste, die längst keine natürlichen Wälder mehr sind, aber auch Flüsse, die wir begradigen, eindeichen und durch Wehre und Staustufen verbauen; so haben wir Lachs, Stör und Stint verloren und mit ihnen zahllose andere Fische. Oder nehmen wir den Boden, den wir überdüngen und dessen

Organismen wir vergiften. Durch all dies ist das Artensterben allgegenwärtig geworden; es reicht bis zu den tropischen Regenwäldern und Korallenriffen, von den weiten Savannenlandschaften bis zu den Meeren, wo die Verluste der Naturräume und der Lebewesen inzwischen ebenfalls erschreckend sind.

An vorderster Front im Terrestrischen steht der Verlust an Wäldern weltweit. Rund um den Globus haben wir im vergangenen halben Jahrhundert etwa die Hälfte der Waldökosysteme verloren, von denen es bald keine großen zusammenhängenden mehr geben wird. Landnutzungsänderung heißt es euphemistisch, wenn etwa in Brasilien oder Indonesien Wald im ganz großen Stil landwirtschaftlicher Nutzfläche weicht. Selbst da, wo noch Reste ursprünglicher Wälder erhalten sind, oder von Menschhand geschaffene sekundäre Wälder wieder aufwachsen, sind vor allem durch Jagd und Wilderei die Bestände größerer Wildtiere und Vogelarten verschwunden. »Empty forest« heißt dieses erschreckende Phänomen, das sich wie eine grassierende Seuche um den Erdball erstreckt. Entwaldung, oder »Deforestation«, und in der Konsequenz »Defaunation« – die Entleerung der Tierwelt – sind die beiden hässlichen Seiten einer Medaille – dem globale Verlust an Arten, der Lebensräume biologisch zu Wüsten werden lässt.

Eine Vielzahl einschlägiger Studien zeigt, dass auf allen sechs Kontinenten und in sämtlichen Lebensräumen die Bestände und Vorkommen von immer mehr Arten in dramatischer Weise und immer schneller schrumpfen. Ganze Regionen verarmen, abgesehen von Allerweltsarten und einigen wenigen Artenwendegewinnlern. Bestätigt wurde dies zuletzt auch durch Analysen des Weltbiodiversitätsrats IPBES (ein unabhängiges internationales Beratungsgremium aus Experten, ähnlich dem Weltklimarat IPCC). Demnach werden bis Mitte des 21. Jahrhunderts bis zu einer Million größerer und bekannterer Tier- und Pflanzenarten verschwinden. Die Biodiversitätskrise droht zu einer globalen Krise des Lebens zu werden, zu einem Artendrama von planetarer Dimension. Die Auswirkungen eines allgegenwärtigen Verlustes der biologischen Vielfalt aber dürfen wir nicht unterschätzen; sie sind von enormer ökologischer Brisanz und erheblicher gesellschaftlicher Sprengkraft.

Das anthropogene Artensterben ist der neue Klimawandel

Gegenwärtig ist der menschengemachte Klimawandel in aller Munde. Doch das darf nicht vom Artensterben und vom Erhalt der Artenvielfalt ablenken. Denn auch ohne Klimawandel ist der vom Menschen verursachte massenhafte Exitus von Tieren und Pflanzen für sich eines der drängendsten Probleme der Menschheit; weil von größter Gefahr für den Menschen selbst, ist es die wahre Krise des 21. Jahrhunderts. Der anthropogene Klimawandel verstärkt das Artensterben noch zusätzlich; wobei immer deutlicher wird, wie eng die Biosphäre mit der Geosphäre der Erde verknüpft ist. Doch ohne den einzigartigen biologischen Schatz der Artenvielfalt funktionieren die Ökosysteme der Erde nicht, auf die wir alle angewiesen sind. Denn auf ihnen basiert unsere Ernährung, angefangen von sauberem Wasser und gesunden Böden bis hin zu den unentgeltlichen Bestäuberdienstleistungen der vielen Insekten, die so für Kaffee und Kakao, für Äpfel und Birnen oder Tomaten und Gurken sorgen.

Dass die Biomasse an Insekten dramatisch eingebrochen ist, und zwar in Naturschutzgebieten ebenso wie auf landwirtschaftlich genutzten Flächen, bei uns wie etwa in Puerto Rico, weist – entgegen irriger Annahmen – darauf hin, dass tatsächlich die industrialisierte Landwirtschaft einschließlich der dabei weltweit eingesetzten hochwirksamen und leicht verteilbaren Gifte, dass überhaupt unsere Art und Weise der Landnutzung der ursächliche Grund und Auslöser eines allgemeinen Artenschwundes ist. Wenn wir weiterhin Obst und Gemüse essen wollen, Fisch und Fleisch, das wir möglichst regional produzieren sollten, dann brauchen wir dazu überall auf der Erde intakte Lebensräume, die aber nur von intakten Artengemeinschaft aufgebaut werden. Ohne eine vielfältige Natur können wir uns nicht ernähren und nicht überleben. Die vom Menschen genutzten Flächen werden ohne Insekten oder ohne die Tätigkeiten der Makro- und Mikroorganismen im Boden keine ausreichenden Erträge bringen. Den wenigsten Menschen ist indes bewusst, in welchem Ausmaß wir von der Natur und einer vielfältig vernetzten Vielfalt ihrer Organismen abhängig sind – vom Brot bis zur

Banane, vom Kaffee am Morgen über den Salat am Mittag bis zum Wein oder Bier am Abend. Deshalb ist der Erhalt der Arten, von funktionierenden natürlichen Ökosystemen und die Ernährung der Menschheit ein zentrales Zukunftsthema; und eben nicht nur die Frage von Energie und Mobilität. Im Zweifel aber verstellt die derzeitige einseitige Debatte um den Klimawandel noch den Blick auf die biologischen Realitäten des drohenden Artensterbens. Vor allem ignoriert sie eine weitere unbequeme Wahrheit.

Kein Thema Überbevölkerung?

Es geht zum einen um die zentrale Frage, wie der Mensch als vergleichsweise junge Art überhaupt so enorm erfolgreich werden konnte. Tief in unserer Natur verankert sind wir von unserer Evolution her Pioniere mit einer ausgeprägten »Frontier«-Mentalität, darauf programmiert, unsere Umwelt auszubeuten, an einem Ort zu plündern, was wir vorfinden, und anschließend weiter zu ziehen. Lange waren wir damit sehr erfolgreich. Weil wir dank unserer ersten Natur und biologischen Wurzeln so sind, wie wir sind, weil wir von unserer Evolution her gar nicht anders können, verursachen wir mittlerweile globale Probleme für die Zukunft der Menschheit und der Tier- und Pflanzenarten auf der Erde. Aber das verdrängen wir. Auch deshalb sind Dramatik und Dimension des Artensterbens den meisten Menschen nicht bewusst. Inzwischen verprassen wir das evolutive Erbe dieser Erde; aus Kurzsichtigkeit und Unkenntnis und eben, weil der Mensch es in seiner Evolution nicht anders gelernt hat, den Nutzen von Nachhaltigkeit nicht wirklich versteht und lebt.

Und es geht zum anderen auch um die Frage, wie und warum wir so derart viele Menschen geworden sind – und erst einmal noch mehr werden. Vor dem Thema Überbevölkerung aber verschließen wir noch immer die Augen. Weil es historisch gleich mehrfach vorbelastet ist, wahlweise als neokolonialistisch oder faschistisch verbrämt wird, weil es religiös aufgeladen ist; sicher aber auch, weil alle früheren Kassandra-Rufe – etwa einer »population bomb«, die bald zündet – sich unter anderem dank der »grünen Revolution« nicht erfüllt haben. Indes ist eine Entwarnung, dass es demnächst weniger Menschen sein werden, höchst irreführend. Denn bevor die Wachstumskurve zum Ende des Jahrhunderts hin vielleicht allmählich abflacht, werden es in den unmittelbar vor uns liegenden Jahrzehnten sicher erst einmal mehr Menschen werden. Diese kommenden Jahrzehnte aber werden die entscheidenden sein.

Mittlerweile leben beinahe acht Milliarden Menschen auf der Erde. Nach den jüngsten Prognosen der Vereinten Nationen, die über die fundiertesten Zahlen verfügen, kommen bis Mitte des Jahrhunderts weitere zwei Milliarden und bis Ende des Jahrhunderts knapp drei Milliarden Menschen hinzu. Bereits jetzt verbrauchen wir alle im Übermaß Ressourcen und Raum; was wiederum die biologische Vielfalt und das Überleben vieler Tierarten auf der Erde bedroht. Schon jetzt zerstören wir für unsere Ernährung die wichtigsten Schatzkammern der Artenvielfalt; wir brandschatzen die Wälder, saugen die Böden aus und plündern die Meere. Dabei begreifen wir kaum, was das für unseren Planeten bedeutet. Es werden nicht einfach nur mehr Menschen werden, die mehr Landwirtschaft betreiben und mehr Flächen dafür verbrauchen. Viele dieser Menschen wollen eine Lebensweise, wie wir sie in den westlichen Industrienationen vorleben. Damit werden wir die natürlichen Lebensräume noch weiter überstrapazieren – selbst wenn wir modernste Agrartechnologien und molekulargenetische Innovationen einsetzen, etwa die Genschere Crispr/Cas9. Zur Hybris des Menschen gehörte immer schon, dass er hofft, für alles eine technologische Lösung zu finden. Doch Naturgesetzmäßigkeiten lassen sich damit nicht aushebeln.

Um weitere drei Milliarden Menschen zu ernähren, werden wir noch mehr Natur opfern. Mit unserer Art der Landnutzung und Landwirtschaft werden wir bei noch mehr Menschen, die alle satt werden und sich besser ernähren wollen, in die Zwickmühle geraten, noch mehr Nahrung auf noch mehr Fläche zu erwirtschaften. Daher werden Überbevölkerung und Ressourcenknappheit die Biodiversitätskrise noch verschärfen. Wenn unsere lange steil nach oben weisende Bevölkerungskurve irgendwann endlich kippt, wenn unsere Form der Bewirtschaftung von Landschaften zur Ernährung des Menschen an ihre letzten Grenzen stößt, wird die Menschheit längst ein Artensterben globalen Ausmaßes verursacht haben. Dazu kommt, dass die Menschheit wohl kaum friedlich schrumpfen wird; eher ist zu befürchten, dass dies mit Verteilungskämpfen und Migrationsbewegungen, mit Hunger und Chaos, Kriegen und Krankheiten verbunden sein wird. Das aber wollen wir unseren Kindern und Enkeln ersparen.

Kumulative kulturelle Evolution

Wenn wir jedoch weiterhin sämtliche Lebensräume der Erde übernutzen, etwa hierzulande die Kulturlandschaft degradieren und vergiften, in den Tropen die Wälder vernichten und weltweit die Ozeane plündern, dann wird eine menschengemachte Klimaveränderung kaum noch etwas zur ökologischen Apokalypse beitragen können, was die Artenkrise zuvor nicht schon mit sich gebracht hätte. Wir können uns beides nicht leisten. Obgleich uns die Biodiversitätskrise unser Überleben kostet, hat der Schutz der Natur politisch längst noch nicht den gleichen Stellenwert wie etwa der Klimawandel, der derzeit buchstäblich die ganze Welt bewegt. Dagegen muss die »Defaunation« des Anthropozäns – die Entleerung der Tierwelt in der Menschenzeit – erst noch in den Köpfen der Menschen ankommen. Auch im Angesicht der Klimakrise darf der Schutz der Lebensräume und der Natur nicht aus dem Blick geraten. Und es wäre fatal, in alter Fortschrittsgläubigkeit und im Vertrauen nach der Devise »Es ist noch immer gut gegangen« allein auf eine technologische Lösung zu hoffen. Dann wird auch uns die Biologie einholen.

Was also können wir tun? Wir müssen uns zu einem nachhaltigen System zur Nutzung der Natur und zu einer ökologisch gerechteren Wirtschaftsweise durchringen. Dazu brauchen wir neue globale Regeln zum Schutz einer vielfältigen und lebendigen Natur. Das aber wird nur gelingen, wenn der *Homo sapiens* seinem Namen endlich alle Ehre macht, und seine Fähigkeit und intellektuelle Stärke zur Bewältigung komplexer Probleme ausspielt, um diesmal in weltweit kooperativer Weise Lösungen zu finden. Zwar steht uns unsere ureigene erste Natur, unsere evolutive Veranlagung im Weg, aus der gegenwärtigen Misere herauszufinden. Dabei hilft uns auch nicht allein unsere zweite Natur, unsere anerzogenen und erlernten Verhaltensweisen im sozialen Miteinander. Nur durch eine viel schnellere als die biologische Evolution kann es gelingen. Kumulative kulturelle Evolution, eine Art dritte oder Vernunftnatur des Menschen, heißt deshalb die Lösung der menschengemachten Probleme, für die sich die Menschheit einmal mehr ändern muss. Für eine solche allein uns Menschen mögliche Art der Problembewältigung gibt es in der Vergangenheit bereits ein eindrückliches Beispiel: Als sich einst beim Übergang vom Jäger- und Sammlerdasein zu sesshafter Lebensweise mit Ackerbau und Viehzucht eine Vielzahl von neuen Herausforderungen stellte, für die die Menschheit neue verbindliche Verhaltensnormen entwickelte, wie wir sie in den Weltreligionen mit ihren Geboten manifestiert finden. Tatsächlich sehen einige Anthropologen etwa im Alten Testament so einen neuen Verhaltenscodex des Miteinanders.

Die Auswirkungen des Menschen und seiner Aktivitäten auf ein für die Erdsysteme einschließlich der Biodiversität erträgliches Maß zu begrenzen, ist wieder so ein globales Zukunftsprojekt. Es erfordert die gemeinsame Aufmerksamkeit der ganzen Welt, aller Länder und dabei des Einzelnen wie der gemeinsamen Politik. Tatsächlich können wir alle etwas gegen das Artensterben tun: durch einen bewussteren Umgang mit der Natur und durch nachhaltigere Lebensweise. Wir wissen längst, dass wir vor allem in den reichen Ländern des Nordens viel zu verschwenderisch mit Ressourcen umgehen. Aber auch die aufstrebenden Schwellen- und Entwicklungsländer werden gefordert sein. Es geht dabei vor allem um unsere Art und Weise der Landnutzung, insbesondere der Landbewirtschaftung; darum, wie wir etwa unsere Wiesen, Wälder, unsere Flüsse und Weltmeere nutzen. Und für den Einzelnen geht es konkret darum, wie wir etwa unsere Gärten und Städte gestalten, wie viel Ressourcen wir verbrauchen. Derzeit ist das alles andere als nachhaltig. Was wir deshalb brauchen, ist ein grundlegend anderes Verständnis von und Verhältnis zur Natur, von der wir viel mehr unter Schutz stellen müssen.

Vom Ende der Evolution

Dafür bleibt uns nicht mehr viel Zeit. Wir müssen das uns ureigene Pionierverhalten und die »Frontier«-Mentalität des Menschen mit der Kraft unseres Verstandes in den nächsten zehn, 20 oder höchstens 30 Jahren überwinden und ein neues Verhalten entwickeln. Wir müssen mehr natürlichen Lebensraum erhalten und großflächig Naturlandschaften wirkungsvoll schützen. Statt der derzeit 15 Prozent an Land und sieben Prozent im Meer sollten zukünftig wenigstens 30 Prozent der Erde geschützt werden, um dort die Artenvielfalt zu bewahren. Besser wäre es, so mahnen Experten, bis Mitte des Jahrhunderts sogar die Hälfte der Erde unter Schutz zu stellen und »grün« zu lassen.

Die nächsten Jahrzehnte bis Mitte des 21. Jahrhunderts werden darüber entscheiden, ob wir Millionen Tierarten vor dem Untergang retten können. Es gehört zu den größten Versprechen jeder Generation an die nachfolgende, dass sie es einmal besser haben soll. Setzen wir mit weiteren Milliarden Menschen unsere fatale Art des Wirtschaftens, den Raubbau an der Natur fort, wird es zu einem gewaltigen Artenschwund und Artensterben kommen, das irreparable Schäden in den Ökosystemen auslösen wird. Eine belebte Umwelt mit größeren Säugetieren, mit vielen verschiedenen Vögeln, Fröschen und Fischen wird dann längst der Vergangenheit angehören; vor allem aber werden Insekten und die Heerscharen anderer nützlicher Tiere fehlen. Dadurch werden wir unsere Ernährung und letztlich auch das Überleben eines Großteils der Menschen gefährden.

Was wir derzeit betreiben ist gleichsam ein Angriff der Gegenwart auf die übrige Zeit. Denn wir Menschen vernichten die Produkte der Evolution der Vergangenheit, ohne die aber die Lebensräume der Erde keine Zukunft haben werden. Es wäre das Ende der Evolution, wie wir sie kennen. Kein Zweifel: Das Leben wird andere Wege einschlagen, doch dann sehr wahrscheinlich ohne uns.

Literatur zum Nach- und Weiterlesen

Der Schöpfer war ein Käfernarr

Evans, A. V. & Bellamy, C. L. 1996. An inordinate fondness for beetles. University of California Press. Berkeley and Los Angeles

Glaubrecht, M. 2003. Das große Krabbeln. *Geo* 5/2003: 90–112

Glaubrecht, M. 2003. Arten, Artkonzepte und Evolution. Was sind und wie entstehen »biologische Arten«? In: Biologische Vielfalt - Sammeln, Sammlungen, Systematik. Rundgespräche der Kommission für Ökologie, Bd. 26, S. 15–42. Verlag Dr. Friedrich Pfeil. München

Glaubrecht, M. 2004. Leopold von Buch's legacy: treating species as dynamic natural entities, or why geography matters. *American Malacological Bulletin* 19(1/2): 111–134

Glaubrecht, M. 2019. Die Illusion eines gründlich erforschten Planeten. - In: Glaubrecht, M. Das Ende der Evolution. Der Mensch und die Vernichtung der Arten, S. 368-413. C. Bertelsmann. München

Hey, J. 2001. Genes, categories, and species. The evolutionary and cognitive causes of the species problem. Oxford University Press. New York

Mayr, E. 2001. What evolution is. Basic Books. New York

Stork, N. E. 1999. Estimating the number of species on earth. In: Ponder, W. & Lunney, D. (Hrsg.), The other 99%. The conservation and biodiversity of Invertebrates, S. 1–7. Transactions of the Royal Zoological Society of New South Wales. Mosman, Sydney

Wilson, E. O. 1992. The diversity of life. The Belknap Press of Harvard University Press. Cambridge, Mass.

Zachos, F. E. 2016. Species concepts in biology. Historical development, theoretical foundations and practical relevance. Springer International Publishing. Basel

Eine »verlorene Welt« in Ostafrika

Coulter, G. W. (Hrsg.) 1991. Lake Tanganyika and its life. Oxford University Press. London, Oxford

Glaubrecht, M. 1994. Explosive Evolution in ostafrikanischen Seen. Entstehung von Artenschwärmen bei Fischen und Schnecken. *Biologie in unserer Zeit* 24 (1): 45–52

Glaubrecht, M. 2003a. Die Schnecken des Tanganjika-Sees: Eine vergessene Welt in Ostafrika. Teil 1. *Aquaristik Fachmagazin* 34 (6): 18–21

Glaubrecht, M. 2003b. Die Schnecken des Tanganjika-Sees: Eine vergessene Welt in Ostafrika. Teil 2. *Aquaristik Fachmagazin* 35 (1): 56–59

Glaubrecht, M. 2008. Adaptive radiation of thalassoid gastropods in Lake Tanganyika, East Africa: morphology and systematization of a paludomid species flock in an ancient lake. *Zoosystematics and Evolution* 84 (1): 71–122

Glaubrecht, M. 2011. Toward solving Darwin's »mystery«: speciation and radiation in freshwater gastropods. *American Malacological Bulletin* 29: 187–216

Glaubrecht, M. & Strong, E. E. 2004. Spermatophores of thalassoid gastropods (Paludomidae) in Lake Tanganyika, East Africa, with a survey of their occurrence in Cerithioidea: functional and phylogenetic implications. *Invertebrate Biology* 123 (3): 218–236

Glaubrecht, M. & Strong, E. E. 2007. Ancestry to an endemic radiation in Lake Tanganyika? Evolution of the viviparous gastropod *Potadomoides* Leloup, 1953 in the Congo River system (Cerithioidea, Paludomidae). *Biological Journal of the Linnean Society* 92: 367–401

Michel, E. 1994. Why snails radiate: a review of gastropod evolution in long-lived lakes, both recent and fossil. In: Martens, K. et al. (Hrsg.), Speciation in ancient lakes, S. 285–317. Advances in Limnology 44. Schweizerbart'sche Verlagsbuchhandlung. Stuttgart

Michel, E. 2000. Phylogeny of a gastropod species flock: Exploring speciation in Lake Tanganyika in a molecular framework. In: Rossiter, A. & Kawanabe, H. (Hrsg.), Ancient Lakes: Biodiversity, ecology, and evolution. Advances in Ecological Research, Vol. 3, S. 275–302. Academic Press. London

Pinnock, D. 2002. Snail hunting in the mother lake. In: Natural Selections. The African wanderings of a bemused naturalist, S. 156–163. Double Storey. Cape Town

Scholz, C. A. & Rosendahl, B. R. 1988. Low lake stands in Lakes Malawi and Tanganyika, East Africa, delineated with multifold seismic data. *Science* 240: 1645–1648

Strong, E. E. & Glaubrecht, M. 2002. Evidence for convergent evolution of brooding in a unique gastropod from Lake Tanganyika: anatomy and affinity of *Tanganyicia rufofilosa* (Caenogastropoda, Cerithioidea, Paludomidae). *Zoologica Scripta* 31: 167–184

Vermeij, G. J. 2019. How convergent are Lake Tanganyika's gastropods to marine ones? Comparative ecology and adaptive morphology. *Biological Journal of the Linnean Society* 127: 508–517

Wilson, A. B. et al. 2004. Ancient lakes as evolutionary reservoirs: evidence from the thalassoid gastropods of Lake Tanganyika. *Proceedings of the Royal Society London, Biological Sciences* 271: 529–536

Flinke Finger

Cádiz, A. et al. 2018. Factors affecting interspecific differences in genetic divergence among populations of *Anolis* lizards in Cuba. *Zoological Letters* 4: 21

Donihue, C. M. 2018. Hurricane-induced selection on the morphology of an island lizard. *Nature* 560: 88–91

Donihue, C. M. 2020. Hurricane effects on Neotropical lizards span geographic and phylogenetic scales. *Proceedings of the National Academy of Science* 117: 10429–10434

Losos, J. B. & de Queiroz, K. 1997. Darwin's lizards. *Natural History* 12/1997: 34–39

Losos, J. B. & Miles, D. B. 2002. Testing the hypothesis that a clade has adaptively radiated: iguanid lizard clades as a case study. *American Naturalist* 160 (2): 147–157

Losos, J. B. et al. 1997. Adaptive differentiation following experimental island colonization in *Anolis* lizards. *Nature* 387: 70–73

Losos, J. B. et al. 1998. Contingency and determinism in replicated adaptive radiations of island lizards. *Science* 279: 2115–2118

Losos, J. B. 2001. Wenn die Evolution sich wiederholt. *Spektrum der Wissenschaft* 5/2001: 37–42

Losos, J. B. 2018. Glücksfall Mensch: Ist Evolution vorhersagbar? Wenn die Evolution sich wiederholt. Hanser. München

Williams, E. E. 1972. The origin of faunas. Evolution of lizard congeners in a complex island fauna: a trial analyses. *Evolutionary Biology* 6: 47–89

Odyssee im Paradies Lemuria

Delavaux, J.-J. 2004. Madagaskar: In der Festung der Tsingy. *Geo* 11/2004: 66–90

Goodman, S. M. & Benstead, J. P. (Hrsg.) 2003. The Natural History of Madagascar. University of Chicago Press. Chicago

Martin, R. D. 1990. Primate origins and evolution. A phylogenetic reconstruction. Princeton University Press. Princeton, New Jersey

Tattersall, I. 1993. Die Lemuren Madagaskars: Repräsentanten früher Primaten. *Spektrum der Wissenschaft* 3/1993: 58–65

Der Krieg der Schnecken

Cowie, R. H. 1992. Evolution and extinction of Partulidae, endemic Pacific island land snails. *Philosophical Transactions of the Royal Society London*, series B, 335: 167–191

Cowie, R. H. 1996. Pacific Island land snails: relationships, origins and determinants of diversity. In: Keast, A. & Miller, S. E. (Hrsg.), The origin and evolution of Pacific island biotas, New Guinea to Eastern Polynesia: patterns and processes, S. 347–372. SPB Academic Publishing. Amsterdam

Cowie, R. H. 2001. Can snails ever be effective and safe biocontrol agents? *International Journal of Pest Management* 47 (1): 23–40

Glaubrecht, M. 1992. Wiederansiedlung ausgerotteter Schnecken. *Naturwissenschaftliche Rundschau* 45 (10): 407

Gould, S. J. 1991. Unenchanted evening. *Natural History* 9/1991: 4–12

Hart, A. D. 1978. The onslaught against Hawaii's tree snails. *Natural History* 8/1978: 46–56

Tudge, C. 1992. Last stand for Society snails. *New Scientist* 7/1992: 25–29

Die unsichtbaren Arten

Chase, M. J. et al. 2016. Continent-wide survey reveals massive decline in African savannah elephants. *PeerJ* 4: e2354

Eggert, L. S. et al. 2002. The evolution and phylogeography of the African elephant inferred from mitochondrial DNA sequence and nuclear microsatellite markers. *Proceedings of the Royal Society London, Biological Sciences* 269: 1993–2006

Fleischer, R. et al. 2001. Phylogeography of the Asian elephant *(Elephas maximus)* based on mitochondrial DNA. *Evolution* 55 (9): 1882–1892

Glaubrecht, M. 2019. Das Ende der Evolution. Der Mensch und die Vernichtung der Arten. C. Bertelsmann. München

Groves, C. P. 2016. Two African elephant species, not just one. *Nature* 538: 317

Palkopoulou, E. et al. 2018. A comprehensive genomic history of extinct and living elephants. *Proceedings of the National Academy of Sciences* 115: E2566–E2574

Roca, A. L. et al. 2001. Genetic evidence of two species of elephant in Africa. *Science* 293: 1473–1477

Rohland, N. et al. 2010. Genomic DNA sequences from mastodon and woolly mammoth re-veal deep speciation of forest and savanna elephants. *PLoS Biology* 8: e1000564

Vidya, T. N. C. et al. 2009. Range-wide mtDNA phylogeography yields insights into the origins of Asian elephants. *Proceedings of the Royal Society* B 276: 789–797

Wittemyer, G. et al. 2014. Illegal killing for ivory drives global decline in African elephants. *Proceedings of the National Academy of Sciences* 113: 931–935

Drachenflieger: Ein Saurier mit vier Flügeln

Chen, P.-J. et al. 1998. An exceptionally well-preserved theropod dinosaur from the Yixian formation of China. *Nature* 391: 147–153

Field, D. J. 2020. The changing face of birds from the age of dinosaurs. *Nature* 588: 221–222

Field, D. J. et al. 2018. Early evolution of modern birds structured by global forest collapse at the end-Cretaceous mass extinction. *Current Biology* 28: 1825–1831

Field, D. J. et al. 2020. Late Cretaceous neornithine from Europe illuminates the origins of crown birds. *Nature* 579: 397–401

Jones, T. D. et al. 2000. Nonavian feathers in a Late Triassic archosaur. *Science* 288: 2202–2205

O'Connor, P. M. et al. 2020. Late Cretaceous bird from Madagascar reveals unique development of beaks. *Nature* 588: 272-276

Padian, K. & Chiappe, L. M. 1998. Der Ursprung der Vögel und ihres Fluges. *Spektrum der Wissenschaft* 4/1998: 38–48

Qiang, J. et al. 1998. Two feathered dinosaurs from northeastern China. *Nature* 393: 753–761

Reilly, J. 2018. The ascent of birds. How modern science is revealing their story. Pelagic Publishing. Exeter

Swisher, C. C. et al. 1999. Cretaceous age for the feathered dinosaurs of Liaoning, China. *Nature* 400: 58–61

Xu, X. et al. 1999. A dromaeosaurid dinosaur with a filamentous integument from the Yixian formation of China. *Nature* 401: 262–266

Xu, X. et al. 2000. The smallest known non-avian theropod dinosaur. *Nature* 408: 705–708

Xu, X. et al. 2003. Four-winged dinosaur from China. *Nature* 421: 335–340

Zhan, F. & Zhou, Z. 2000. A primitive enantiornithine bird and the origin of feathers. *Science* 290: 1955–1959

Kleiner Cousin mit großem Hirn

Kielan-Jaworowska, Z. et al. 2004. Mammals from the age of dinosaurs. Origins, evolution, and structure. Columbia University Press. New York

Luo, Z.-X. et al. 2001. A new mammaliaform from the Early Jurassic and evolution of mammalian characteristics. *Science* 292: 1535–1540

Luo, Z.-X. et al. 2001. Dual origin of tribosphenic mammals. *Nature* 409: 53–57

Novacek, M. J. 1992. Mammalian phylogeny: shaking the tree. *Nature* 356: 121–125

Pickrell, J. 2019. The making of mammals. *Nature* 574: 468–472

Rose, K. & Archibald, J. D. 2005. Placental Mammals: Origins and relationships of the major clades. John Hopkins University Press. Baltimore

Rowe, T. 1999. At the roots of the mammalian family tree. *Nature* 398: 282–284

Silej, T. et al. 2020. The earliest-known mammaliaform fossil from Greenland sheds light on origin of mammals. *Proceedings of the National Academy of Science* 117: 26861–26867

Biber mit Entenschnabel

Archer, M. 1995. Mystery of the multiplying monotremes. *Nature Australia* Winter 1995: 68–69

Archer, M. et al. 1991. Riversleigh. The story of animals in ancient rainforests of inland Australia. Reed Books. Chatswood, Australia

Bino, G. et al. 2020. A stitch in time – synergistic impacts to platypus metapopulation extinction risk. *Global Ecology and Conservation* 20: e00720

Flannery, T. F. 1994. The future eaters. An ecological history of the Australasian lands and people. Reed Books. Chatswood, Australia

Gruber, J. W. 1991. Does the platypus lay eggs? The history of an event in science. *Archives of Natural History* 18 (1): 51–123

Hawke, T., Bino, G. & Kingsford, R. T. 2019. A silent demise: Historical insights into population changes of the iconic platypus (*Ornithorhynchus anatinus*). *Global Ecology and Conservation* 20: e00720

Hawke, T., Bino, G. & Kingsford, R. T. 2020. Platypus: Paucities and peril. A response to: Limitations on the use of historical and database sources to identify changes in distribution and abundance of the platypus. *Global Ecology and Conservation* 21: e00857

Moyal, A. 2001. Platypus. The extraordinary story of how a curious creature baffled the world. Smithsonian Institution Press. Washington, D. C.

Pascual, R. et al. 1992. First discovery of monotremes in South America. *Nature* 356: 704–705

Strahan, R. (Hrsg.) 1995. The mammals of Australia. Reed Books. Chatswood, Australia

Zhou, Y. et al. 2021. Platypus and echidna genomes reveal mammalian biology and evolution. *Nature* (https://doi.org/10.1038/s41586-020-03039-0)

Warum das Känguru hüpft, wie es hüpft

Baudinette, R. V. 1994. Locomotion in macropodid marsupials: gaits, energetics and heat balance. *Australian Journal of Zoology* 42: 103–123

Bennett, M. B. & Taylor, G. C. 1995. Scaling of elastic strain energy in kangaroos and the benefits of being big. *Nature* 378: 56–59

Bennett, M. B. 2000. Unifying principles in terrestrial locomotion: Do hopping Australian marsupials fit in? *Physiological and Biochemical Zoology* 73: 726–734

Janis, C. M., Buttrill, K. & Figueirido, B. 2014. Locomotion in extinct giant kangaroos: Were sthenurines hop-less monsters? *PLoS ONE* 9 (10): e109888

Nilsson, M. 2010. Tracking marsupial evolution using archaic genomic retroposon insertions. *PLoS Biology* 8: e1000436

Price, A. G. (Hrsg.) 1995. Entdeckungsfahrten im Pazifik: die Logbücher der Reisen von Captain James Cook, 1768 bis 1779. Edition Erdmann, K. Thienemanns Verlag. Stuttgart, Wien

Proske, U. 1996. Hopping mad. *Nature Australia* 25 (6): 56–63

Gestörte Verbindung beim Stör

Glaubrecht, M. 2019. Das Ende der Evolution. Der Mensch und die Vernichtung der Arten. C. Bertelsmann. München

Ludwig, A. 2002. When the American sea sturgeon swam east. *Nature* 419: 447–448

Dickhäuter pflegen den guten Ton

Douglas-Hamilton, I. & Douglas-Hamilton, O. 1976. Unter Elefanten. Abenteuerliche Forschungen in der Wildnis Zentralafrikas. R. Piper & Co. Verlag. München, Zürich

Langbauer, W. R. et al. 1991. African elephants respond to distant playbacks of low-frequency conspecific calls. *Journal of Experimental Biology* 157: 35–46

McComb, K. et al. 2000. Unusually extensive networks of vocal recognition in African elephants. *Animal Behaviour* 59: 1103–1109

Payne, K. B. et al. 1986. Infrasonic calls of the Asian elephant (*Elephas maximus*). *Behavioral Ecology and Sociobiology* 18: 293–301

Slotow, R. et al. 2000. Older bull elephants control young males. *Nature* 408: 425–426

Jedes Jahr ein neuer Song

Alexander, A. et al. 2016. What influences the worldwide genetic structure of sperm whales (*Physeter microcephalus*)? *Molecular Ecology* 25: 2754–2772

Anderson, S. R. 2004. Doctor Dolittle's delusion: animals and the uniqueness of human language. Yale University Press, Yale

Cantor, M. et al. 2016. Cultural turnover among Galápagos sperm whales. *Royal Society Open Science* 3: 160615

Cerchio, S. et al. 2020. A new blue whale song-type described for the Arabian Sea and Western Indian Ocean. *Endangered Species Research* 43: 495

Gewalt, W. 1993. Wale und Delphine. Spitzenkönner der Meere. Springer Verlag. Berlin

Glaubrecht, M. 1988. Wenn's dem Wal zu heiß wird. Neue Berichte aus dem Alltag der Tiere. Econ Verlag. Düsseldorf, Wien

Oestreich, W. K. 2020. Animal-borne metrics enable acoustic detection of blue whale migration. *Current Biology* 30: 4773–4779

Helble, T. A. et al. 2020. Fin whale song patterns shift over time in the central North Pacific. *Frontiers in Marine Science* 7: 587110

Noad, M. J. et al. 2000. Cultural revolution in whale songs. *Nature* 408: 537

Orang-Utans: Junge Wilde beim Waldmenschen

Galdikas, B. M. F. 1998. Meine Orang-Utans. Scherz-Verlag. Bern, München, Wien

Maggioncalda, A. N. et al. 2002. Male orangutan subadulthood: a new twist on the relationship between chronic stress and developmental arrest. *American Journal of Physical Anthropology* 118 (1): 25–34

Maggioncalda, A. N. & Sapolsky, R. M. 2002. Der Sexualtrick der jungen Orang-Utans. *Spektrum der Wissenschaft* 9/2002: 26–32

Schaik, C. van 2004. Among orangutans: red apes and the rise of human culture. Belknap Press, at Harvard University Press. Cambridge, Mass.

Sommer, V. & Ammann, K. 1998. Die großen Menschenaffen. Die neue Sicht der Verhaltensforschung. BLV Verlag. München

Voigt, M. et al. 2018. Global demand for natural resources eliminated more than 100,000 Bornean orangutans. *Current Biology* 28: 761–769, e1–e5

Wich, S. A. et al. 2016. Land-cover changes predict steep declines for the Sumatran orangutan (*Pongo abelii*). *Science Advances* 2: e1500789

Wich, S. A. et al. 2019. The Tapanuli orangutan: Status, threats, and steps for improved conservation. *Conservation Science and Practice* 1: e33

Bonobos: Flower-Power-Frauen im Urwald

Coolidge, H. J. 1933. *Pan paniscus*, pygmy chimpanzee from south of the Congo River. *American Journal of Physical Anthropology* 17 (1): 1–58

Draulans, D. 2001. Im Dschungel. Afrika, Affen und andere Leidenschaften. C. H. Beck. München

Kano, T. 1992. The last ape: pygmy chimpanzee behavior and ecology. Stanford University Press. Stanford

Schwarz, E. 1929. Das Vorkommen des Schimpansen auf dem linken Kongo-Ufer. *Revue de Zoologie et Botanique Africaines* 16 (4): 425–426

Sommer, V. 2008. Schimpansenland. Wildes Leben in Afrika. C. H. Beck. München

Sommer, V. & Ammann, K. 1998. Die großen Menschenaffen. Die neue Sicht der Verhaltensforschung. BLV Verlag. München

Waal, F. B. M. de 1995. Die Bonobos und ihre weiblich bestimmte Gesellschaft. *Spektrum der Wissenschaft* 5/1995: 76–83

Waal, F. de 1998. Bonobos. Die zärtlichen Menschenaffen. Birkhäuser Verlag. Basel, Boston, Berlin

Wrangham, R. W. et al. (Hrsg.) 1994. Chimpanzee Cultures. Harvard University Press. Cambridge, Mass.

Die 54 Fußabdrücke des *Australopithecus afarensis*

Agnew, N. & Demas, M. 1998. Preserving the Laetoli footprints. *Scientific American* 9/1998: 28–37

Collard, M. & Aiello, L. C. 2000. From forelimb to two legs. *Nature* 404: 339–340

Hay, R. L. & Leakey, M. D. 1982. The fossil footprints of Laetoli. *Scientific American* 2/1982: 38–45

Lovejoy, C. O. 1989. Die Evolution des aufrechten Gangs. *Spektrum der Wissenschaft* 1/1989: 92–100

Picq, P. 2003. Die Evolution des Menschen. *Spektrum der Wissenschaft* 1/2003: 22–27

White, T. D. & Suwa, G. 1987. Hominid footprints at Laetoli; facts and interpretation. *American Journal of Physical Anthropology* 72 (4): 485–514

Wood, B. 2002. Hominid revelations from Chad. *Nature* 418: 133–135

Wong, K. 2003. Wer waren die ersten Hominiden? *Spektrum der Wissenschaft* 9/2003: 46–55

Ältester Ahne aus Äthiopien: Hominide aus Herto

Anton, S. C., Potts, R. & Aiello, L. C. 2014. Evolution of early *Homo*: An integrated biological perspective. *Science* 345: 45, 1236828-1-13

Bräuer, G. 2003. Der Ursprung lag in Afrika. *Spektrum der Wissenschaft* 3/2003: 38–46

Chan, E. K. F. et al. 2019. Human origins in a southern African palaeo-wetland and first migrations. *Nature* 575: 185-189

Clark, J. D. et al. 2003. Stratigraphic, chronological and behavioural contexts of Pleistocene *Homo sapiens* from Middle Awash, Ethiopia. *Nature* 423: 747–750

Glaubrecht, M. 2019. Das Ende der Evolution. Der Mensch und die Vernichtung der Arten. C. Bertelsmann. München

Ingman, M. et al. 2000. Mitochondrial genome variation and the origin of modern humans. *Nature* 408: 708–713

Ke, Y. et al. 2001. African origin of modern humans in East Asia: a tale of 12,000 Y chromosomes. *Science* 292: 1151–1153

Stringer, C. B. 1991. Die Herkunft des anatomisch modernen Menschen. *Spektrum der Wissenschaft* 2/1991: 112–120

White, T. D. et al. 2003. Pleistocene *Homo sapiens* from Middle Awash, Ethiopia. *Nature* 423: 742–747

Wolpoff, M. H. et al. 2001. Modern human ancestry at the peripheries: a test of the replacement theory. *Science* 291: 293–297

Schmelztiegel Europa

Caramelli, D. 2003. Evidence for a genetic discontinuity between Neandertals and 24,000-year-old anatomically modern Europeans. *Proceedings of the National Academy of Science* 100: 6593–6597

Cavalli-Sforza, L. L. et al. 1994. The history and geography of human genes. Princeton University Press. Princeton

Cavalli-Sforza, L. L. & Cavalli-Sforza, F. 1994. Verschieden und doch gleich. Ein Genetiker entzieht dem Rassismus die Grundlage. Droemer Knaur Verlag. München

Ingman, M. et al. 2000. Mitochondrial genome variation and the origin of modern humans. *Nature* 408: 708–713

Mellars, P. 2004. Neanderthals and the modern human colonization of Europe. *Nature* 432: 461–465

Olson, S. 2003. Herkunft und Geschichte des Menschen. Was die Gene über unsere Vergangenheit verraten. Berlin Verlag. Berlin

Semino, O. et al. 2000. The genetic legacy of paleolithic *Homo sapiens sapiens* in extant Europeans: a Y chromosome perspective. *Science* 290: 1155–1159

Templeton, A. R. 2002. Out of Africa again and again. *Nature* 416: 45–51

Wells, S. 2003. Die Wege der Menschheit. Eine Reise auf den Spuren der genetischen Evolution. S. Fischer Verlag. Frankfurt a. M.

Mit Pampelmusen-Hirn übers Meer

Balter, M. 2004. Sceptics question whether Flores hominid is a new species. *Science* 306: 1116

Brown, P. et al. 2004. A new small-bodied hominin from the Late Pleistocene of Flores, Indonesia. *Nature* 431: 1055–1061

Dalton, R. 2005. Looking for the ancestors. *Nature* 434: 432–434

Falk, D. et al. 2005. The brain of LB1, *Homo floresiensis. Science* 308: 242–245

Mellars, P. A. 2005. Sieg im zweiten Anlauf. *Die Zeit* 14/2005: 40

Morwood, M. J. et al. 2004. Archaeology and age of a new hominin from Flores in eastern Indonesia. *Nature* 431: 1087–1091

Stringer, C. 2005. Der Zwergmensch von Flores. *Spektrum der Wissenschaft* 1/2005: 14–15

Swifer, C. C. 1996. Latest *Homo erectus* of Java: potential contemporaneity with *Homo sapiens* in Southeast Asia. *Science* 274: 1870–1874

Wong, K. 2005. Die Zwerge von Flores. *Spektrum der Wissenschaft* 3/2005: 30–39

Vom Siegeszug eines Sekrets

Kaiser, J. 2004. Ural farmers got milk gene first? *Science* 306: 1284–1285

Leonard, W. R. 2003. Menschwerdung durch Kraftnahrung. *Spektrum der Wissenschaft* 5/2003: 30–38

National Institute of Health (USA) 2003. Lactose Intolerance. *National Institute of Health (USA) Publication*, March 2003, no. 03–275 (www.http://digestive.niddk.nih.gov/ddiseases/pubs/lactoseintolerance)

Neese, R. M. & Williams, G. C. 1997. Warum wir krank werden. Die Antworten der Evolutionsmedizin. C. H. Beck Verlag. München

Unter Kannibalen: Metzger und Menschenfresser

Diamond, J. M. 2000. Talk of cannibalism. *Nature* 407: 25–26

Eberl, U. 2000. Macht durch Menschenfleisch. *bild der wissenschaft* 3/2000: 66–69

Marlar, R. A. et al. 2000. Biochemical evidence of cannibalism at a prehistoric Puebloan site in southwestern Colorado. *Nature* 407: 74–78

Die Ökonomie der menschlichen Fortpflanzung

Ellison, P. 2001. On fertile ground. A natural history of human reproduction. Harvard University Press. Cambridge, Mass.

Gibbons, A. 1997. Ideas on human origin evolve at anthropology gathering. *Science* 276: 535–536

Neese, R. M. & Williams, G. C. 1997. Warum wir krank werden. Die Antworten der Evolutionsmedizin. C. H. Beck Verlag. München

Profet, M. 1993. Menstruation as a defense against pathogens transported by sperm. *Quarterly Review of Biology* 68 (3): 335–386

Strassmann, B. I. 1996. The evolution of endometrial cycles and menstruation. *Quarterly Review of Biology* 71 (2): 181–220

Strassmann, B. I. & Gillespie, B. 2002. Life-history theory, fertility and reproductive success in humans. *Proceedings Royal Society London, Biological Sciences* 269: 553–562

Das rätselhafte Ende der Tage

Arnot, M. & Mace, R. 2020. Sexual frequency is associated with age of natural menopause: results from the study of woman's health across the nation. *Royal Society Open Science* 7: 191020

Barash, D. P. & Lipton, J. E. 2010. Wie die Frauen zu ihren Kurven kamen. Die rätselhafte Evolutionsbiologie des Weiblichen. Spektrum Akademischer Verlag. Heidelberg

Gibbons, A. 1997. Why life after menopause? *Science* 276: 535–536

Hawkes, K. et al. 1991. Hunting income patterns among the Hadza: big game, common goods, foraging goals and the evolution of the human diet. *Philosophical Transactions Royal Society London, Biological Sciences* 334: 243–250

Hawkes, K. et al. 1998. Grandmothering, menopause, and the evolution of human life histories. *Proceedings National Academy of Science USA* 95 (3): 1336–1339

Hrdy, S. B. 2000. Mutter Natur. Die weibliche Seite der Evolution. Berlin Verlag. Berlin

Hrdy, S. B. 2009. Mothers and Others: The Evolutionary Origins of Mutual Unterstanding. Harvard University Press. Cambridge, MA [deutsch 2010: Mütter und Andere: Wie die Evolution uns zu sozialen Wesen gemacht hat. Berlin Verlag Berlin]

Packer, C. et al. 1998. Reproductive cessation in female mammals. *Nature* 392, 807–811

Voland, E. & Beise, J. 2002. Opposite effects of maternal and paternal grandmothers on infant survival in historical Krummhörn. *Behavioral Ecology and Sociobiology* 52: 435–446

Voland, E. & Beise, J. 2003. Warum gibt es Großmütter? *Spektrum der Wissenschaft* 1/2003: 48–53

Wo schauen Sie denn hin?

Allman, W. F. 1996. Mammutjäger in der Metro. Wie das Erbe der Evolution unser Denken und Verhalten prägt. Spektrum Akademischer Verlag. Heidelberg

Barash, D. P. & Lipton, J. E. 2010. Wie die Frauen zu ihren Kurven kamen. Die rätselhafte Evolutionsbiologie des Weiblichen. Spektrum Akademischer Verlag. Heidelberg

Gould, J. L. & Gould, C. G. 1990. Partnerwahl im Tierreich. Sexualität als Evolutionsfaktor. Spektrum der Wissenschaft Verlagsgesellschaft. Heidelberg

Grammer, K. 1993. Signale der Liebe. Hoffmann & Campe. Hamburg

Junker, T. 2016. Die verborgene Natur der Liebe. Sex und Leidenschaft und wie wir die Richtigen finden. C. H. Beck. München

Miller, G. F. 2001. Die sexuelle Evolution. Partnerwahl und die Entstehung des Geistes. Spektrum Akademischer Verlag. Heidelberg

Ridley, M. 1993. The red queen. Sex and the evolution of human natur. Viking-Penguin Books. London [deutsch 1995: Eros und Evolution. Die Naturgeschichte der Sexualität. Droemer Knaur. München]

Die Biologie des Seitensprungs

Baker, R. 1997. Krieg der Spermien. Limes Verlag. München

Bellis, M. & Baker, R. 1995. Human sperm competition. Copulation, masturbation and infidelity. Chapman & Hall. London

Diamond, J. 1997. Why is sex fun? The evolution of human sexuality. Basic Books. New York [deutsch 1998: Warum macht Sex Spaß? Die Evolution der menschlichen Sexualität. Bertelsmann. München]

Eldredge, N. 2004. Why we do it: rethinking sex and the selfish gene. W. W. Norton. New York

Galperin, A., Haselton, M. G. et al. 2013. Sexual regret: Evidence for evolved sex differences. *Archives of Sexual Behavior* 42: 1145–1161

Junker, T. 2016. Die verborgene Natur der Liebe. Sex und Leidenschaft und wie wir die Richtigen finden. C. H. Beck. München

Kast, B. 2004. Die Liebe und wie sich Leidenschaft erklärt. S. Fischer. Frankfurt a. M.

Marx, V. 1997. Das Samenbuch. Eichborn Verlag. Frankfurt a. M.

Die Mär von des Mammuts Wiederkehr

Stone, R. 2003. Mammut – Rückkehr der Giganten? Expedition ins ewige Eis. Franck-Kosmos-Verlag. Stuttgart

Lister, A. & Bahn, P. 1997. Mammuts – die Riesen der Eiszeit. Jan Thorbecke Verlag. Sigmaringen

Ward, P. D. 1998. The call of distant mammoths. Why the ice age mammals disappeared. Springer Verlag. Berlin

Tödlicher Doppelschlag gegen Dinos

Alvarez, W. & Asaro, F. 1990. Die Kreide-Tertiär-Wende: ein Meteoriteneinschlag? *Spektrum der Wissenschaft* 12/1990: 52–59

Alvarez, W. 1997. T. rex and the crater of doom. Princeton University Press. Princeton

Chiarenza, A. A. et al. 2020. Asteroid impact, not volcanism, caused the end-Cretaceous dinosaur extinction. *Proceedings of the National Academy of Science* 117: 17084–17093

Collins, G. S. et al. 2020. A steeply-inclined trajectory for the Chicxulub impact. *Nature Communications* 11: 1480

Courtillot, V. E. 1990. Die Kreide-Tertiär-Wende: verheerender Vulkanismus? *Spektrum der Wissenschaft* 12/1990: 60–69

Courtillot, V. E. 1999. Das Sterben der Saurier. Thieme Verlag. Stuttgart

Eldredge, N. 1994. Wendezeiten des Lebens. Katastrophen in Erdgeschichte und Evolution. Spektrum Akademischer Verlag. Heidelberg

Gulick, S. P. S. et al. 2019. The first day of the Cenozoic. *Proceedings of the National Academy of Science* 116: 19342–19351

Jaroff, L. 1995. A double whammy? *Time* Jan. 1995: 42–43

Kerr, R. A. 2012. Before the dinosaur's demise, a clambake extinction? *Science* 337: 1280

Kring, D. A. & Durda, D. D. 2005. Der Tag, an dem die Erde brannte. *Spektrum der Wissenschaft* 2/2005: 48–55

Raup, D. M. 1992. Ausgestorben. Zufall oder Vorsehung. Verlagsgesellschaft. Köln

Stanley, S. M. 1988. Krisen der Evolution. Artensterben in der Erdgeschichte. Spektrum Akademischer Verlag. Heidelberg

Aufstieg und Untergang der Dinosaurier

Flynn, J. J. et al. 1999. A Triassic fauna from Madagascar, including early dinosaurs. *Science* 286: 763–765

Flynn, J. J. et al. 1999. A middle Jurassic mammal from Madagascar. *Nature* 401: 57–59

Flynn, J. J. & Wyss, A. R. 2002. Madagaskar und die ersten Dinosaurier. *Spektrum der Wissenschaft* 11/2002: 26–34

Kerr, R. A. 2003. Has an impact done it again? *Science* 302: 1314–1316

Lausch, E. 2004. Streit um das Ende der Dinosaurier. *Spektrum der Wissenschaft* 8/2004: 62–68

Sereno, P. C. 1999. The evolution of dinosaurs. *Science* 284: 2137–2147

Seite an Seite mit den Dinos

Arnason, U. et al. 2002. Mammalian mitochondrial relationships and the root of the eutherian tree. *Proceedings National Academy of Science USA* 99: 8151–8156

Eizirik, E. et al. 2001. Molecular dating and biogeography of the early placental mammal radiation. *Journal of Heredity* 92 (2): 212–219

Glaubrecht, M. 2019. Das Ende der Evolution. Der Mensch und die Vernichtung der Arten. C. Bertelsmann. München

Gulick, S. P. S. et al. 2019. The first day of the Cenozoic. *Proceedings of the National Academy of Science* 116: 19342–19351

Heinrich, W.-D. 1998. Late Jurassic mammals from Tendaguru, Tanzania. *Journal of Mammalian Evolution* 5 (4): 269–287

Heinrich, W.-D. 1999. First Haramiyid (Mammalia, Allotheria) from the Mesozoic of Gondwana. *Mitteilungen Museum für Naturkunde Berlin, Geowiss. Reihe* 2: 159–170

Heinrich, W.-D. 2001. New records of *Staffia aenigmatica* (Mammalia, Allotheria, Haramiyida) from the Upper Jurassic of Tendaguru in southeastern Tanzania, East Africa. *Mitteilungen Museum für Naturkunde Berlin, Geowiss. Reihe* 4: 239–255

Martin, R. D. 1993. Primate origins: plugging the gaps. *Nature* 363: 223–234

Murphy, W. J. et al. 2001. Molecular phylogenetics and the origins of placental mammals. *Nature* 409: 614–618

Pickrell, J. 2019. The making of mammals. *Nature* 574: 468–472

Seiffert, E. et al. 2003. Fossil evidence for an ancient divergence of lorises and galagos. *Nature* 422: 421–424

Springer, M. S. et al. 2004. Molecules consolidate the placental mammal tree. Trends in *Ecology and Evolution* 19 (8): 430–438

Tavaré, S. et al. 2002. Using the fossil record to estimate the age of the last common ancestor of extant primates. *Nature* 416: 726–729

Wer die Flügel abschafft, den bestraft das Leben

Cooper, A. et al. 2001. Independent origin of New Zealand moas and kiwis. *Proceedings National Academy of Science USA* 89: 8741–8744

Cooper, A. et al. 2001. Complete mitochondrial genome sequences of two extinct moas clarify ratite evolution. *Nature* 409: 704–707

Diamond, J. 2000. Blitzkrieg against the Moas. *Science* 287: 2170–2171

Haddrath, O. & Baker, A. J. 2001. Complete mitochondrial DNA genome sequences of extinct birds: ratite phylogenetics and the vicariance biogeography hypothesis. *Proceedings of the Royal Society London, Biological Science* 268: 939–945

Holdaway, R. N. & Jacomb, C. 2000. Rapid extinction of the Moas (Aves: Dinornithiformes): Model, test, and implications. *Science* 287: 2250–2254

Huynen et al. 2003. Nuclear DNA sequences detect species limits in ancient moa. *Nature* 425: 175–178

Die »Pinguine des Nordens« oder: Warum der Riesenalk nicht mehr fliegt

Bengtson, S. A. 1984. Breeding ecology and extinction of the Great Auk *(Pinguinus impennis)*: anecdotal evidence and conjectures. *The Auk* 101: 1–12

Glaubrecht, M. 2002. Woher kam der Dodo? *Der Falke* 49: 364–368

Halliday, T. 1978. Vanishing birds. Their natural history and conservation. Holt, Rinehart & Winston. New York

Moum, T. et al. 2002. Mitochondrial DNA sequence evolution and phylogeny of the Atlantic Alcidae, including the extinct great Auk (*Pinguinus impennis*). *Molecular Biology and Evolution* 19 (9): 1434–1439

Wirkt bei Fisch und Fischverkäufer

Anonymus 1997. Deadly venom yields promising painkiller. *Nature Biotechnology* 15: 5

Duda, T. F. & Palumbi, S. R. 1999. Molecular genetics of ecological diversification: duplication and rapid evolution of toxin genes of the venomous gastropod *Conus*. *Proceedings National Academy of Science USA* 96: 6820–6823

Olivera, B. M. 2002. *Conus* venom peptides: reflections from the biology of clades and species. *Annual Review in Ecology and Systematics* 33: 25–47

Olivera, B. M. et al. 1990. Diversity of *Conus* neuropeptides. *Science* 249: 257–263

Terlau, H. et al. 1996. Strategy for rapid immobilization of prey by a fish-hunting marine snail. *Nature* 381: 148–150

Valentino, K. et al. 1993. A selective N-type calcium channel antagonist protects against neuronal loss after global cerebral ischemia. *Proceedings National Academy of Science USA* 90: 7894–7897

Raue Sitten beim Riesenkalmar

Ellis, R. 1998. The search for the giant squid. The biology and mythology of the world's most elusive sea creature. Lyons Press. New York

Frenz, L. 2000. Riesenkraken und Tigerwölfe. Auf der Spur mysteriöser Tiere. Rowohlt. Berlin

Glaubrecht, M. & Salcedo-Vargas, M. A. 2004. The Humboldt squid *Dosidicus gigas* (Orbigny, 1835): history of the Berlin specimen, with a reappraisal of other (bathy-) pelagic »gigantic« cephalopods (Mollusca: Ommastrephidae, Architeuthidae). *Mitteilungen Museum für Naturkunde Berlin, Zool. Reihe* 80 (1): 53–69

Norman, M. D. & Lu, C. C. 1997. Sex in giant squid. *Nature* 389: 683–684

Norman, M. D. 1999. Riveting sex in the giant squids. *Nature Australia* 26 (5): 24–27

Norman, M. D. 2000. Cephalopods. A world guide. ConchBooks. Hackenheim

Roper, C. F. E. 1998. Tracking the giant squid: mythology and science meet beneath the sea. *Wings* 21 (1): 12–17

Roper, C. F. E. & Boss, K. 1982. The giant squid. *Scientific American* 246 (4): 96–105

Wenn Blüten den Insekten das Lotterbett bereiten

Schiestl, F. et al. 1999. Orchid pollination by sexual swindle. *Nature* 399: 421–422

Gebhard, J. 1997. Fledermäuse. Birkhäuser Verlag. Basel

Helversen, D. v. & Helversen, O. v. 1999. Acoustic guide in bat-pollinated flower. *Nature* 398: 759–760

Bestmann, H. J. et al. 1997. Headspace analysis of volatile flower scent constituents of bat-pollinated plants. *Phytochemistry* 46 (7): 1169–1172

Tierische Trophäenschau: Der Schönste kriegt die Fliege

Darwin, C. 1871. The descent of man and selection in relation to sex. John Murray. London

Dodson, G. N. 1989. The horny antics of antlered flies. *Australian Natural History* 22 (12): 604–610

Dodson, G. N. 1999. Behavior of the Phytalmiinae and the evolution of antlers in tephritid flies. In: Aluja, M. & Norrbom, A. (Hrsg.), Fruit flies (Tephritidae) phylogeny and evolution of behavior, S. 175–184. CRC Press. Boca Raton, London, New York, Washington, D. C.

Glaubrecht, M. 1999. Geweihfliegen und Sexuelle Selektion: Der Schönste kriegt die Fliege. *Geo* 3/1999: 56–68

Glaubrecht, M. 2002. Alfred Russel Wallace. Der ewige Zweite. *Geo* 12/2002: 133–156

Glaubrecht, M. 2013. Am Ende des Archipels. Alfred Russel Wallace. Galiani. Berlin

Glaubrecht, M. & Kotrba, M. 2004. Alfred Russel Wallace's discovery of »curious horned flies« and the aftermath. *Archives of Natural History* 31 (2): 275–299

Wallace, A. R. 1869. The Malay Archipelago; the land of the Orang-Utan, and the Bird of Paradise. A narrative of travel, with studies of man and nature. Facsimile edition 1986, with an introduction by J. Bastin, of the first American edition of 1869. Oxford University Press. Singapore, Oxford

Aufforderung zum Seitensprung

Catchpole, C. K. & Slater, P. J. B. 1995. Bird song. Biological themes and variations. Cambridge University Press. Cambridge

Kunc, H. O. et al. 2003. Die Funktionen des Nachtgesangs bei Nachtigallen (*Luscinia megarhynchos*). *Journal of Ornithology* 144 (2): 232

Der König der Diebe oder: Wie Man(n) zum Pascha wird

Alcock, J. 1996. Das Verhalten der Tiere aus evolutionsbiologischer Sicht. G. Fischer Verlag. Stuttgart

Alcock, J. 2001. The triumph of Sociobiology. Oxford University Press. Oxford, London

West, P. M. & Packer, C. 2002. Sexual selection, temperature and the lion's mane. *Science* 297: 1339–1343

Packer, C. et al. 2001. Egalitarianism in female African lions. *Science* 293: 690–693

Wilson, E. O. 1975. Sociobiology. The new synthesis. The Belknap Press at Harvard University Press. Cambridge, Mass.

Vom Verschwinden der Arten und der Krise des Jahrhunderts

Ceballos, G. & Ehrlich, P. R. 2002. Mammal population losses and the extinction crisis. *Science* 296: 904–907

Ceballos, G. & Ehrlich, P. R. 2018. The misunderstood sixth mass extinction. *Science* 360: 1080–1081

Ceballos, G., Ehrlich, P. R. & Dirzo, R. 2017. Biological annihilation via the ongoing sixth mass extinction signaled by vertebrate population losses and declines. *Proceedings of the National Academy of Science* 114: E6089–E6096

Ceballos, G., Ehrlich, P. R. & Raven, P. R. 2020. Vertebrates on the brink as indicators of biological annihilation and the sixth mass extinction. *Proceedings of the National Academy of Science* 117: 13596–13602

Crist, E., Mora, C. & Engelman, R. 2017. The interaction of human population, food production, and biodiversity protection. *Science* 356: 260–264

Díaz, S. et al. 2019. Pervasive human-driven decline of life on Earth points to the need for transformative change. *Science* 366: e1327

Dinerstein, E. et al. 2017. An ecoregion-based approach to protecting half the terrestrial realm. *BioScience* 67 (6): 534–545

Dinerstein, E. et al. 2019. A global deal for nature: guiding principles, milestones, and targets. *Science Advances* 5: eaaw2869

Dinerstein, E. et al. 2020. A »Global Safety Net« to reverse biodiversity loss and stabilize Earth's climate. *Science Advances* 6: eabb2824

Dirzo, R. et al. 2014. Defaunation in the Anthropocene. *Science* 345: 401–406

Glaubrecht, M. 2019. Das Ende der Evolution. Der Mensch und die Vernichtung der Arten. C. Bertelsmann. München

IPBES 2019. Intergovernmental Science-Policy Platform on Biodiversity and Ecosystem Services. The global assessment report on biodiversity and ecosystem services. Secretariat of the Intergovernmental Science-Policy Platform on Biodiversity and Ecosystem Services. Bonn

Pimm, S. L. et al. 2014. The biodiversity of species and their rates of extinction, distribution, and protection. *Science* 344: 987, 1246752

Register

C

D

E

F

N

O

P